方集出版社

古籍之美

古籍的插圖版畫

古籍版畫集繪、刻、印三種藝術於一身，以生動的畫面來表現文字的意義，給人更深刻的印象，它增加了讀者的閱讀興趣，與幫助讀者對文義的理解，優美的插圖更提高了書籍的視覺美感。

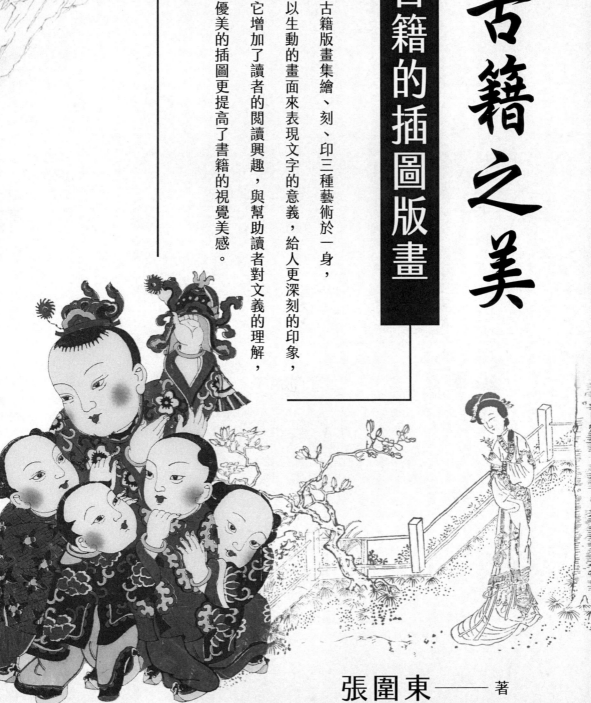

張圍東——著

自　序

　　印刷術是中國古代對人類文明發展做出最有貢獻的里程碑。它不但加速了人類知識的累積和傳播，而且版畫與插圖的圖像紀錄複製技術相較於文字敘述所傳遞的訊息具有直觀、豐富和易於被理解的優勢。晉代大文學家陶淵明，在其《讀山海經》詩中曾寫出「汎覽周王傳，流觀山海圖，俯仰終宇宙，不樂復何如？」幾句詩文，來表達他讀異書，以及瀏覽書中精美插圖的快意感受。如果再翻閱幾本較古老的目錄書，像《漢書‧藝文志》、《隋書‧經籍志》等，更可發現古代附圖的書籍非常豐富。中國古代的插圖版畫不但可以增加美觀，引發讀者讀書的興趣，而且可以藉生動的畫面來表現文字的意義，給人以更深刻的印象。

　　在印刷術還沒有發明以前，書的流傳都依賴手抄，書中的插圖，也都是手繪的，一本書經過傳抄，書中的圖畫也要輾轉臨摹。可是寫字容易，繪事難工。而書中的精神所在，主要又在文字的內容。於是許多讀書人在抄書時，往往只迻錄文字，而捨棄插圖。就這樣的書籍漸漸只保存文字部分，而將插圖散亡了。這是我們現在看到許多古書，只有文字而沒有附圖的主要原因。

　　中國插圖版畫的歷史，從現存的最早遺跡說起，已經有一千三百年的歷史。它不是平平淡淡的，而是波瀾起伏，一個高潮接著一個高潮，唐代以佛經經卷的扉頁畫為高峰，到了宋元，書籍插圖的版刻興盛起來了，還刻有一些專門的畫譜，成為這一時期版畫興盛的高峰。到了明代，由於各種因素的促成，版畫發展到了鼎盛時期，中國古代插圖版畫體面的歷史，也集中在這個時期被反映出來。各地版刻諸種流派形成，一種史無前例的新穎浮水印木刻，也在這個時代出現了。這個高峰在歷史上為舉世所矚目。

　　唐代發明雕版印刷術，雕版印刷除以文字為主要對象外，也有以繪

畫上版，雕鐫後再施印於紙張上，做為書中插圖或其他各種特殊用途，如年畫、裝飾畫等，這種手工木刻印刷的圖繪成品，前人有繪刻、繪圖、繡相、出相等不同名稱，近人則統稱之為版畫。自唐迄今，我國版畫已有千餘年的發展歷史，唐及五代是版畫的萌芽與成長時期，兩宋步履其後，繼續發展，為版畫的興盛時期，亦為版畫奠下良好的基礎。元、明時代，由於通俗文學的興起，附圖書刊大行其道，版畫呈現一片好景，不僅繪畫名家參與製作，提升了繪畫的品質，同時版畫也從單色印刷，進入到套色、餖版、拱花等彩色印刷技巧的使用，作品琳瑯滿目又色彩繽紛，明代可稱為版畫史上的黃金時期，清季以後，版畫製作雖未曾止息，但無論是繪、刻、印等方面，均不見突破明代既有的成就。綜觀古代版畫作品，量豐質高，既為國人藝術創作能力留下了有力的實物見證，也為古代歷史文獻及先民生活情況，提供了珍貴的參考資料。

在中國插圖版畫史上，流傳於民間的木版年畫可謂是版畫藝術中不可多得的瑰寶。自明代末年起至到清代，隨著社會的發展與進步，中國進入一個相對穩定發展的時期，家家戶戶逢年必掛必貼年畫，成為一種民間習俗。這種除舊迎新、接福納喜的習俗，寄託著中國人對美好生活的嚮往，表現出萬物祥和升息的狀態。

本書介紹了古代插圖版畫發展的歷程，並輔之多幅有代表性的版畫，加以介紹，另闢一章專述年畫的源起與發展，以文釋圖，以圖證史，以使讀者對中國古代插圖版畫及其版畫史有所瞭解。書中如有錯誤或不妥之處，敬請指正。

張圍東

目　次

自　序　i

第一章　導論 ··· 1
　第一節　古籍插圖版畫起源與發展 ······························ 3
　第二節　古籍插圖版畫的類型 ····································· 6
　　一、裝飾型 ··· 7
　　二、說明型 ··· 8
　　三、欣賞型 ··· 14
　第三節　古籍插圖版畫的功能 ···································· 20
　　一、補充文字的功能 ·· 21
　　二、傳播功能 ··· 22
　　三、學術研究功能 ··· 23
　　四、認知功能 ··· 23
　　五、美學功能 ··· 24
　　六、教化功能 ··· 25

第二章　版畫成長時期——隋、唐、五代 ·················· 27
　第一節　隋、唐、五代版畫概況 ······························· 28
　第二節　現存最早的唐代版畫 ···································· 35

第三章　承先啟後的宋、元插圖版畫 ························· 39
　第一節　宋代版畫概況 ··· 40
　　一、儒家經典版畫 ··· 50
　　二、文學傳記、故事書版畫 ···································· 56

三、工技、農藝、醫藥等類書版畫 ……………………… 58

第二節　畫譜 …………………………………………………… 64

第三節　遼、金、西夏插圖版畫概況 ………………………… 72

一、遼的版畫 ……………………………………………… 72

二、金的版畫 ……………………………………………… 74

三、西夏的版畫 …………………………………………… 77

第四節　元代的版畫概況 ……………………………………… 80

一、《孝經直解》插圖 …………………………………… 80

二、《事林廣記》插圖 …………………………………… 81

三、《飲膳正要》插圖 …………………………………… 83

四、佛教與道教版畫 ……………………………………… 86

五、套色印刷 ……………………………………………… 89

第五節　宋元版畫，奠下規範 ………………………………… 93

一、題材廣闊、數量繁多 ………………………………… 93

二、技巧純熟、刀法老練 ………………………………… 93

三、插圖格式、奠下遺規 ………………………………… 94

第四章　璀璨奪目的明代版畫 ………………………………… 95

第一節　明代版畫發展概況 …………………………………… 95

一、洪武至隆慶時期 ……………………………………… 96

二、萬曆至崇禎時期 ……………………………………… 125

第二節　明代版畫興盛與特色 ………………………………… 154

一、明代版畫興盛的原因 ………………………………… 154

二、明代版畫的特色 ……………………………………… 157

第三節　明代的戲曲小說插圖版畫 …………………………… 161

第四節　胡正言與《十竹齋書畫譜》 ………………………… 174

一、勾描 …………………………………………………… 177

二、刻板 …………………………………………………… 177

　　　三、印刷 ………………………………………………………………… 179

　　第五節　陳洪綬的版畫創作 ………………………………………………… 180

第五章　由盛轉衰的清代插圖版畫 …………………………………………… 193

　　第一節　清期版畫概述 ……………………………………………………… 193

　　　一、清前期的宗教版畫 …………………………………………………… 193

　　　二、清前期山水人物版畫 ………………………………………………… 205

　　第二節　清內府刊本，獨具成績 …………………………………………… 235

　　第三節　彩色木版畫專書──《芥子園畫傳》 …………………………… 248

　　　一、作者與內容 …………………………………………………………… 248

　　　二、藝術成就 ……………………………………………………………… 253

　　　三、影響及其他 …………………………………………………………… 256

　　第四節　蕭雲從及其版畫藝術 ……………………………………………… 258

　　　一、《離騷圖》 ……………………………………………………………… 259

　　　二、《太平山水圖》 ………………………………………………………… 262

　　第五節　任熊及其版畫藝術 ………………………………………………… 266

　　　一、《列仙酒牌》 …………………………………………………………… 267

　　　二、《於越先賢傳》 ………………………………………………………… 268

　　　三、《劍俠傳》 ……………………………………………………………… 270

　　　四、《高士傳》 ……………………………………………………………… 270

第六章　年畫 …………………………………………………………………… 273

　　第一節　年畫的起源 ………………………………………………………… 274

　　第二節　年畫的發展 ………………………………………………………… 277

　　　一、神像圖案 ……………………………………………………………… 278

　　　二、吉祥圖畫 ……………………………………………………………… 278

　　　三、各種教化勸戒的歷史故事或戲曲圖像 ……………………………… 278

　　第三節　年畫的地方特色 …………………………………………………… 280

一、天津楊柳青年畫 …………………………… 280

二、蘇州年畫 ………………………………… 282

三、山東濰縣年畫 …………………………… 285

四、河南朱仙鎮年畫 ………………………… 287

五、四川綿竹年畫 …………………………… 288

第四節　年畫的題材 ………………………… 292

一、驅邪納福門神 …………………………… 292

二、竈神與土地公 …………………………… 298

三、利市聚寶財神 …………………………… 302

四、吉祥仕女娃娃 …………………………… 305

五、其他 ……………………………………… 311

第七章　結語 ………………………………… 319

參考文獻 ……………………………………… 321

圖目次

圖 1　《金剛般若波羅蜜經》一卷 1 冊，姚秦釋鳩摩羅什譯、元釋思聰禪師註解，元至正元年（1341）中興路資福寺刊朱墨雙色印本。／8

圖 2　《農書》三十六卷 10 冊，（元）王禎撰，明嘉靖九年（1530）山東布政司刊本。／9

圖 3　《乾隆御題棉花圖》，（清）方觀承編，清乾隆三十年（1765）刊藍印本。／9

圖 4　《紀效新書》十八卷，（明）戚繼光撰，明嘉靖間（1522-1566）東牟戚氏刊本。／10

圖 5　《新刊補註銅人腧穴鍼灸圖經》五卷 5 冊，（宋）王惟一撰，元刊本。／11

圖 6　《治河管見》四卷 6 冊，（明）潘鳳梧撰，明萬曆間刊本。／11

圖 7　《天文圖說》不分卷，（明）不著撰人，舊鈔本。／12

圖 8　《太古遺音》五卷，（宋）田芝翁撰、（明）袁均哲註，明精鈔彩繪本。／13

圖 9　《考古圖》十卷 6 冊，（宋）呂大臨撰，研究中國青銅器的第一部參考書籍。／13

圖 10　《至大重修宣和博古圖錄》三十卷 16 冊，（宋）王黼撰，元至大間（1308-1311）刊明印本補本。／14

圖 11　《十竹齋書畫譜》不分卷，（明）胡正言（編），清康熙間芥子園覆印明天啟至崇禎間彩色印本。／15

圖 12　《黃氏八種畫譜》不分卷，（明）黃鳳池編，明萬曆至天啟間（1573-1627）清繪齋集雅齋合刊本。／16

圖 13　《三才圖會》一〇六卷 107 冊，（明）王圻撰，萬曆三十七（1609）年原刊本。／16

圖 14　《隋唐演義》二十卷，（明）羅貫中撰，清康熙乙亥（三十四年，1695），長洲褚氏四雪草堂刊本。／17

圖 15　《增像全圖三國演義》十六卷，（明）羅貫中撰，清光緒癸卯（二十九年，1903）上海錦章書局石印本。／17

圖 16　《紅樓夢》一二〇回，（清）曹霑撰，清嘉慶二十五年（1820）刊巾箱本。／18

圖 17　《琵琶記》四卷，（明）高明撰，明烏程閔氏刊朱墨套印本。／19

圖 18　《鼎鐫陳眉公先生批評西廂記》二卷，附釋義二卷，蒲東詩一卷，錢塘夢一卷，（元）王實甫撰，明末書林蕭騰鴻刊本。／20

圖 19　唐咸通九年（868）刻印《金剛經》的〈祇樹給孤獨園〉。／29

圖 20　《一切如來心秘密全身舍利寶篋印陀羅尼經》一卷，（唐）不空譯，宋開寶八年（975）吳越王錢俶刊本。／31

圖 20-1《一切如來心秘密全身舍利寶篋印陀羅尼經》。／31

圖 21　大聖毗沙門天王圖。／32

圖 22　大慈大悲救苦觀世音菩薩像。／32

圖 23　《梵文陀尼羅經咒圖》於 1944 年發現於四川成都的唐墓。／36

圖 24　《御製秘藏詮》卷末長方框中題記，此卷現藏於哈佛大學美術館。／42

圖 25　《御製秘藏詮》插圖，紙本墨印，署「邵明印」。／43

圖 26　北宋《妙法蓮華經》，現藏於山東省博物館。／44

圖 26-1（宋）王儀等雕《妙法蓮華經》卷六變相。／44

圖 27　《佛國禪師文殊指南圖讚》之〈張商英序文〉及卷端題名。
　　　　／48

圖 28　《佛國禪師文殊指南圖讚》之〈善財童子第十三〉、〈善財童
　　　　子第十四〉。／49

圖 29　《新定三禮圖集注》二十卷，（宋）聶崇義集注，宋淳熙二年
　　　　（1175）鎮江府學刻公文紙印本。／51

圖 30　《六經圖》六卷，明萬曆四十三年（1615）吳繼仕熙春樓刻
　　　　本。／52

圖 31　《爾雅》，（晉）郭璞注，宋刻本。／53

圖 32　《纂圖互注毛詩》二十卷，（漢）鄭玄箋，宋紹熙間建陽書坊
　　　　刊本。／54

圖 33　北宋陳暘《樂書》（二百卷目錄二十卷），元至正七年福州路
　　　　儒學刻本明遞修本。／55

圖 34　《樂書・樂圖論》卷九十七第一、第二頁。／55

圖 35　《新刊古列女傳》，（漢）劉向編撰（晉）顧愷之圖畫，清道
　　　　光五年（1825）揚州阮氏覆刊宋建安余氏本。／57

圖 36　《營造法式》，（北宋）李誡撰，清嘉道間（1796-1850）琴川
　　　　張氏小琅嬛福地精鈔本。／59

圖 37　《耕織圖》聖祖康熙撰文、焦秉貞繪圖，清康熙三十五年
　　　　（1696）內府絹底彩繪本。／60

圖 38　《經史證類備急本草》三十一卷，（宋）唐慎微撰，宋嘉定四
　　　　年（1211 年）劉甲刻本。／62

圖 39　《重修政和經史證類備用本草》三十卷，（宋）唐慎微撰，蒙
　　　　古定宗四年（1249 年）晦明軒刻本。／64

圖 40　吳湖帆舊藏宋刻孤本《梅花喜神譜》。／65

圖 41　《梅花喜神譜》是中國第一部專門描繪梅花種種情態的木刻
　　　　畫譜。／65

圖 42 《竹譜詳錄》七卷，（元）李衎編繪，清嘉慶間鮑氏知不足齋精刻本。／67

圖 43 《考古圖》十卷，（宋）呂大臨撰，元大德己亥（三年，1299）茶陵陳翼子刊明代修補本。／69

圖 44 《考古圖》之庚鼎。／69

圖 45 《宣和博古圖》三十卷，宋徽宗敕撰，明萬曆時期泊如齋重修本。／70

圖 46 《鬳齋考工記解》二卷，宋治之撰，南宋後期刊元延祐四年（1317）修補本。／71

圖 47 《趙城藏》又名《趙城金藏》，1933 年在山西省趙城縣霍山廣勝寺發現。／75

圖 48 中國最早的木版年畫《四美圖》。／76

圖 49 俄國收藏的西夏黑水版畫《武將圖》。／77

圖 50 《現在賢劫千佛名經》，又名《西夏譯經圖》，經折裝。／79

圖 51 《新刊全相成齋孝經直解》，為上圖下文式插圖本。／81

圖 52 《纂圖增新群書類要事林廣記》，元建安椿莊書院刊本，是書屬類書之一種。／82

圖 53 《飲膳正要》三卷，（元）忽思慧撰，明景泰七年內府刊本。／83

圖 54 《新刊補註銅人腧穴鍼灸圖經》是海內外現存版本時代最早者。／85

圖 55 《普寧藏》四經同卷黃麻紙。／87

圖 56 元至正間的《新編連相搜神廣記》。／89

圖 57 《金剛般若波羅蜜經》現存最早的木刻二色朱墨印本。／90

圖 58 《金剛般若波羅蜜經》卷首有朱繪〈釋迦說法圖〉。／91

圖 59 宋代交子至今未有實物，這是「北宋人物倉庫圖印鈔銅版」的拓片。／92

圖 60　明代木版刻印大藏經《洪武南藏》之扉畫，玄奘法師譯經圖。／97

圖 61　明刻本《七佛所說神咒經》，江戶時期黃檗山寶藏院藏版。／98

圖 62　《觀世音菩薩普門品經》姚秦釋鳩摩羅什譯，隋釋闍那笈多譯重頌明泥金寫本。／98

圖 63　《天竺靈籤》最古老的圖文並茂有註解有兆象木刻靈籤。／99

圖 64　鄭和捐刻《佛說摩利支天菩薩經》。／100

圖 65　這是明代刊印的《天妃經》卷首的鄭和下西洋舟師插圖，是最早的鄭和船隊的畫（約成於 1420 年）描摹復原圖。／102

圖 66　《新刊武當足本類編全相啟聖實錄》，明宣德七年（1432）刻本。／102

圖 67　《注老子道德經》（下）河上公章句。／103

圖 68　《金闕玄元太上老君八十一化圖說》，經折裝，清代刻本。／104

圖 69　嘉靖中葉趙府味經堂所刻的《修真秘要》，是一部道家練氣養生的書。／104

圖 70　明司禮監刻本《賜號太和先生相贊》。／105

圖 71　《新編金童玉女嬌紅記》二卷，明代劉東生撰，宣德十年（1435）。／106

圖 72　刊行於成化七年（1471）的《石郎駙馬傳》，本書係 73 年上博影印本。／107

圖 73　有文書局出版《連環薛仁貴跨海征東》。／107

圖 74　明代弘治年間金台岳氏刻本《新刊大字魁本全相參增奇妙注釋西廂記》，是現存歷史最為悠久也是最完整的《西廂記》插圖本。／108

圖 75　元末明初小說，《新增補相剪燈新話大全》。／108

圖 76　《重刊五色潮泉插科增入詩詞北曲勾欄荔鏡記戲文》，明嘉靖四十五年新安余氏刊本。／109

圖 77　明萬曆二十八年文雅堂刊本《五顯靈官大帝華光天王傳》。／110

圖 78　《牡丹亭還魂記》，（明）湯顯祖撰，萬曆四十五年（1617）刊本。／111

圖 79　《雪齋竹譜》，（明）程大憲撰，萬曆四十六年（1618）刊本。／112

圖 80　《程氏墨苑》書中繪製各式墨樣圖譜多達五百餘種。／113

圖 81　《黃氏八種畫譜》，為明代萬曆年間杭州集雅齋主人黃鳳池編輯的畫譜。／114

圖 82　《青樓韻語廣集》，（明）方悟編，崇禎四年（1631）刊本。／114

圖 83　《琵琶記》，題元高東嘉填詞，明末烏程閔氏刊朱墨套印本。／115

圖 84　《十竹齋書畫譜》結合繪、刻、印三絕，為晚明金陵地區最具代表性的彩色套印版畫圖譜。／116

圖 85　《吳騷集》為散曲選本，初集為明代文學家王穉登編，明末武林張琦校刊本。／117

圖 86　《四聲猿》，明末書坊大城齋刊本。／118

圖 87　《李卓吾先生批評浣沙記》，（明）梁辰魚撰，明末蘇州坊刊五種傳奇之一。／118

圖 88　《新刻魏仲雪先生批點西廂記》，明末存誠堂刊本。／119

圖 89　《詩傳大全》二十卷，（明）胡廣等奉敕輯，明永樂十三年內府刊本。／120

圖 90　《飲膳正要》，（元）忽思慧撰，明景泰七年內府刻本。／121

圖 91　《天原發微》，明天順辛巳（五年，1461），歙西鮑氏耕讀書堂刊本。／121

圖 92　《闕里志》，清雍乾間刊本。／122

圖 93　《太古遺音》，明精鈔彩繪本，文字精鈔，圖以彩繪，世間罕見。／123

圖 94　《農書》，明嘉靖九年（1530）山東布政司刊本，引經據典完備，文筆優雅，繪畫亦皆工整細緻。／124

圖 95　《籌海圖編》，明天啟甲子（四年，1624），新安胡氏重刊本。／124

圖 96　《新編目連救母勸善戲文》，明萬曆壬午（十年，1582），新安鄭氏高石山房刊本。／126

圖 97　黃德時、黃德懋刻《泊如齋重修考古圖》，明萬曆間泊如齋刊本。／127

圖 98　《方氏墨譜》，明萬曆間（1573-1620）刊本。／127

圖 99　明、清兩朝太子親用的圖書教材《養正圖解》，其中的插圖畫稿也都出自丁雲鵬之手。／128

圖 100　《有像列仙全傳》九卷，（明）王世貞輯次，明萬曆時期汪雲鵬校刊本。／129

圖 101　《女範編》由明代黃尚文輯，明萬曆時期吳從善督刊本。／130

圖 102　明萬曆《圖繪宗彝》射獵形。／130

圖 103　明萬曆刻本閨範，原本傳世極罕，內有插圖百五十二幅，是明代徽派版畫的代表作。／132

圖 104　《青樓韻語》八卷，明崇禎四年（1631）刊本。／133

圖 105　明萬曆三十八年書林楊閩齋刊本（簡稱「楊春元本」）。／135

圖 106　明萬曆三十三年鄭氏聯輝堂三垣館刊本（簡稱「聯輝堂本」）。／135

圖107 歷史上建陽刻書最傑出是余氏家族。／136

圖108 明萬曆三十一年刊《新鋟晉代許旌陽得道擒蛟鐵樹記》。／136

圖109 《新刻古今玄機消長八譜》六卷，明代潭邑劉龍田刊本。／137

圖110 萬曆元年（1573）刊《新刻出像增補搜神記》，是目前所見唐姓書坊最早的刊本。／138

圖111 《新刻全像三寶太監西洋記通俗演義》，明萬曆丁酉（二十五年，1597），三山道人刊本。／139

圖112 《南宋志傳》所敘乃五代後期及宋朝開國事，以宋太祖趙匡胤故事為重點，與歷史上的「南宋」毫不相干。／140

圖113 《題紅記》，現有明刻繼志齋刊本，繼志齋是明代萬曆後期南京地區較大的書坊，所刊行戲曲等通俗書刊最為有名。／141

圖114 《新刊校正古本大字音釋三國志通俗演義》，明萬曆十九年書林周曰校刊本。／142

圖115 《新刻京臺公餘勝覽國色天香》，為明代吳敬所輯，古代十大禁書之一。／143

圖116 《鼎鐫繡襦記》書影。／143

圖117 《夷門廣牘》之〈雜占‧靈笈寶章〉一卷。／144

圖118 《筆花樓新聲》，明萬曆年間的顧氏自刻本。／145

圖119 《新鐫全像通俗演義隋煬帝豔史》八卷四十回，明崇禎四年（1631）人瑞堂刻本。／145

圖120 《新鐫海內奇觀》，（明）楊爾曾撰，明萬曆三十七年杭州夷白堂刻印。／146

圖121 《李卓吾先生批評忠義水滸傳》一百卷，（元）施耐庵集撰、（明）羅貫中纂修；（明）李贄評，明萬曆杭州容與堂刻本。／147

圖 122　《李卓吾先生批評幽閨記》二卷，明末葉虎林容與堂刊本配補影鈔本。／148

圖 123　《元曲選》一百卷，明萬曆四十三年（1615）吳興臧氏雕蟲館刊本。／148

圖 124　武林七峰草堂刊本《牡丹亭・寫真》。／149

圖 125　《歷代名公畫譜》由明代顧炳輯錄，又名《顧氏畫譜》，此為天明四年谷文晁摹明萬曆時期顧三聘、三錫刊本。／150

圖 126　《格致叢書》之《山海經圖》，明萬曆間胡文煥刻本。／150

圖 127　著名畫家陳洪綬創作了《張深之先生正北西廂秘本》。／151

圖 128　《紅梨記》是明代戲曲家徐復祚根據元雜劇《紅梨花》所作的 傳奇劇本，明末吳興凌氏朱墨套印本。／153

圖 129　《帝鑒圖說》，明萬曆刊本。／154

圖 130　《奇妙全相註釋西廂記》卷後的蓮龕形牌記。／156

圖 131　《新刻繡像批評金瓶梅》，簡稱崇禎本，因首增插圖繡像二百幅，也稱為繡像本。／162

圖 132　《新刻全像忠義水滸志傳》目錄與首卷之間有《忠義堂轅門圖》，刻工為劉俊明。／163

圖 133　《懷遠堂批點燕子箋》之「拾箋」。／164

圖 134　《懷遠堂批點燕子箋》之「誤認」。／164

圖 135　《李卓吾先生批點西廂記真本》之陸繁所畫《碧紗窗下畫了雙蛾》，明崇禎庚辰（十三年，1640）刊本。／165

圖 136　劉刻本《水滸全傳》的《火燒翠雲樓》。／166

圖 137　劉刻本《水滸全傳》的《怒殺西門慶》。／167

圖 138　《新刊大字魁本全相參增奇妙注釋西廂記》之《紅娘持張生緘送與鶯鶯》。／168

圖 139　《新刊大字魁本全相參增奇妙注釋西廂記》之《鶯送生分別辭泣》。／169

圖 140　《三寶太監下西洋記》中的《元帥兵阻紅羅山》。／170

圖 141　《新刊重訂出相附釋標註裴度香山還帶記》，明末繡谷唐氏世德堂刊本。／170

圖 142　《新鐫全像通俗演義隋煬帝艷史》，明崇禎間人瑞堂刻本。／171

圖 143　《玉杵記》二卷，明萬曆間建陽蕭氏師儉堂刻本。／172

圖 144　《李卓吾先生批評浣紗記》，明末刊本。／172

圖 145　《十竹齋竹譜》之《凝露》。／175

圖 146　《十竹齋果譜》之《石榴詠》。／176

圖 147　《十竹齋書畫譜》之《四月朱櫻》。／176

圖 148　《十竹齋書梅譜》之《暗香浮動》。／176

圖 149　陳洪綬像。／180

圖 150　《九歌圖》之《東皇太一》。／182

圖 151　《九歌圖》之《雲中君》。／182

圖 152　《九歌圖》之《湘夫人》。／183

圖 153　《九歌圖》之《大司命》。／183

圖 154　《九歌圖》之《東君》。／184

圖 155　《九歌圖》之《國殤》。／184

圖 156　《九歌圖》之《屈子行吟圖》，明崇禎十一年蕭山氏刊本。／185

圖 157　《水滸葉子》之《呼保義宋江》，明崇禎間武林刊本。／187

圖 158　《水滸葉子》之《赤髮鬼劉唐》，明崇禎間武林刊本。／187

圖 159　《博古葉子》之《范丹》、《杜甫》、《董賢》、《陶淵明》，（清）陳洪綬繪、黃子立刻，清順治十年刊本。／188

圖 160　《列祖提綱錄》之《寫經圖》。／194

圖 161　清刻龍藏佛說法變相圖。／195

圖 162　《過去莊嚴劫千佛名經》之釋迦牟尼佛圖。／196

圖 163　《慈悲道場懺法》，1981 年大理州佛圖寺塔出土，大理市博物館藏。／196

圖 164　《千手千眼大悲心咒行法》，清康熙五十八年刻本。／197

圖 165　《藥師琉璃光如來本願功德經》，清康熙五十一年刻本，卷前
　　　　有如來說法圖，卷末有韋陀圖，刻印精細。全文楷書娟秀。
　　　　／198

圖 166　《觀無量壽佛經圖頌》經卷內容豐富，情節具體，很適合以
　　　　圖解經。是清初所刊圖解經卷的典範之作。／199

圖 167　《妙法蓮華經觀世音普門品》，姚秦釋鳩摩羅什譯、隋釋闍那
　　　　笈多譯重頌，明泥金寫本。／200

圖 168　《觀世音菩薩慈容五十三現》，第五十三現上題／佛弟子戴王
　　　　瀛家藏。／200

圖 169　《觀世音菩薩慈容五十三現》之慈容一。／201

圖 170　清乾隆間王府刻本《造像量度經》一卷、續補一卷。／201

圖 171　《華藏莊嚴世界海圖》上石拓片，元仁宗延祐六年正月。
　　　　／203

圖 172　康熙十五年（1676）刊《佛祖正宗道影》，是清代佛教人物
　　　　版畫中最重要的作品之一。／203

圖 173　美國沃爾特斯藝術博物館藏清代《凌煙閣功臣圖》，趙公長孫
　　　　無忌第一。／204

圖 174　乾隆時刊行的《西湖志》之《行宮八景》。／206

圖 175　乾隆時刊行的《西湖志》之《湖心平眺》。／206

圖 176　《南巡盛典》，一百二十卷，（清）高晉等纂，清乾隆三十六
　　　　年（1771 年）刻進呈本。／207

圖 177　《太平山水圖》，是「姑孰畫派」的經典代表作品，也是蕭雲
　　　　從最值得稱道的作品之一。／208

圖 178　《萬壽盛典圖》係著名刻工朱圭所版刻，構圖嚴謹，人物精
　　　　緻，景物繁複，是清朝前期版畫的代表作。並詳細紀錄清聖
　　　　祖六十歲的慶典活動。／209

圖 179 《御制避暑山莊三十六景詩》又稱《避暑山莊詩》,是描繪清代皇家園囿避暑山莊之建築風貌和景致的詩文圖畫集。／209

圖 180 《古今圖書集成·山川典山圖》不分卷,清雍正間(1723-1735)內府刊單行本。／210

圖 181 《黃山志定本》卷首山圖。／211

圖 182 汪士鋐於康熙十五年(1676)輯錄黃山詩文,成《黃山志續集》。／212

圖 183 《休寧縣志》八卷,汪晉徵等纂、廖騰煃修,康熙 32 年刊本。／213

圖 184 《九華山志》之地藏菩薩。／213

圖 185 清康熙年間刻本《歙縣志》,卷首圖說。／214

圖 186 《西江志》之《滕王閣圖》。／215

圖 187 《白嶽凝煙》,又稱《白嶽全圖墨譜》,是一部應該給予充分重視的木刻山水版畫集。／216

圖 188 《西湖志纂》,清乾隆乙亥(二十年,1755)刊本,此圖為《南屏曉鐘》。／217

圖 189 《平山堂圖志》,(清)趙璧編纂修,乾隆三十年(1765)刊本。／218

圖 190 《古歙山川圖》一卷,(清)吳逸繪,清乾隆阮溪水香園刻本,現藏中國國家圖書館。／218

圖 191 吳珵於成化十三年(1477)所繪《聽松庵品茗圖》。／219

圖 192 清代畫家張宗蒼奉乾隆之命補繪的《聽松庵品茗圖》。／220

圖 193 清乾隆三十二年(1767)刊《天台山方外志》之《天台山十六景圖》。／220

圖 194 清乾隆三十二年(1767)刊《天台山方外志》之《天台十六景圖·赤城棲霞》。／221

圖 195　清乾隆三十二年（1767）刊《天台山方外志》之《天台十六景圖‧桃源春曉》。／221

圖 196　張若澄《蓮池書院圖》35.6×215.5 cm。／222

圖 197　《凌煙閣功臣圖》之司空梁國公房玄齡。／224

圖 198　《凌煙閣功臣圖》之開府儀同三司鄂國公尉遲敬德。／224

圖 199　《凌煙閣功臣圖》之左武衛大將軍胡國公秦叔寶。／225

圖 200　《凌煙閣功臣圖》之禮部尚書永興郡公虞世南。／225

圖 201　《凌煙閣功臣圖》由名工朱圭鐫刻牌記。／226

圖 202　《息影軒畫譜》之杜甫像。／227

圖 203　《南陵無雙譜》之偽周皇帝武曌。／229

圖 204　《南陵無雙譜》之長樂老馮道。／229

圖 205　《有明於越先賢三不朽圖贊》之王陽明公。／230

圖 206　《晚笑堂畫傳》之漢高祖像。／230

圖 207　《晚笑堂畫傳》末附之〈明太祖功臣圖〉之馬皇后。／231

圖 208　《百美新詠》之嫦娥。／233

圖 209　《百美新詠》之王昭君。／233

圖 210　《古玉圖譜》之古玉花乳鐘。／235

圖 211　《繪像三國志》插圖，此本大致為明末新安（今安徽歙縣）黃誠之、黃士衡等刻本，現藏於美國國會圖書館。／237

圖 212　《繪像三國志》插圖，毛聲山評點、金聖歎序、大魁堂藏版，清初刊本。／237

圖 213　《耕織圖詩》之「耕」第一圖。／239

圖 214　《耕織圖詩》之「織」第一圖。／239

圖 215　《萬壽盛典初集》一百二十卷，（清）王原祁等纂，清康熙五十六年（1717 年）武英殿刻本。／240

圖 216　《萬壽盛典圖》，由著名刻工朱圭刻成版畫，對考察清代慶典活動和市民風情，是難得的圖像資料。／241

圖 217　《南巡盛典圖》之名勝一。／243

圖 218　《南巡盛典圖》之名勝二。／243

圖 219　《南巡盛典圖》之金山名勝圖暨文字解說。／244

圖 220　《皇清職貢圖》漳臘營轄口外三郭羅克番民。／245

圖 221　《皇清職貢圖》永豐州等處傈苗婦。／245

圖 222　平定準噶爾回部得勝圖——格登山斫營圖（正式本）。／246

圖 223　平定準噶爾回部得勝圖——黑水圍解圖（正式本）。／247

圖 224　《平定伊犁受降圖》銅版畫。／247

圖 225　《鄂壘扎拉圖之戰》銅版畫。／248

圖 226　《芥子園畫傳》，此內含青在堂畫學淺說、樹譜、山石譜、人物屋宇譜、摹彷諸家畫譜。描摹傳神，鐫刻精工，刷印神巧，完全地保留了原畫作的神韻，每一幅畫都是窮極人事、巧奪天工的佳作。／249

圖 227　（清）王概等繪《芥子園畫傳》二集，此內含蘭、竹、梅、菊 4 譜。由諸升、王質繪，王概與兄王蓍、弟王臬論訂，共四冊。／250

圖 228　《芥子園畫傳三集》採用的是蝴蝶裝。／251

圖 229　是書為《芥子園畫傳》第四集首刻，前有嘉慶二十三年倪模序。全書共收版畫百又六幅，描摹傳神，鐫刻精工。／252

圖 230　《離騷圖》繼承了宋元以來圖繪、刻印楚辭的優秀傳統而又加以創造和發展。／259

圖 231　明末清初蕭雲從《離騷圖》書影。／260

圖 232　《離騷圖》之《九歌・東君》。／261

圖 233　《離騷圖》之《九歌・國殤》。／262

圖 234　《太平山水圖》首幅為《太平山水全圖》，是根據當時太平地區山水名勝而作的鳥瞰圖。／263

圖 235　《太平山水圖》之《白馬山圖》。／264

圖 236　《太平山水圖》之《繁浦圖》。／264

圖 237　《太平山水圖》之《鳳凰山圖》。／265

圖 238 （清）任熊《列仙酒牌》冊頁之《陳博》。／268

圖 239 （清）任熊《列仙酒牌》冊頁之《蘇仙公》。／268

圖 240 《於越先賢傳》，為任渭長所作四部圖像中章法表現最富變化的一種。／269

圖 241 《劍俠傳》中的 33 篇武俠小說，可以說是古代武俠小說的精粹。／270

圖 242 （清）蕭山王錫齡輯《高士傳》三卷，清咸豐八年（1858）王氏養穌堂刻本。／271

圖 243 神荼鬱壘，是中國民間信仰的兩名神祇，著名的門神。／276

圖 244 宋代以來，門神畫主要以木版雕刻印刷流傳於世，元明之時，秦瓊、尉遲恭二將軍進入門神之列，後世沿襲。／277

圖 245 《西廂記》，天津楊柳青，色版。／281

圖 246 《福壽三多》，藏於天津楊柳青木版年畫博物館，色版。／282

圖 247 無論是娃娃、侍女，還是戲曲故事題材，楊柳青年畫的創作靈感都來源於當時的社會生活，來源於普通百姓對幸福生活的嚮往。／282

圖 248 《楊家女將》，江蘇蘇州，色版。／283

圖 249 《無底洞老鼠嫁女》，此演唐僧遇鼠精招親事。江蘇蘇州，色版。／284

圖 250 《鍾馗》，江蘇蘇州，色版。／285

圖 251 《男十忙》，山東濰縣，色版。／286

圖 252 《劉海戲蟾》，山東濰縣，色版。／286

圖 253 朱仙鎮年畫門神。／287

圖 254 《久長富貴》，民間傳說中有沈萬三發財的故事。／288

圖 255 《加冠門神》，四川綿竹，色版。／289

圖 256 綿竹年畫。／290

圖 257 《老鼠嫁女》，四川綿竹，色版。／290

圖 258 四川省綿竹市博物館收藏的長卷年畫手稿《綿竹迎春圖》，是一件生動描繪四川清代傳統民俗，內容十分豐富的文物珍品。／291

圖 259 《副揚鞭》（填水腳），清代綿竹年畫。／292

圖 260 唐朝以前之武門神多為神荼與鬱壘。／293

圖 261 鍾馗（楊柳青年畫）。／293

圖 262 門神秦瓊與尉遲恭。／296

圖 263 燃燈道人、趙公明，山東濰縣，色版。／298

圖 264 竈神之職先是主管一家的伙食，以後變為操掌一家禍福的保護神。／299

圖 265 《土地公土地婆》，四川綿竹，色版。／302

圖 266 文財神比干，清代，高密年畫。／303

圖 267 金龍如意正──龍虎玄壇真君趙公明。／304

圖 268 瓜瓞連綿，子孫昌茂。／306

圖 269 《麒麟送子》，河南開封，色版。／307

圖 270 《五子奪魁》，山東濰縣，色版。／308

圖 271 《冠帶傳流》，江蘇蘇州，色版。／308

圖 272 《和氣致祥》，湖南邵陽，色版。／309

圖 273 《張仙射天狗》，江蘇蘇州，色版。／310

圖 274 《天官賜福吉祥如意》，陝西鳳翔，線版。／311

圖 275 《紫微高照》，色版。／312

圖 276 《蟠桃大會》，山東濰縣，色版。／313

圖 277 《福祿壽三星》，四川綿竹，色版。／314

圖 278 《春牛圖》，天津楊柳青，色版。／315

圖 279 《天津學堂女教習》，山東濰縣，線版。／316

圖 280 《白蛇傳》，天津楊柳青，色版。／317

第一章　導論

　　版畫，通常是指經過特定的技術，在特定質材（木版、銅版、石版、膠版、絲、布、紙等）上經過繪、刻、漏、腐蝕等手段，能移印刷出兩張以上相同的作品即為版畫。

　　在印刷術還沒有發明以前，書的流傳都依賴手抄，書中的插圖，也都是手繪的，一本書經過傳抄，書中的圖也要輾轉臨摹。可是寫字容易，繪事難工。而書中的精神所在，主要又在文字的內容。於是許多讀書人在抄書時，往往只迻錄文字，而捨棄插圖。就這樣的書籍漸漸只保存文字部分，而將插圖散亡了。這是我們現在看到許多古書，只有文字而沒有附圖的主要原因。

　　中國木刻版畫的歷史已有一千一百多年。它比世界上任何民族的最早木刻版畫歷史都要久遠。也就是說，中國是發明木刻版畫的發源地。在這歷史久遠的木刻版畫史上，我們看到了輝煌的成就。那些優秀的民族藝術遺產是光芒萬丈、源遠流長的，它是歷代百姓的天才創作並為廣大百姓所喜愛。它不是一種「附庸」藝術，也不是單單作為書籍的插圖或名畫的複製品而存在，它有其獨立性，它是中國造型藝術的一個重要部門。

　　版畫作為獨立的文化形態，出現在人類發明了造紙術和印刷術之後，它是誕生在神州大地上一顆璀璨的明珠，它從東方傳到西方，又從西方傳到東方。

　　自古就有「無書不圖」、「左圖右史」的傳統，「左圖右史」之說歷來更是備受學者推崇。隋唐以後，雕版印刷術興起，許多出版家，為恢復古制，提昇書籍的價值及影響力，常常雇請繪師畫圖，然後交予匠人刊刻，因此許多書中又有了插圖。這種插圖，古人稱為繪圖、繪刻，或繡像。近來一般人通稱之為版畫。其實版畫除了書中插圖之外，還包括獨

幅的刻畫。獨幅的版畫以宗教性的宣傳品（佛像為多）、張貼用的年畫或風俗畫，及作為隨身所帶的符咒性質的圖像較多。版畫集繪、刻、印三種藝術於一身，在我國有極其輝煌的成就。南宋學者鄭樵曾作《通志‧圖譜略》，強調「圖成經，書成緯，一經一緯，錯綜而成文。古之學者，左圖右史，不可偏廢[1]。」

中國版畫，起自書籍的插圖。至今人們仍把圖、書並稱，蓋緣於此。清人徐康在其所撰《前塵夢影錄》中說：「古人以圖、書並稱，凡有書必有圖[2]」。《漢書‧藝文志》論語家，有《孔子徒人圖法》二卷[3]，蓋孔子弟子的畫像。武梁祠石刻七十二弟子像，大抵皆其遺法。而兵書略所載各家兵法，均附有圖。《隋書‧經籍志》禮類，有《周禮圖》十四卷[4]，是古書無不繪圖。

時至 80 年代，李致忠先生在《中國古代書籍史》中，也以專門一節論述〈中國古代書籍的插圖版畫〉，並明確指出：「書籍的插圖，是對文字的形象說明，它能給讀者以清晰的形象的概念，加深人們對文字的理解[5]」。而書籍插圖的目的或作用，除了增加讀者的閱讀興趣與幫助讀者對文義的理解，優秀的插圖也能提高書籍的視覺美感。

待雕版印書盛行以後，這種有書有圖的風氣不但被繼承了下來，而且大大地向前發展了，這就是中國古書中的插圖版面。

---

[1] （宋）鄭樵撰，《通志二十略》，明嘉靖庚戌（二十九年，1550）福建監察御史陳宗夔刊本。

[2] （清）徐康撰，《前塵夢影錄》，民國 26 年上海商務印書館據靈鶼閣叢書本排印。

[3] （漢）班固撰，《前漢書》第三十〈藝文志〉第十，明嘉靖八至九年（1529-1530）南京國子監刊本。

[4] （唐）魏徵撰，《隋書三十二》〈志第二十七〉，明萬曆二十三年（1595）南監刊清康熙間修補本。

[5] 李致忠著，《中國古代書籍史》，北京市：文物出版社，1985，頁 125。

第一節 古籍插圖版畫起源與發展

任何事情的發展，都有其根源。我國版畫有光輝絢爛的成績，不是一蹴而成的，而是經過長期發展的結果。

中國是印刷術的起源國。印刷術是人類文明發展史上一個重要的里程碑，它對人類社會的發展和歷史進步產生了巨大的影響。正如英國學者李約瑟所說：「我認為在整個人類文明史中，沒有比紙和印刷的發明更重要的了。」印刷術使知識訊息的傳播在質和量上產生了巨大的飛躍，它使人類從蒙昧蠻荒走向了文明，成為推動人類社會發展、宗教繁榮、科學進步、文化交流的強大動力。版畫是印刷術中由圖像印刷部分派生出來的一門藝術，直接與印刷術的起源和進步密切相關，因此可以說，是中國的雕版印刷術開啟了版畫的先河。

印刷術是民族長期的物質與精神力量的綜合創造，有一個不斷積累，由量變到質變，逐漸完善的漫長過程。製版技術在中國有著久遠的歷史，遠在四千年前的新石器時代，就有了人類在陶土上的雕刻活動。殷商時期，鏤刻於龜甲、獸骨上的卜辭；商、周時期青銅器上的銘文；漢代印璽、封泥、肖形印、碑刻、瓦當、畫像石、畫像磚等。這種長期鏤刻文字的經驗，對於後來雕版印刷的發明，自有其直接或間接的關係。版畫日後之所以有如此光輝的歷史，自然也深受影響，所以版畫的輝煌成績，是長期間一點一滴從經驗中累積出來的。文化藝術的腳步本來就是緩慢艱辛而又穩重的。這類活動無論從雕刻圖形的角度，還是從拓印的效果而言，都與當今的版畫有著類似之處，這無疑是中國印刷技術發明的先導。

彩陶的圖案設計、甲骨文字的鏤刻，對版畫固然有長遠的傳承關係，後代畫像石刻、肖形印章，更給予版畫直接的啟發作用。

漢代畫像石刻，遺留至今，數量極為豐富，主要分佈地區在山東、四川、河南及山西等處。這些畫像石刻，在我國美術史上有極其重要的價值。它們有的質樸厚重，有的雄健生動。而且題材相當廣泛，有歷史

故事，也有神話傳說，反映著當時人們豐富的想像力。而它們的鐫刻方法，更對後來的版畫創作，起了借鑑的作用，不但在畫風上有傳承的密切關係，同時從利用刀和鑿子等工具在版面上鏤刻出畫像的特點上，更是一種具有版畫的性質製作。此外，就拓印的效果來說，畫像石刻和版畫也有相同的地方。再從石刻畫像所常使用縱、橫、斜、直的短線條來組成各種形象看來，處處對版畫起了強有力的啟發作用，所以可以說，我國的版畫吸收不少漢代畫像的優點，而漢代畫像對後來的版畫，實在貢獻了不少力量。

秦漢以後，我們的祖先還有一種習慣，喜歡在石頭上刻紀念性的文字和使用印章。石刻文字，最享盛名的是石經，捶拓石經的方法和工具是促成雕版印刷術發明的主要因素之一。石刻文字最早是凹下去的陰文，到北魏太和二十二年（498）洛陽老君洞始平公造像石刻，出現了陽文凸起的方格大楷書。而印章的摹刻，都是反文，捺印出來的文字才是正文。石刻上的陽文和印章上的反書習慣，又是促進雕版印刷術發明的另一主力因素。同時漢代以後到魏晉南北朝時期，還有一種「肖形印」的流行。肖形印所刻的內容包括飛禽、走獸、魚蟲、花草等，形象精美巧麗，富有濃厚的圖案風味。雖然肖形印也屬於印章的一種，但從印章的摹刻施印方法看來，與雕版印刷的效用和性質，已甚接近。再從美術的觀點上來說，如果稱之為小品版畫，視之為版畫的前身，應該都不會太過離譜。

人類在印刷術發明以前的雕刻活動，基本上都是在骨、甲、陶、泥、石、玉、金屬等硬質材料上進行的，這種紀錄方式極大地制約了人類知識的傳播。而廉價、輕便的書寫材料的出現，改變了人類資訊傳播的歷史，這個偉大的發明就是中國的四大發明之一——紙。

造紙術的發明同樣經歷了一個漫長的過程，遠在東漢蔡倫造紙之前就已經有了紙的存在，紙的出現不僅使知識的記錄和傳播實現了重大變革，而且也促進了雕版印刷術的產生。

任何一項新技術的產生，都必須具備兩個前提：一是當時社會對這

項技術有強烈的需求;二是產生這種技術要有物質基礎和技術條件。在中國隋唐時期,這幾方面條件均已具備,雕版印刷術由此應運而生。

雕版印刷技術的產生與佛教經文和佛像傳播的需求有直接關係。佛教在中國經歷了從漢魏初興到南北朝時期的發展,直至隋唐達到鼎盛。當時長安城是寺院三千,僧尼遍地,舉國上下對佛教異常狂熱,佛教徒們迫切需要將通俗易懂的經文和明白形象的畫面化一為千百,廣為傳頌。但抄經的方法耗時費力,已經遠遠不能滿足佛教教義傳播的需要,一種新的圖文複製方法便創造出來,這種技術就是包括版畫在內的雕版印刷。這一創造性的發明,不僅為佛教的深入傳播提供了良好的工具,也為中國版畫藝術的發展開拓了廣闊的空間。

古代的版畫起源一直存有很大的分歧,有漢朝、東晉、六朝、隋唐朝等說。我國的西北和吳越等地都曾發現唐及五代時期的版畫,可見版畫的歷史相當悠久。而在四川成都出土的至德本版畫,推測應是至德年間所做,至德是唐肅宗的年號,即 756-758 年之間。但目前我國現存的版畫中,鐫刻有確切年代的,最早的應是咸通本的《金剛般若波羅蜜經》卷首畫《祇樹給孤獨園》,咸通是唐懿宗李漼的年號,即 860-874 年之間,根據題記,這本經書應作於 868 年,為目前最早有明確紀年的版畫。研究發現,盛於唐代的雕版佛畫,是僅存的古代版畫珍品,也是考察中國版畫藝術史的唯一源頭。

敦煌版畫是中國雕版印刷術現存最早的實物,填補印刷科學技術史的部分空白,對研究中國印刷科技的起源及發展具重要史料價值。據載,木捺小佛像、小菩薩像的小印版,曾啟發畢昇發明活字印刷,畢昇最早開始是製作木活字,後來改用燒製的泥活字,小像木雕版是活字之祖。

唐及五代這一時期的版畫特點是古樸俊秀、奉刀有神,且多表現的是宗教經卷的內容。至宋元時期,佛教版畫在前朝的基礎上又有了進一步的發展,山水景物等圖形也開始出現在經卷中。早期的版畫多用於對宗教的宣傳,先是佛教,然後出現在道教與儒家中,基本上是為統治階

級服務的。其後，在諸如科技知識、文藝門類等其他題材的書籍、圖冊裡也開始大量出現版畫。由於版畫是附著在中國傳統的印刷術之上，而我國印刷史上的第一個黃金時代出現在宋代，宋元時代的刻書業中心在福建的建安和浙江的杭州，因此兩宋時期的汴京、臨安、蘇州、福建建安、四川的眉山、成都等地，都成了各具特色的版刻中心。而在同一時期先後與宋朝對峙並存的西夏、遼、金等三國的版畫也很發達，我國和世界上目前發現最早的彩色套印版畫，就是遼代的《南無釋迦牟尼佛像》，在世界文化史上的地位極其重要。另外，由於實用的要求，在宋代也出現了用於印製紙幣和廣告的銅版印刷。元朝統一中國後，印刷業版刻業仍然保持了興旺發展。而與宋代相比，元代的插圖雕刻水準又有一定的提高。我國的連環版畫的前身，便是元代的平話刻本。由此可見，中國的版畫製作，在明朝以前便已經十分發達，插圖可見於各類書籍中，全國南北各地都遍佈雕版作坊，而雕刻技巧也相當圓熟，版畫中不僅出現了連環畫，還出現了套印版畫，這些都為明清時期我國版畫藝術的發展奠下了堅實基礎。

第二節　古籍插圖版畫的類型

　　圖書，顧名思義，有圖有書，是圖書的合稱，文不足以圖補之，圖不盡以文說之，圖文並茂，相映成趣，相得益彰。古籍，除了具有史料價值外，如單從版本特色、藝術鑑賞的角度觀察，也有可取之處。古籍涵括宋元明刊本、寫本、抄本在內的古籍，從版式到行款、從文字到圖像、從字體到墨色、從鈐印到題款、從紙張到裝幀，都從一個側面反映出當時的時空，折射出當時的歷史，更可以表現出卓越的藝術特色。
　　古籍插圖隨著歷史的發展而不斷變化，不同的歷史時期、不同的政治、經濟、文化背景賦予了插圖藝術多元的傳播作用。插圖是從屬性的藝術，是為一定的內容所制約的，然而它並不是對作品內容的簡單的圖

解，而是一種再創造，所以有一定的獨立性。古籍的插圖，是對文字內容的形象說明，它能給讀者清晰的形象的概念，加深人們對文字的理解。

古籍插圖引起學術界的重視並成為專門研究對象，只有短短百年的歷史；就在這百餘年間，研究者的立足點，仍多偏重於美術史的角度，即書籍插圖作為版畫的藝術性。最早系統論及中國古籍插圖的當是鄭振鐸先生。他在 1927 年 1 月發表的《插圖之話》，可以說是一部中國古籍插圖簡史，其中闡述了插圖的作用及其發生作用的原理。他說：「插圖是一種藝術，用圖畫來表現文字所已經表白的一部分的意思；插圖作者的工作就在補足別的媒介物，如文字之類之表白[6]」。在鄭振鐸看來，插圖就是對小說情節的模仿。所以插圖的成功在於一種觀念從一個媒介到另一個媒介的本能的傳遞；也就是說，插圖是補充或豐富了文字所表述的內容。

綜觀我國古籍插圖版畫，大致可歸納為以下幾種類型：

一、裝飾型

其目的是美化書籍的形式，揭示特定的內容，引起讀者的閱讀興趣，具有宣傳性。如《金剛般若波羅蜜經》這部經典，簡稱《金剛經》，係珍善本佛經中之最[7]。臺灣國家圖書館所典藏版本為元至正元年（1341）中興路資福寺刊朱墨雙色印本。卷前有朱繪〈釋迦說法圖〉，線條生動，風格豪放。卷末有〈韋陀護法圖〉（圖 1）。《金剛經》是千年來探討及注疏最多，影響最深遠經典之一。

---

[6] 鄭振鐸〈插圖之話〉，《小說月報》第 18 卷第 1 號，1927 年 1 月。

[7] 張圍東、黃文德《金剛般若波羅蜜經》全國新書資訊月刊 174 2013.06，頁 29-35。

圖 1 《金剛般若波羅蜜經》一卷 1 冊，姚秦釋鳩摩羅什譯、元釋思聰禪師
註解，元至正元年（1341）中興路資福寺刊朱墨雙色印本。

二、説明型

以直觀性、寫實性圖像滿足讀者的審美需求，加深對文字的理解，
彌補文字的不足，索象於圖，索理於書，從而達到傳道授業解惑的目
的，具有知識性如農業、軍事、醫藥、地理、星象、琴棋書篆、金石考
古等。

（一）農業類

《隋書・經籍志》係東漢至唐初古籍流傳的總結性著作，它將各項
圖書分為經、史、子、集四大類，其中著錄的插圖百餘種，涵蓋地理、
天文、醫方、曆數等類，宋代農學昌盛湧現了《菌譜》、《桐譜》、《耕織
圖》等以圖文並茂方式推廣農業知識的書籍。元皇慶二年（1313）王禎
編撰的《農書》刊行，全書 36 卷 12 冊，對我國傳統農家蠶桑耕織技
術，無不繪圖，詳為說明。圖示「圃田」一幅（圖 2），係種蔬果之田、
附文區劃經營、條理井然[8]。

8　（元）王禎撰，《農書》三十六卷 10 冊，明嘉靖九年（1530）山東布政司刊本。

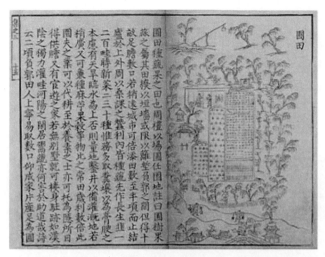

圖 2　《農書》三十六卷 10 冊，（元）王禎撰，
明嘉靖九年（1530）山東布政司刊本。

乾隆三十年（1765）方觀承撰繪《棉花圖》是研究我國農業科技史、植棉史、棉紡織史的重要史料有圖 16 幅和文字說明（圖 3），乾隆極為稱賞，並成《御題棉花圖》，廣為流傳[9]。

圖 3　《乾隆御題棉花圖》，（清）方觀承編，
清乾隆三十年（1765）刊藍印本。

9　（清）方觀承編，《乾隆御題棉花圖》，清乾隆 30 年（1765）刊藍印本。

（二）軍事類

漢《兵書略》記載各家兵法，均附圖。明嘉靖年間《紀效新書》十八卷 8 冊（圖 4），全書分號令、戰法、行營、守哨、水戰諸章，各有圖說，具體周詳。故戚家軍能消除倭患，名震天下，為探討我國中近古時期軍事學發展，提供了可貴的佐證[10]。

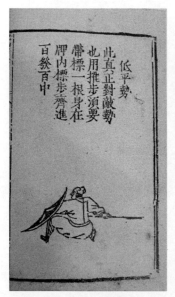

圖 4 《紀效新書》十八卷，（明）戚繼光撰，
明嘉靖間（1522-1566）東牟戚氏刊本。

（三）醫藥類

《新刊補註銅人腧穴鍼灸圖經》（圖 5），全書五卷 5 冊，專談我國古代獨特發明之鍼灸術，並以銅人為武，繪圖標示人體為部位，刻題於側，史學者明白易曉[11]。

10　（明）戚繼光撰，《紀效新書》十八卷，明嘉靖間（1522-1566）東牟戚氏刊本。

11　（宋）王惟一撰，《新刊補註銅人腧穴鍼灸圖經》五卷 5 冊，元刊本。

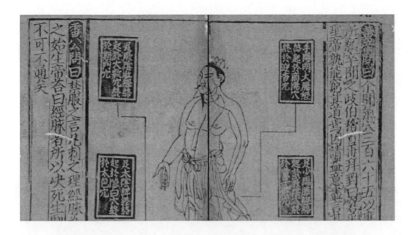

圖 5 《新刊補註銅人腧穴鍼灸圖經》五卷 5 冊，（宋）王惟一撰，元刊本。

（四）地理類

古本《山海經》由晉郭璞作注，並為《圖贊》，圖遺失而贊保存下來。《治河管見》，全書四卷 6 冊，對治理黃河作具體的規劃，繪有考正黃河全圖（圖 6）。並設計各種治河用具圖樣[12]。

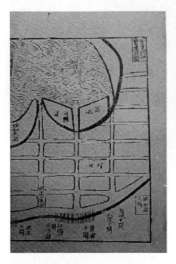

圖 6 《治河管見》四卷 6 冊，（明）潘鳳梧撰，明萬曆間刊本。

12　（明）潘鳳梧撰，《治河管見》四卷 6 冊，明萬曆間刊本。

（五）星象類

　　天河又稱銀河、天漢、星漢等，《詩經》已記載天河，直到《晉書·天文志》才詳述它的界線。現存文本中，描繪天河圖像者較少，明朝不著撰人《天文圖說》是其中之一。《天文圖說》中所繪「太微垣」，在右頁書寫「以下註無者，悉本朝所測，今觀其處，雜星甚多，恐亦未可盡信也。姑抹出，以便觀之。」（圖 7）可知此為當時觀測天象的真實紀錄[13]。

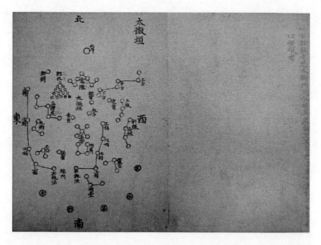

圖 7 《天文圖說》不分卷，（明）不著撰人，舊鈔本。

（六）琴棋書篆

　　《太古遺音》是為《太音大全集》之前身，為琴譜專著（圖 8）。此書為宋代田芝翁撰述，由袁均哲加註音釋，書中文字精鈔，圖以彩繪，描摹細膩，雖部分缺佚，然此手繪本世間罕見，極有可能為舉世孤本[14]。

---

[13] （明）不著撰人，《天文圖說》不分卷，舊鈔本。

[14] 許媛婷〈百年前的圖畫書——手繪本〉，《聚珍擷英：國家圖書館特藏精選圖錄》，2009.11，頁 60-61。

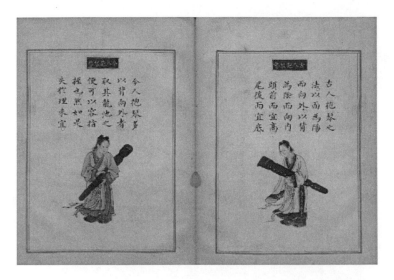

圖 8 《太古遺音》五卷，（宋）田芝翁撰、（明）袁均哲註，
　　 明精鈔彩繪本。

（七）金石考古

　　宋元祐七年（1092），呂大臨編《考古圖》，著錄當時宮廷和私人所藏古代銅（圖 9）、玉器 24 件，每器均臨摹繪圖形、款式，記錄尺寸、容量、重量、出土地、收藏處等，開創了古器物著錄之先河。

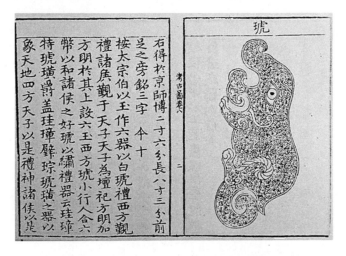

圖 9 《考古圖》十卷 6 冊，（宋）呂大臨撰，研究
　　 中國青銅器的第一部參考書籍。

宋宣和五年（1123）之後，王黼撰《宣和博古圖》三十卷（圖 10），
著錄當時皇室在宣和殿所藏古代青銅器 20 類、839 件，繪圖詳實，考證
精審，所定器名，多沿用至今[15]。

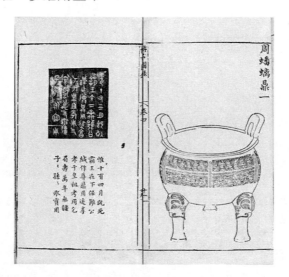

圖 10 《至大重修宣和博古圖錄》三十卷 16 冊，（宋）王黼撰，
元至大間（1308-1311）刊明印本補本。

三、欣賞型

透過人物造型的描寫和細膩的感情刻劃，形象地表達原作的豐富內
容，有力地增加作品的藝術感染力，如畫譜、歷史人物、小說、戲曲等
書籍。

（一）畫譜類

《十竹齋書畫譜》為晚明金陵地區最具代表性的彩色套印版畫圖
譜，由十竹齋主人胡正言（1582-1671）編輯出版（圖 11）。書中按類分

---

[15] 徐小蠻、王福康著，《中國古代插圖史》，上海古籍出版社，2007.12，頁 66。

成竹、梅、石、蘭、果、翎毛、墨華、書畫八種畫譜,全譜共一百八十五幅圖,其中彩色套印者,有一百十幅。本書在經過芥子園覆印之後,色彩淡雅,彷若手繪,濃淡錯落有致,其結合繪、刻、印三絕,成為在印刷史、藝術及文化史上的精彩成就[16]。

圖 11　《十竹齋書畫譜》不分卷,(明)胡正言(編),
清康熙間芥子園覆印明天啟至崇禎間彩色印本。

　　《黃氏八種畫譜》為明代萬曆年間杭州集雅齋主人黃鳳池編輯的畫譜,結合各種詩詞、草木、花鳥等名家之作,乃為迎合文人誦詩習畫之風雅餘興而成(圖 12)。是書集合黃氏所編八種畫譜,包含《五言唐詩畫譜》、《六言唐詩畫譜》、《七言唐詩畫譜》、《六如畫譜》、《扇譜》、《草本花詩譜》、《木本花鳥譜》、《梅竹蘭菊譜》,其自萬曆年間便陸續出版,以迄天啟年間始完成八種,並合為一部刊行。書中以圖配詩,插圖為邀請杭州著名畫家蔡沖寰繪寫,又聘杭州刻工劉次泉為之鏤刻,寫刻工皆一時之選。由於書坊主人、寫、刻工,原皆徽州人,後移居至杭州,故本書雖在杭州出版,卻處處流露出徽州版畫的細緻風格,而透過古籍版畫風格的轉變,正可看出刻書事業的移轉與人才流動的痕跡[17]。

16　許媛婷〈百年前的圖畫書——古籍版畫〉,《聚珍擷英:國家圖書館特藏精選圖錄》,
　　2009.11,頁 70-71。

17　許媛婷〈百年前的圖畫書——古籍版畫〉,《聚珍擷英:國家圖書館特藏精選圖錄》,
　　2009.11,頁 65。

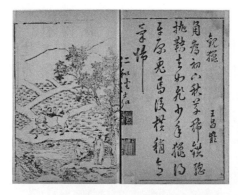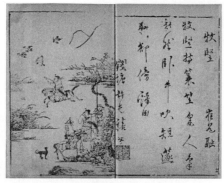

圖 12 《黃氏八種畫譜》不分卷，（明）黃鳳池編，
明萬曆至天啟間（1573-1627）清繪齋集雅齋合刊本。

（二）歷史人物

《三才圖會》，明王圻撰，萬曆三十七（1609）年原刊本（圖 13）。
這部類書，全書一〇六卷 107 冊，共分天文、地理、人物等十四項。三
才，指天、地、人而言，是撰者自認為已將天地間形象、人生中事物，
全部圖寫進去。論內容，的確很豐富[18]。

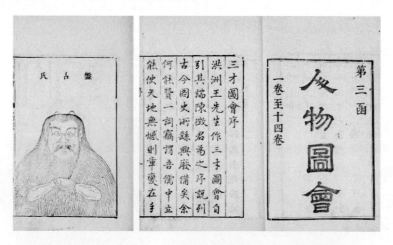

圖 13 《三才圖會》一〇六卷 107 冊，（明）王圻撰，
萬曆三十七（1609）年原刊本。

---

[18]　國立中央圖書館特藏組編，《國立中央圖書館特藏選錄》，1986.07，頁 39。

（三）小說

清代小說插圖本有《隋唐演義》、《增像全圖三國演義》、《紅樓夢》等（圖 14-16），無不圖版繁複密緻。

圖 14 《隋唐演義》二十卷，（明）羅貫中撰，清康熙乙亥（三十四年，1695），長洲褚氏四雪草堂刊本。

圖 15 《增像全圖三國演義》十六卷，（明）羅貫中撰，清光緒癸卯（二十九年，1903）上海錦章書局石印本。

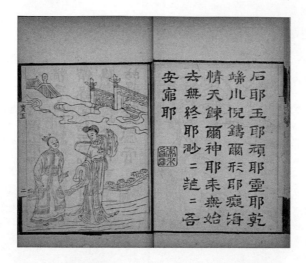

圖 16 《紅樓夢》一二〇回，（清）曹霑撰，
清嘉慶二十五年（1820）刊巾箱本。

（四）戲曲

　　我國的戲曲盛行於元代，但到明代後期才有插圖本刊行。明清時期，由於戲曲作家的出現，曲本的刊行成為必然的趨勢，給版刻、版畫帶來了生機。《琵琶記》，明高明撰，明烏程閔氏刊朱墨套印本（圖 17）。高明（約 1305-59 年），浙江溫州人。仕途遇挫後，他棄官退隱，來到鄞縣（今寧波），以撰寫戲文為生。他的《琵琶記》是重新改寫南方民間戲曲《趙貞女》的作品。他的這部作品廣受好評，被讚譽為「南方戲劇的始祖」。此書插圖是著名畫家和插畫家王文衡（又稱吳興）所作，其中的風景和人物栩栩如生、精妙絕倫[19]。

---

[19] 國立中央圖書館特藏組編，《國立中央圖書館特藏選錄》，1986.07，頁 39。

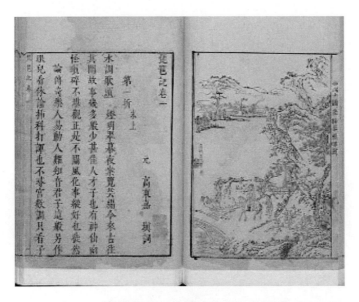

圖 17 《琵琶記》四卷，（明）高明撰，
明烏程閔氏刊朱墨套印本。

　　《鼎鐫陳眉公先生批評西廂記》是元代著名戲曲家王實甫（約 1250-
1307 年）的著作（圖 18）。此書為明末版本，共二卷。另附釋義二卷，
蒲東詩一卷，錢塘夢一卷，為書林蕭騰鴻刊印。書正文墨印，上有朱墨
筆圈點，封面乃藍印本中為少見。插圖仿名畫風格。全劇共 21 折 5 楔
子。陳眉公曲評本形式有評點、眉批、出批及間批等，主要有欣賞、提
示及提見解等用意。其卷末的總評精密工緻[20]。

20　（元）王實甫撰，《鼎鐫陳眉公先生批評西廂記》二卷，附釋義二卷，蒲東詩一卷，錢塘
　　夢一卷，明末書林蕭騰鴻刊本。

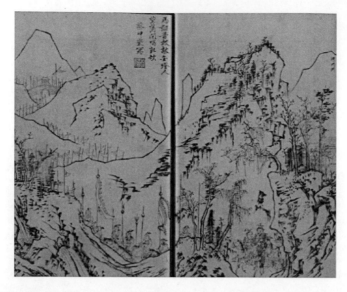

圖 18 《鼎鐫陳眉公先生批評西廂記》二卷，附釋義二卷，蒲東詩一卷，錢塘夢一卷，（元）王實甫撰，明末書林蕭騰鴻刊本。

從古籍插圖的幾種類型中，我們不難發現，插圖有很強的附著性，它對原作起著畫龍點睛的作用；又有其獨立性，作品包含著插圖畫家的獨到見解。作品透過插圖增強感染力，使作品的內容更能直觀地形象地向讀者反映、傳遞，所起的作用是文字遠遠不能代替的，是我國傳統文化珍貴遺產的重要組成部分。這些質量均佳的古籍版畫，在歷經不同時代的傳承轉變與文化衝擊之下，各自綻放出風姿多樣的迷人面貌，正等待我們進一步去認識與發掘。

第三節　古籍插圖版畫的功能

插圖的功能表現在許多方面，涉及範圍非常廣泛，上至經史通鑑、治國要略，下至天文地理、百科常識；插圖內容也是包羅萬象的，有啟蒙讀物、教化圖說、形象紀錄；再加上彼此間的相互關連，如宗教插圖可以從側面反映民族關係和文化交流；戲曲、小說插圖可以反映出人物

畫的創作成就，同時也可以從側面瞭解當時的社會生活、風俗習慣等。因此，古籍插圖是一份非常重要的歷史文化遺產，也是一座內容極為豐富的藝術寶庫，其功能有：

一、補充文字的功能

圖文互相補充在古籍中是屢見不鮮的，如《唐詩畫譜》、《元曲選》等，其中的詩、曲配圖，無不都是對詩、曲意境的延伸。

古籍插圖的寫實性，成為專門記錄實物圖像資料的一種手段，這一類古籍就稱為「圖譜」或「圖錄」。如清康熙年間高儕鶴的親筆手稿《詩經圖譜慧解》，其將《詩經》305 篇，加以注解，並親繪圖譜。高儕鶴，字蓼莊，長洲人，其他事蹟未見著錄。書中注解詩三百引用之參考書籍，自子夏、子貢、毛公詩傳及詩正義開始，歷秦漢以來各代名人，以迄明代凌濛初為止，其義疏注釋竟多達一百零八人。首圖為「十五國星次紀候圖」，係天文星座圖，具有濃厚的西洋意味，應是受到明末西方傳教士帶來曆學知識的刺激，圖末署康熙庚寅（四十九，1710）年，可見書成時間當為更晚。此外，書中根據詩句意象繪圖，應出自高氏手筆，亦有仿宮廷畫家王翬畫作者，然不論墨描或彩繪，凡山水、松石、花鳥皆秀逸精緻，筆觸淡雅，充份呈現文人畫風[21]。

宋宣和五年（1123）之後成書的《宣和博古圖錄》，共有三十卷，著錄了當時皇室在宣和殿所藏的自商至唐的銅器 839 件，每器都摹有插圖。據傳為北宋畫家李公麟所繪，插圖較精確，可考訂《三禮圖》的失誤[22]。

---

[21] 國家圖書館特藏組編著，《聚珍擷英：國家圖書館特藏精選圖錄》，臺北市：編著者，2009 年 11 月，頁 56。

[22] 徐小蠻、王福康著，《中國古代插圖史》，上海：上海古籍，2007 年 12 月，頁 358。

二、傳播功能

插圖還具有傳媒作用。插圖的興起，與佛經的傳播有關。在佛經中插入佛教故事的插圖，讓信徒對佛經發生興趣，增強閱讀效果，促進了佛經的傳播。

敦煌佛教版畫作為印刷品，具備適應於當時社會環境、維持和發展社會關係、體現社會價值、吸引大眾注意、形成社會議題的輿論引導等諸多方面傳播功能，是當時最先進、最便捷，也為大眾樂見的傳播媒介和傳播方式，對中國傳播史具有重要意義。

尤其是到了明朝、小說、戲曲的刊印更是注意到插圖對於古籍傳播的作用。在小說中大量增加插圖，如小說《增圖像足本金瓶梅》、戲曲《元曲選》，用插圖吸引讀者的注意，增加戲曲、小說的傳播力度。

天啟五年武林刻本《牡丹亭還魂記・凡例》中說：「戲曲無圖，便不滯行，故不憚仿摹，以資玩賞，所謂不能免俗，聊復爾爾。」明末無瑕道人《玉茗堂摘評王弇州艷異編》卷首識語所言：「古今傳奇行於世者，靡不有圖。」因此，有明一代尤以戲曲插圖本為盛，往往於書名冠以「出像」、「繡像」、「出相」、「全相」、「全像」等字眼，此乃出版史之典型現象[23]。可見，插圖對於書籍的傳播有多大的功能。

戲曲作為舞臺藝術之一，在古代只有戲曲插圖能將舞臺上的戲曲形象保留下來。在古本戲曲中，插圖特別多。因此，古本戲曲的插圖對於表演是有很好的借鑑和指導作用的，這是文字所無法比擬的。

---

[23]　同上註，頁 359。

三、學術研究功能

　　我國歷來重視古籍中的插圖，但是，也有文人有重文輕圖的傾向，使許多圖籍不能傳世。如《龍江船廠志》明嘉靖癸丑（三十二年，1553）刊本。明洪武初年，明室於江蘇南京龍江關（今南京北郊）建造龍江船廠，隸屬工部。船廠最初專為打造戰艦而設，其後兼造巡邏船和其他類型的船舶。明代鄭和下西洋的寶船大部分出於南京龍江船廠。本書撰者工部主事李昭祥曾主持廠事，故所述名物、制度、沿革尤詳，其於考證明代造船，具相當助益[24]。內附各種船圖 26 幅。為達到經世致用的目的，作者博考載籍，嚴謹選材，故資料翔實，富有實用價值，是記述明代造船史和官營手工業管理史的重要文獻，對研究鄭和寶船具有重要價值。初刻本今存。《龍江船廠志》為研究龍江船廠歷史，研究鄭和寶船和鄭和下西洋，提供了許多珍貴資料。

四、認知功能

　　插圖的認知功能是他最基本的功能，即人們對事物的構成、性能與他物的關係、發展動力、發展方向，以及對基本規律的把握能力。它是人們完成活動最重要的心理條件，包括語言訊息、智慧技能、以及策略等方向。

　　有歷史價值的插圖在書籍中的作用已經具有了不可替代性。如《三國演義》中諸葛亮發明「木牛流馬」的故事。圖像視覺的直觀性，其震撼力是文字記載難以企及的。曹植在《畫說》中也肯定人物肖像比文字描述能更好地起勸誡作用，能更真實地向後世展現歷史人物的容貌。

　　古籍中的「本草」很少沒有插圖的。植物的形態很難用文字來描

---

[24]　（明）李昭祥撰，《龍江船廠志》八卷，明嘉靖癸丑（三十二年，1553）刊本。

述。清代吳其濬撰有《植物名實圖考》專著。此書三十八卷,收錄八百
三十八種,收載植物一千七百多種,插圖一千八百六十五幅,主要是考
核植物的名實,兼及實用,以證諸今[25]。書中記載的植物種類比《本草綱
目》多五百多種,其中許多是南方或邊疆地區的植物,補充了歷代本草
地區性的缺漏或不足,具有特殊價值。《植物名實圖考》中的插圖形象逼
真,雕刻精細,它不僅在清末的版刻插圖中佔有一定的地位,而且在我
國及世界植物學史上留下了極其光輝的一頁。圖像不僅是用來描繪歷
史,而且本身就是歷史。

五、美學功能

　　插圖雖然是插附在書籍中的圖畫,但它仍有獨立的審美意義。如明
嘉靖年間(1522-1566)刊刻的《雪舟詩集》,明賈雪舟撰,書前有一幅
扉頁畫「雪舟圖」,此插圖運用了黑白對比,顯現出精到細膩的氣勢與張
力,感受著遠在四百年前作者內心湧動的空寂之情、孤絕之美時,已不
自覺地領悟並接受了作者表達的,不僅僅是文字表達的情感。研究者也
可以從一個側面瞭解到古代人是如何透過隸屬於平民文化的戲曲圖來充
實自己的精神生活的。

　　明崇禎十年(1637)刊刻的《白雪齋選訂樂府吳騷合編》,是書由晚
明張琦、張旭初編定,係將吳騷一集、二集編併成書,是為散曲選集大
成之作。書中配合散曲穿插版畫,乃摘自散曲辭句,揣摩其意而繪。其
運刀技法婉麗雋秀,線條在頓挫之間,自然流轉,柔和細緻,已達至雕
工精妙的最高境界[26]。

25　徐小蠻、王福康著,《中國古代插圖史》,上海古籍出版社,2007.12,頁 368-369。

26　許媛婷〈百年前的圖畫書——古籍版畫〉,《聚珍擷英:國家圖書館特藏精選圖錄》,
　　2009.11,頁 68。

六、教化功能

　　古籍中的插圖具有教化功能。我國的封建社會是一個男性社會，長期受到男尊女卑、重男輕女的父權等階級制度及思想觀念的影響，刻印了許多教化婦女要遵守婦道的書籍。這類書籍中都會有大量的插圖來瞭解文字所表示的內容。如《女範編》、《古今烈女傳》、《仙媛紀事》等。

　　明清以來，借圖勸說做善事的書籍在民間流傳也十分廣泛，如（清）黃正元纂輯《陰隲文圖說》、（元）陳堅撰《太上感應篇圖說》等。此外，還有《御世仁風》、《養正圖解》等教化類書籍。

第二章　版畫成長時期
——隋、唐、五代

　　雕版印刷術的誕生，使圖書的生產，簡易快速，數大量多，於是從事知識追求的人大增，文明也加快了前進的腳步。因此印刷術的發明，實在是人類歷史的壯舉，促進文明的主力。有人以為初唐時，佛像的傳播極廣，數量又大，如唐馮贄在所著的《雲仙雜記》即曾記載：「玄奘以回鋒紙印普賢像，施於四眾，每歲五馱無餘[1]。」《慈恩法師傳》也載有玄奘曾造素像十俱紙[2]，一俱紙按《一切經音義》的解釋是一千萬[3]，那麼造一億佛像，如果用手繪太累了，可能是用雕版刷印，所以版畫印刷較雕版印書為早。可是當日的佛像是用捺印或印刷還沒有定論，同時印刷術最早的實物已不存在，但重要的是雕版印刷術真的被發明了，也的確對人類文明發展貢獻最多，而發明的人是中國人，時間是在唐代。因為當時社會經濟繁榮，文化高度的發展，在這種基礎下，發明了偉大生產圖書的快速方法——雕版印刷術，是極其可能的。

　　版畫發展到隋唐五代時期已經具有了很高的水準。其高超技藝體現在繪圖、雕工、印刷三個方面。同時，隋唐五代的版畫主要以佛教版畫為主，在眾多的佛經中都有出現。其中以唐代版畫發展最為迅速。除向雕版佛畫發展外，還有著向文學書籍及民間用書方面發展的趨向。

---

[1]　（唐）馮贄撰，《雲仙雜記》卷五〈印普賢象〉，百家諸子中國哲學書電子化計劃，https://ctext.org/library.pl?if=gb&file=89559&page=112

[2]　沙門慧立本、釋彥悰箋，《大唐大慈恩寺三藏法師傳》卷十，http://tripitaka.cbeta.org/T50n2053_010

[3]　（唐）釋慧琳撰，《一切經音義》，百家諸子中國哲學書電子化計劃，https://ctext.org/wiki.pl?if=gb&res=503278

第一節　隋、唐、五代版畫概況

　　印刷術發明以後，當時的政府機構並不重現，主要原因大概是草創未工的原因，當時的社會，佛教極盛，寺院多，信徒眾，印刷術便很快被佛教徒採用。他們利用雕版印刷的方法，大量雕印經卷或佛像來消災、祈福或作為宣傳。唐貞觀三年（629），玄奘赴印度取經，至貞觀十九年（645）攜大批印度經卷回歸長安，可能就有雕版的經卷。而遲於玄奘十五年歸國的王立策，從印度帶歸佛印四顆。此後，義淨於證聖元年（695）歸國，又將印度用雕版印刷佛畫的情況介紹過來，這對我國的雕版佛畫刻製品質的提高起到一定的刺激作用。

　　今日存世最早的印刷品，無論在我國、在日本或在韓國，多半是佛教經典，就是信徒首先重視印刷術的結果。當然雕版印刷也因佛教徒的利用得到了快速的發展。可惜時代久遠，經過唐武宗會昌五年（845）滅法及歷代兵亂水火災變，存世的作品已少。今天所能看到的我國最早印刷書籍的實物，便是唐咸通九年（868）刻印的《金剛經》，此書文圖具全，扉頁所附的〈祇樹給孤獨園〉木刻說法圖，是世界上現存最古的雕版畫（圖 19）。

　　唐代懿宗咸通九年雕版印刷的《金剛經》。這是由六個印張粘接起來的十六米長的經卷。卷子前邊有一幅題為《祇樹給孤獨園》圖畫。內容是釋迦牟尼佛在祇園精舍向長老須菩提說法的故事。卷末刻印有「咸通九年四月十五日王玠為二親敬造普施」題字。經卷首尾完整，圖文渾樸凝重，刻畫精美，文字古拙遒勁，刀法純熟峻健，墨色均勻，印刷清晰，表明是一份印刷技術已臻成熟的作品。這是我國雕版佛畫中一幅非常珍貴的藝術遺產，它形象地說明我國到晚唐，雕版藝術已達到了純熟和精妙的程度。至今存在英國國家圖書館。

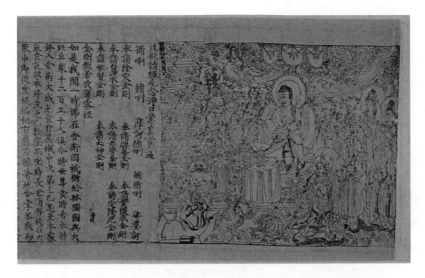

圖 19 唐咸通九年（868）刻印《金剛經》的〈祇樹給孤獨園〉。

　　唐文宗大和九年（835），東川節度使馮宿奏准敕禁約斷印曆日版，
文曰：「劍南、兩川及淮南道，皆以版印曆日鬻於市，每歲司天臺未奏頒
下新曆，其印曆已滿天下，有乖敬授之道，故命禁之[4]。」據《舊唐書・
文宗本紀》載，唐文宗也曾下令「敕諸道府不得私置曆日版[5]」。這些記載
充分反映唐代民間版印曆書已很普遍。事實上，敦煌石窟的藏經中，就
出現過不少民間曆書，如唐中和二年（882）的曆書，且題有「劍南西川
成都府樊賞家日曆」等字樣，所以說版畫起源於唐代，已有鐵證，自無
疑義。而且還證實，唐代版畫除向雕版佛畫發展外，還有著向文學書籍
及民間用書方面發展的趨向。

　　五代時期，馮道發起刻《九經》，延續二十多年，影響極大。歷史上
向有「五代刊本」之稱。所刻《九經》，一般由專經之士校勘，初校後，
由著名學者再予譯校，認為無誤後，才選善寫者端楷寫樣，再交匠人雕

4　（宋）王欽若等撰，《新刊監本冊府元龜》卷一六〇〈帝王部〉〈革弊第二〉，明藍格鈔
　　本。

5　（五代）劉昫撰，《舊唐書》〈文宗本紀卷第十七下〉，明嘉靖十七年閩人詮吳郡刊本。

刻。今藏法國巴黎國家圖書館之《唐韻》、《切韻》二書，皆為敦煌發現之五代刊本，從刊本的質量中瞭解到，當時雕版圖書的水準，可謂世界之最。

天福五年（940）晉高祖石敬瑭令道士張薦明雕印《道德經》頒行天下，也是五代雕書的一件盛事。又據載，五代時期的南唐、吳越之外，如川蜀的眉山，沙州以至齊魯之地，都不乏精雕細刻的圖書。如後蜀主孟昶在成都立石經，不久又依宰相毋昭裔所請改雕木版。五代時期，我國的雕版印刷術更為發展，不但民間流行，政府也採用印刷方法，雕印儒家經典，推行教育。因此版畫的趨勢，除了雕印佛畫之外，又向文學書籍的插圖方面發展。

五代時期的印畫遺物，隨著歲月的洗滌，存世者已寥寥可數。據今所知，除敦煌地區發現的「大聖毗沙門天王」圖、「救苦觀世音菩薩」圖，「聖觀白衣菩薩」與晉天福十五年的「金剛般若波羅密經」扉畫及「千佛像」外，在浙江吳興天寧寺及杭州西湖雷峯塔中，也曾發現吳越王錢弘俶時所刻印的《寶篋印陀羅印經》的扉畫二種。敦煌地區發現的幾張版畫，所刻圖像，神態極為莊嚴穩重，在雕法技術表現上，顯得比咸通九年《金剛經》扉畫來得緊湊而平穩，可見版畫至此，又得到長足的進步。

首先應該提到吳越錢氏諸王時期的作品，一是顯德三年（956）所刻的《寶篋印陀羅尼經》的扉畫。此畫原藏浙江湖州天寧寺石刻佛頂尊勝陀羅尼經幢的象鼻中。1917 年因天寧寺改建一座中學校舍，才被發現，上有 36 字題記。記云：「天下都元帥吳越王錢弘俶印寶篋印經八萬四千卷，在寶塔內供養。顯德三年丙辰歲記。」此本流傳極少。

再就是有名的「雷峰塔藏經扉畫」。吳越王王妃黃氏所建的西湖雷峰塔於 1924 倒塌，因而發現塔磚之內藏有《寶篋印陀羅尼經》（圖 20）。卷首有較簡略的扉畫。又發現塔磚內另藏有木刻雕版畫，刻人物故事，較經卷扉畫精細。版匡高 5.8 公分，寬 208.5 公分。四周單邊。全卷用四紙粘連而成；第一紙經文 51 行，第二紙 73 行，第三紙 73 行，第四紙 71

行，又經文除第一紙首行 11 字外，其餘每行均為 10 字。據經卷題記：
「天下兵馬大元帥吳越國王錢俶造此經八萬四千卷，舍入西關磚塔永充
供養。乙亥八月日記。」考「乙亥」之年，實際上是宋太祖開寶八年
（975）。

圖 20 《一切如來心秘密全身舍利寶篋印陀羅尼經》一卷，（唐）不空譯，
宋開寶八年（975）吳越王錢俶刊本。

圖 20-1 《一切如來心秘密全身舍利寶篋印陀羅尼經》

另外，「大聖毗沙門天王圖」和「大慈大悲救苦觀世音菩薩像」這兩
幅（圖 21-22），都是晉開運四年（947）歸安軍節度特進檢校太傅譙郡曹
元忠雇請匠工雕刻的，不但都有記年，同時後者還題有刻工人「雷延

美」之名,這是今日所知刻畫工人最早的名稱,也都是我國古代版畫中極難得的珍品。南方所發現的兩種《陀羅尼經》扉畫,一幅是刻於顯德三年(956),一幅則刻於乙亥八月,已是北宋開寶八年(975)。這兩張佛經扉畫,取材固有不同,但風格甚為相似,構圖別緻,保有濃厚的刀刻趣味,在形象的塑造上,略嫌稚拙,這也是極難得的文物珍品。

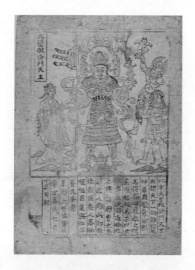

圖 21 大聖毗沙門天王圖。

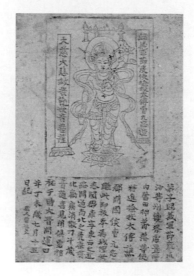

圖 22 大慈大悲救苦觀世音菩薩像。

　　五代十國歷時雖不長，但在中國書史、雕版印刷史上，卻是一個有著非常意義的發展階段。發端於隋、唐的雕版印書，在此期間取得了令人矚目的、長足的進步，主要表現在以下幾個方面：

　　一、從刻書機構上看，據《五代會要》卷八〈經籍〉載：後唐長興三年（932），馮道、李愚、奏請據唐《開成石經》雕印儒家經典《易》、《書》、《詩》及三禮、三傳，是為《九經》，亦即古代官刻之始。刻書由國子監主持，書版亦存該監，監本由此而興。前蜀任知玄「自出俸錢」，開雕杜光庭的《道德經廣聖義》三十卷[6]；《宋史‧毋守素傳》亦云：後蜀宰相毋昭裔「令門人勾中正、孫逢吉書《文選》、《初學記》、《白氏六帖》鏤版」，復「請版刻《九經》，蜀主許之」，首開私刻之先河[7]。自此中國古代官、私、坊三大刻書系統始臻完備。

　　二、刻書內容遠比唐代廣泛。據歷代載籍所舉，山東青州刊有王師範的法律判牘書《王公判書》[8]；閩徐夤撰《斬蛇劍賦》、《人生幾何賦》，時人傳誦[9]。其自撰詩云：「拙賦偏聞鐫印賣，惡詩親見畫圖呈[10]」，賦有印本確然無疑。文學家和凝「平生為文章，長於短歌豔曲，尤好聲譽，有集百卷，自篆於版，模印數百帙，分惠於人焉[11]」；前蜀乾德五年（923）釋縣城檢校其師貫休詩稿「雕刻成部」，題名《禪月集》[12]；南唐江寧刊印劉知幾的史學名著《史通》及著名文學作品總集──徐陵編選

---

[6]　（宋）王溥撰，《五代會要》卷八〈經籍〉，清福建覆刊武英殿聚珍本。

[7]　（元）脫脫撰，《宋史》卷四百七十九〈列傳〉卷第二百三十八，〈世家二〉，明成化十六年（1480）兩廣巡撫朱英刊嘉靖間南監修補本。

[8]　楊繩信編著，《中國版刻綜錄》，西安市：陝西人民出版社，2014 年 12 月，頁 1。

[9]　曹之著，《中國古籍版本學》，武漢：武漢大學出版社，2007 年 8 月，頁 172。

[10]　（唐）徐夤撰，《唐秘書省正字先輩徐公釣磯文集二》〈自詠時韻〉，百家諸子中國哲學書電子化計劃 https://ctext.org/library.pl?if=gb&file=80689&page=5

[11]　（宋）薛居正撰，《舊五代史》卷一百二十七、《周書》第十八、〈列傳七〉，清翻刻武英殿聚珍本。

[12]　（五代）釋貫休撰，《禪月集》後序，明末虞山毛氏汲古閣刊本。

的《玉台新詠》；後晉皇帝石敬瑭刻印《道德經》等[13]。經、史、子、集四部書中，除正史未見刊梓外，總集、別集、類書、法律書皆有印本。

三、刻書數量，比唐代有較大增加。和凝的集子上百卷，摹印書百部；《道德經廣聖義》雕成版片四百六十餘塊[14]；監版《九經》的刊印，歷時十二載；其他如《文選》、《白氏六帖》等，都是卷帙浩繁的大書，從文獻記載看，唐代尚無如此規制的製作。這些圖籍的刊印，不僅說明印書數量劇增，也表明雕印技藝的進步。

五代版畫的實物遺存，仍只有佛教題材一種，如《地藏菩薩像》，獨幅雕版佛畫。框縱 42.7 釐米，橫 29 釐米，中央刻大乘地藏菩薩像，跏趺坐於蓮花坐上，像左右長方形框內鐫「大聖地藏菩薩普勸供養受持」字樣，下部刊地藏略義，是典型的上圖下文單幀佛畫，法國人伯希和世紀初發現於敦煌莫高窟藏經洞並掠往法國，現藏法國巴黎國家圖書館。

此類獨幅雕版佛畫，在敦煌發現較多，尚有如《大聖普賢菩薩勸至誠供養》、《聖觀自在菩薩普施受持供養》、《釋迦牟尼佛說法圖》等。圖版形制與上述同，無須一一列舉。當時佛教信徒還願祈福，必於佛堂內供奉佛像，用於禮拜頌禱，富者可請人繪像，貧者財力不濟，只能請奉私人或寺院刊施之本以聊備一格，當是此類圖畫刊施較多的原因之一。

以上這些作品，皆出自敦煌。敦煌處於絲綢之路的交通要道上，又是中外聞名的佛教聖地，理所當然地成了中國北方佛教版畫的刊刻中心。敦煌所出的五代所刊佛教版畫，雖然不如唐咸通九年刻《金剛經》扉畫細緻、繁複，但其中表現出的簡單、明快、勁健的風格，正是北方佛教版畫的特色，恰好說明了五代時所刊佛教版畫的多姿多彩在刀刻技法的運用上，五代刊本也顯得更為穩妥，體現出雕鐫技法上的進步。

唐、五代時期，是我國版畫的成長時期，從現存的版畫中，可以看出當時主要的內容是宗教性質的，作品相當普及，並且深入民間。而畫

---

[13] 曹之著，《中國古籍版本學》，武漢：武漢大學出版社，2007 年 8 月，頁 173-177。

[14] 曹之著，《中國古籍版本學》，武漢：武漢大學出版社，2007 年 8 月，頁 177。

面的古拙穆肅，雕刻技巧也已漸漸達到成熟精美，其對日後版畫的發展，具有相當的影響力量。可惜這一時代的版畫，存於國內的，除了曹元忠造的毗沙門天王像及錢弘俶造陀羅尼經扉畫外，其餘都逸藏於英美兩國博物館中。至於唐、五代的版畫，現存畫跡數量已不少，可知繪圖、雕工、印刷三者都具一定的水準。

第二節　現存最早的唐代版畫

唐代佛教興盛，大小寺院有四萬四千多座，僧尼遍於各地，佛教勢力極大。當時的佛教徒為了擴大教義的宣傳，鼓勵人們多誦經，多抄經，並認為這樣可以消災祈福，所以信佛的人，如有條件，無不抓緊時間來誦經或抄經。但是，抄經的產量畢竟有限，所以當雕版印刷發明之後，佛教徒們便鼓勵人們刊印經卷。刊印比之手抄，在數量上當然更佔優勢，作為宣傳，效果自然也更大。因此在盛唐的物質條件下，有錢的施主便出錢刊印經卷。這種風氣，當時如風起雲湧，於是也就使雕版印刷得到飛速發展。

這些雕版佛經與佛畫，由於距今年代久遠，又經過唐武宗會昌五年（845）的「滅法」以及歷代兵亂水火之災，雖然留下來的不多，但也相當可觀。

1.《梵文陀尼羅經咒圖》：於 1944 年發現於四川成都的唐墓（圖23）。

該圖約刻於唐至德二年（757）至大中四年（850）之間。畫芯為繭紙，木刻板印，高 31 釐米，橫 34 釐米，畫面中部、左角皆殘損。圖正中有菩薩像，八臂，手執法器坐於蓮座上，像外四周刻梵文經咒。最外的周邊，四圍各刻五菩薩像，排列齊整，很有規則，頗具裝飾趣味。又該圖右邊有題榜一行，書「成都府成都縣龍池坊□□近卞□□□印賣咒本」。據史書所載，成都於唐肅宗至德二年（757）升蜀郡為成都府，由

此可知該圖之成，其上限雖然不超過至德二年，但無論如何，不遲於大中時，所以這件作品，當是我國現存最早的古版畫之一。

圖 23 《梵文陀尼羅經咒圖》於 1944 年發現於四川成都的唐墓。

2.《金剛般若波羅蜜經》卷首圖：簡稱《金剛經圖》，卷首圖於 1900 年發現於敦煌莫高窟。金剛經本文共七頁，成一長卷形式，卷首這幅木刻扉畫，高 24.4 釐米，橫 28 釐米，卷尾有「咸通九年四月十五日為二玠為二親敬造普施」款一行。扉畫左上角有「祇樹給孤獨園」的標題，下右方有「長老須菩提」標題。

《金剛經》一書，記佛與其弟子須菩提的談話，扉畫「祇樹給孤獨園」，便是描寫釋迦佛正坐在祇樹給孤獨園的經筵上說法，弟子須菩提正在跪拜聽講。佛的左右前後，立有護法神及僧眾施主 18 人，上部有幡幢及飛天。此圖刀法極為嫻熟雄健，線條亦遒勁有力。從刻線中可以看出毛筆的運用，既是肥瘦適宜，又是渾厚流利。而釋迦及其弟子和天神等的形象，更具有中原畫風的特色。這是我國雕版佛畫中一幅非常珍貴的

藝術遺產，它形象地說明我國到了晚唐，雕版藝術已達到了爐火純青的程度。

畫中所標年份為咸通九年（868），所以這件作品被公認為世界上有準確紀年的最早版畫。雖然這幅作品比之前述在四川成都發現的《梵文陀羅咒圖》版畫遲約百年左右，但較歐洲現存的最早古木版畫《聖克利斯道夫像》卻要早五百多年。

這幅《金剛經》的扉畫，早年被英籍匈牙利人斯坦因所盜，今藏於倫敦英國國家圖書館。

唐代的雕版佛畫，尚有《大聖毗沙門天王像》與《大慈大悲救苦觀音菩薩像》，遲於《金剛經》扉畫《祇樹給孤獨園》說法圖所刻印的時八十一年。雖然《金剛經》扉畫在藝術上有一定的成就，但是作為版畫的發展來看，就技法表現方面，天王像與觀音像在線條的組織上，以及刀法的刻畫上，都要比《金剛經》扉畫來得緊湊而平穩。這也說明了雕版佛畫的興盛與民間木刻家的努力所得到的進步。

此外，唐代的佛教雕版畫還有不少零星的發現，如有的發現於新疆，今藏於遼寧旅順博物館，有如《賢劫千佛》的殘片，有的竟以朱色捺印連續成《千佛》，有的繪刻精細，均屬上品之作。

第三章　承先啟後的宋、元插圖版畫

　　雕版印刷術發明以後，漸漸在民間廣泛流行，到了唐朝末年，已有相當的成績。五代承唐末的風氣，民間及佛教徒對刻書事業，仍然不斷的推展，於是雕版印刷生產書籍的方法，引起了重視。當時的知識份子或權貴，也開始雕版印書。如後蜀宰相毋昭裔，便曾叫他的學生勾中正、孫逢吉寫《女選》、《初學記》、《白氏六帖》等書，以自己的力量，雇工人日夜雕版，印書發售，以便利天下的讀書人。後蜀宰相馮道，更進一步，奏請以國的力量，雕印儒家經典。從後唐明宗三年（932）起，到後周廣順三年（953），前後歷二十二寒暑，雕印了經書九種，全部以唐代的開成石經為藍本，這便有名的五代國子監本。自此以後，雕印刷術便建立了深厚的基礎，蓬勃的向前發展。

　　北宋繼五代興起，印書事業，更一日千里。從中央到地方，無論是官署、私家或坊間，都競相刻書，圖書的種類，達到空前的盛況。在這種情形之下，版畫自然也跟著快速的發展。我們細看版畫的成長，中、外似乎相當一致，初期的版畫，總以宗教圖像為主，以作為民間信仰的象徵。這也就是今日存世的唐、五代時期版畫，幾乎全是佛教圖像的主要原因。

　　北宋以後，隨著各種印刷書籍的出版，情形便大不相同。版畫的功用，漸趨廣闊，除了在民間流行的單幅作品，像佛像及民俗的招貼版畫外，許多書籍中，紛紛附上插圖，以增加讀者的興趣。於是版畫的領域，跳出了宗教書籍的範圍，而邁向廣大的知識界服務並向前發展。這麼一來，除佛、道經典之外，許多文學、史學、法律、類書、曆本等，也或多或少有插圖存在。所以在我國版畫史上，北宋到金元的這一段時期，可以說是相當興盛的時代。

　　宋元時期的版畫，在唐、五代的基礎上又有了進一步的發展。其中

最為著名的版畫有宋朝《大藏經》中的版畫和元朝的《孝經直解》與
《事林廣記》。

第一節　宋代版畫概況

　　探討宋元時期版畫興盛發展的原因，一方面得歸於歷史自然演進的
結果。版畫從唐朝創始，五代奠基，到宋元時代興盛發展，乃是很自然
的一種趨勢。另一方面則是宋元時代社會經濟高度的成長、一般人又熱
衷於追求知識以及通俗文學的興起等因素，直接促使版畫快速而有力的
推展。就以宋代幾處雕版集中地區為例，像北宋首都汴梁、浙江的杭
州、福建的建陽及四川的眉山等地，無一不是具有獨特的條件。汴梁是
北宋的政治經濟中心；杭州是五代時期吳越的都城，早為江南地區的政
治中心，宋朝南渡以後，此區更形重要，所以當時許多刻書的良匠，都
集中在此；建陽因為附近盛產紙張，有取材之便，所以雕版印刷上，歷
來極為發達；眉山地處物產豐富的四川盆地，又是西蜀文人薈萃之地，
因此雕版事業長久以來，就很興盛。從以上這幾個地區做為例子，說明
了雕版印刷事業的發達，必須有優良而有力的條件以相配合，才能達成
輝煌的成就，宋元時代版畫的興盛，自不例外。兩宋所遺佛教版畫，可
分為大藏經、單刻佛典插圖及獨幅雕版佛畫。
　　「大藏經」為佛教經典的總集，簡稱為《藏經》，又稱「一切經」，
是將一切佛教經典有組織、有系統地匯集起來，「經」是佛所說的法要；
「律」是佛所制的戒律，屬於身、口的行為規則；「論」則是佛弟子門對
於佛法義理的思辨。根據《隋書・經籍志》記載，梁武帝崇佛法，於華
林園中總集釋氏經典凡五四〇〇卷，沙門寶唱撰《梁世眾經目錄》是佛

經有藏之始[1]。自漢至隋唐，佛經都靠寫本流傳，到了晚唐才有佛經的刻本。在現存許多經錄之中，以唐代智昇的《開元釋教錄》最為精詳，該書錄有當時已經流傳的佛經共五〇四八卷。在宋代以前，大藏經都是以手抄形式撰集的。雕版印刷術發明之後，使印製大藏經成為可能。宋代，就是中國歷史上第一個用雕印方法刊造大藏經的王朝。

據《佛祖統紀》卷四十三載，宋太祖開寶四年（971），其時南方割據政權尚未完全平復，即「敕高品、張從信往益州雕大藏經板」；太平興國四年（979），「成都先奉太祖敕造大藏經，板成進上[2]」。在此之後，陸續仍有補雕。據《北山錄》及《佛祖歷代通載》等書所記，所雕在經板逾 13 萬塊，總卷數達 6,600 卷，這就是北宋刊印的第一部大藏經。因其於開寶年間始雕於四川成都，故又稱《開寶藏》或《蜀本大藏經》。這部歷時十餘載始畢其功的佛典曠世奇珍，今日已無全本，就是零星散本，也僅餘十餘種數十卷。

《御製祕藏詮》，宋太宗趙光義御製。將佛教甚深法意，以詩賦的形式詮釋。卷末長方框中題記稱：「蓋聞施經妙善，獲三乘之惠因，贊誦真詮，超五趣之業果。然願普窮法界，廣及無邊，水陸群生，同登覺岸。時皇宋大觀二年，歲次戊子十月日畢。莊言僧福滋、管居養院僧福海、庫頭僧福深、供養主福住、都北緣報願住持沙門鑒巒。」（圖 24）大觀為宋徽宗年號。《御製祕藏詮》於北宋至道二年（996）開板模印，入大藏經頒行，據《佛祖統紀》卷四十二載：「（太宗）至道二年，詔以《御製祕藏詮》二十卷……入《大藏》頒行[3]。」至道二年為西元 996 年，一部二十卷的撰述，而且是「御製」的，前後雕印了一百餘年始畢其功，似

1　（唐）魏徵撰，《隋書》卷三十二志第三十〈經籍四〉，元大德間（1297-1307）饒州路儒學刊明正德間修補本。

2　宋咸淳四明東湖沙門志磐撰，《佛祖統紀》卷第四十三，節錄 CBETA 漢文大藏經，http://tripitaka.cbeta.org/T49n2035_043

3　宋咸淳四明東湖沙門志磐撰，《佛祖統紀》卷第四十二，節錄 CBETA 漢文大藏經，http://tripitaka.cbeta.org/T49n2035_042

乎不大可能，故此本恐非為入藏經而雕印的本子，而是後來的翻刻本。

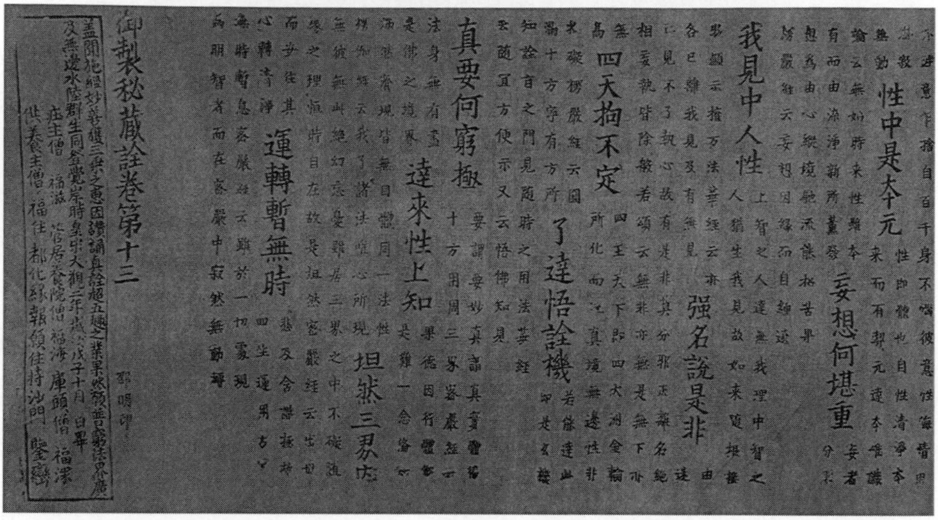

圖 24　《御製秘藏詮》卷末長方框中題記，此卷現藏於哈佛大學美術館。

　　《御製秘藏詮》插圖，紙本墨印，署「邵明印」。此卷十三（殘卷）間有四幅山水版畫，所繪皆為高僧講經說法情景，周圍繪刻佳山勝水、鬱鬱叢林，頗有山水畫之清遠意境，版畫可能是北宋大觀二年重印時補入。為佛經中少見以山水為題材的作品，是佛教最早的山水版畫。這也是今天所能見到的，中國古代山水版畫作品的首開先河之本。此卷現藏於哈佛大學美術館（圖 25）。

　　《開寶藏》雕成後，即流布於海內外。據《佛祖統紀》等書載：我國少數民族建立的東女真國、西夏以及龜茲，先後來朝乞賜大藏經，詔許之；另據《宋要》、《宋史》、《大越史紀全書》所記，日本、朝鮮、越南亦先後來朝請大藏經，皆如願返國。我國的佛教版畫藝術，得以借此弘傳，對這些地區和國家的佛教版畫雕印，也產生深遠的影響。

圖 25　《御製祕藏詮》插圖，紙本墨印，署「邵明印」。

宋代佛教版畫遺存，以附於單刻佛典中的扉畫、插圖為最多。這類作品版式靈活，鐫刻精良，構圖繁複而有變化，代表了宋刊佛教版畫的最高成就。在宋代單刻佛典中，《妙法蓮華經》是版本最多的一種。該經為姚秦釋鳩摩羅什譯。經名略稱《法華經》、《妙法華經》，被喻為「經中之王」。「妙法」意指所說教法微妙無上；「蓮華」則比喻經典的純粹華美。全經共二十八品，闡述釋迦成佛以來，現各種化身，以種種方便說微妙法，調和大小乘之各種說法，宣說一切眾生皆能成佛之妙趣，其原典之形成可溯自紀元前後，為大乘教義的集大成之作，故流傳較盛，且不少傳本都附有「無尚」、「華美」的版刻圖畫。

《妙法蓮華經》附刻的版畫，就其表現的內容來看，大概可以分為兩類：一是繪刻釋迦牟尼佛在靈山說法情景，這也是佛教版刻插圖中最為常見的內容；二是所謂「變相圖」，意即描寫佛經故事的圖畫，亦稱「經變圖」（圖 26）。《妙法蓮華經》變相，是佛經「淨土變相」中的一種，繪寫西方淨土世界繁榮、安樂、祥和；佛國世界諸佛、菩薩、羅漢、飛天、伎樂等歡快愉悅的場面，亦常被取入畫圖，以宣傳佛教「來生淨土」的教義。這類版畫，又可大致分為兩種：一種是表現全經諸品的；另一種僅描述經中一品。後者如宋至清代最常見的《觀世音菩薩普門品》版畫，就是一例。

圖 26 北宋《妙法蓮華經》，現藏於山東省博物館。

圖 26-1 （宋）王儀等雕《妙法蓮華經》卷六變相。

　　據觀察，較著名的宋刊《妙法蓮華經》插圖本，有如下數種：

　　（一）北宋建安本，署「建安範生刊」，卷首圖五面連式，繪鐫俱精，如第一相所示《觀世音菩薩普門品》，右半部繪釋迦如來說法圖，左上部繪觀世音菩薩現身南海上，下繪觀音救難故事，並通過流動的雲霞，熾盛的佛光，繁縟的紋飾，再現出佛、菩薩普度眾生的真實畫面，在建安版畫中，很少能看到如此精緻的作品，而範生其人，也成為北宋建安書業很少能留下姓名的木刻藝術家。

　　（二）終南山釋道宣述、撰序本，引首繪《靈山說法圖》，中央寶幢下釋迦牟尼端坐講法，諸天神、菩薩彙聚於寶幢兩旁。圖畫下部立日宮天子、月宮天子、紀王、帝釋等眾，人物繁而不亂，井然有序，很好地烘托出了佛至高無尚、唯我獨尊的地位。人物上部，皆在方框內書寫名號，以標明其身份，這也是宋代版畫最常見的手法。

　　（三）後秦釋鳩摩什譯，南宋淳祐年間刊《小字妙法蓮華經》，右半部繪釋迦樹下誕生，九龍灌頂，坐菩提樹下悟道，以及佛、道兩教鬥爭中衍生的「李出於釋宮」等故事；中央繪釋迦在靈山說法；左上部繪其傳法弘道事蹟較著者，左下角繪佛涅槃情景，從而形成一幅大型的佛教故事組畫，在區區尺幅之內，再現出佛傳故事波瀾起伏的畫卷，是宋刊佛畫中最具典型意義的代表作。

　　（四）北宋刊《妙法蓮華經・觀世音菩薩普門品》，上圖下文式，繪刻雖略顯粗糙，但因每頁一圖，真正做到了圖文並茂。這樣的本子，想來應該是很受信眾歡迎的。在佛教版畫中，通過圖畫的形式逐段詮釋經文，歷代皆有繪鐫，此經則是現今所能看到的、最早的連環畫式佛經讀本。

　　（五）1968 年，山東莘縣宋塔內衣一次出土《妙法蓮華經》五部，皆印於白羅紋麻紙上，刊刻時間最早者為宋仁宗慶曆二年（1042），最晚者為神宗熙寧二年（1069），皆冠有扉畫，是近世宋刊佛畫的一次大發現。

　　其他如南宋淳祐（1241-1252）刊《大字妙法蓮華經》及南宋慶元（1195-1200）間刊刻的幾種本子，也繪刻有風格各異的扉頁畫。另據諸家文獻所記，日本西原寺藏《妙法蓮華經》第七卷，卷末有「臨安府修文坊相對王八郎經鋪」刊記，扉畫由名工沈敦鐫刻；美國哈佛大學福格美術館藏南宋刻《妙法蓮華經》殘卷，經折裝七頁，有《靈鷲赴會》版畫，人物眾多，畫面繁縟，署「四明陳高刀」。無論繪鐫，都是一幅很出色的作品。

表 1：南宋七卷木刻插圖本《妙法蓮華經》一覽表[4]

版本	年代	形制／尺寸	工匠	地點	收藏地
南宋大字本	12 世紀中期	經折裝（四折面）、高 23.3 釐米、寬 12.6 釐米（每折）	四明陳忠、陳高、李榮	寧波	京都栗棘庵（全經）／中國國家圖書館（第五、六卷）
秦孟等刊本	慶元年間（周心慧）、南宋（李之檀）	經折裝（四折面）、高 25 釐米、寬 50 釐米	秦孟、邊仁	浙江	清毓秀宮舊藏現藏國立故宮博物院
建安範生刊本	慶元年間（鄭振鐸）、南宋（李之檀）	經折裝（五折面）、高 25.1 釐米、寬 11 釐米（每折）	建安範生	不詳	中國國家圖書館
陸道源本	景定二年（1261）、1289 年補刻	經折裝（五折面）、高 25.1 釐米、寬 11 釐米（每折）	建安範生	湖州	中國國家圖書館

---

[4] 表列資料主要參考：

葛婉章《妙法蓮華經圖錄》，臺北故宮博物院 1995 年版。

周心慧《中國古代佛教版畫集》，學苑出版社 1998 年版。

林柏亭《大觀：宋版圖書特展》，臺北故宮博物院 2006 年版。

李之檀《中國版畫全集·佛教版畫》，紫禁城出版社 2008 年版。

奈良國立博物館《聖地寧波：日本仏教 1300 年の源流》，奈良國立博物館 2009 年版。

鄭振鐸《中國版畫史圖錄》，中國書店 2012 年版。

翁連溪、李洪波主編《中國佛教版畫全集》第 2 卷，中國書店 2014 年版。

版本	年代	形制／尺寸	工匠	地點	收藏地
李度刊本	南宋	經折裝（四折面）改卷軸裝、高23.5釐米、寬49.5釐米	李度	不詳	中國國家圖書館
王儀刊本	宋末元初（李之檀）	經折裝（四折面）、高31.4釐米、寬59.5釐米	古鎮王儀	不詳	清苑秀宮舊藏現藏國立故宮博物院

《妙法蓮華經》外，宋刊其他佛教經典也有不少插圖本傳世，較重要的有：

（一）1980 年 12 月，從江蘇省江陰縣北宋「故瑞昌縣君」孫四娘子墓中，出土了刻本佛經三種，皆附版畫：

《金光明經》一部四卷，卷軸裝，卷尾鐫「大宋端拱元年（988）戊子二月雕印」，每卷引首刻經變圖一幅，每幅皆由三至六組佛教故事組成，無論神、佛還是動物、花草等形象，繪刻生動，外加水波紋或八寶圖案等組成的裝飾性邊框，益顯華美。

《金剛般若波羅蜜經》一卷。卷軸裝，引首繪佛會圖，中坐如來，左右八金剛眾及諸天菩薩，下繪或跪或立的比丘眾，雙邊框內以法器圖案裝飾，卷尾有墨筆行書「孫氏女弟子繪」。

《佛說觀世音經》一卷，梵夾裝，單線邊框，上下右三邊飾環形花邊，刊署「將仕郎江陰軍助教葛誘雕版印施」。引首畫繪觀世音菩薩坐須彌山中，左手托淨瓶，右手拈蓮花，卷首署「大中祥符六年癸丑歲」知雕印於西元 1013 年。

三經所冠扉畫皆精美，尤以《金光明經》引首版畫用線流暢，纖細如絲縷，表現出極高的藝術造詣。

（二）上海博物館藏《金剛般若波羅蜜經》一卷，引首圖十幅，尾

有「行在棚南前街西經坊王念三郎家志心刊印」刊記，為書坊刻印的連環畫式佛教版畫。

（三）《天竺靈籤》不分卷，南宋嘉定年間（1208-1224）刊本，上圖下文式，從內容上看，涉及佛、道二教，用線粗簡，繪鐫皆草草，在宋代坊刻佛畫中，屬潦草之作。

《佛國禪師文殊指南圖讚》，是一部宋刊佛教版畫中非常重要的作品。此本卷端題「臨安府眾安橋南街東開經書鋪賈官人宅印造」。（圖27）賈官人經書鋪是臨安頗負盛名的一家書坊，另刻有《妙法蓮華經》扉頁畫，刊署「凌璋刁」刁即為雕，繪刻亦精美。日本京都大谷大學圖書館藏。

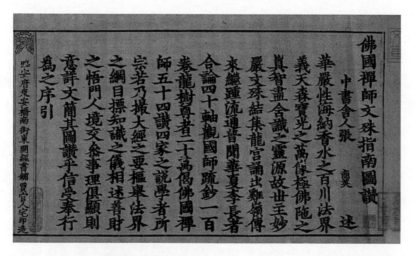

圖 27 《佛國禪師文殊指南圖讚》之〈張商英序文〉及卷端題名。

《佛國禪師文殊指南圖讚》的版式為上圖下文，圖置版面上方。繪寫善財童子在文殊菩薩指引下，依次參禮五十三位善知識，修菩薩道法門的故事（圖28）。圖版內容上下連接，循序漸進，是一部詩畫合璧的佛教版刻連環畫，也是迄今所能見到的、最早的大型佛教版畫組畫。

圖 28 《佛國禪師文殊指南圖讚》之〈善財童子第十三〉、
〈善財童子第十四〉。

宋刊《慈悲道場懺法》，就是大眾所熟悉的《梁皇寶懺》，是懺罪、
救度眾生的法會儀軌。亦為上圖下文式佛教版畫。此本於 1931 年由釋范
成在西安開元寺佛龕後面的塵土堆中發現，版面上部刻佛像，下印文
字，周圍皆雲紋花飾，形式與敦煌所出捺印本《千佛名經》相似。

另據《山陽先生題跋》卷下《跋宋板阿彌陀經》，提到此經「圖亦不
濫惡，雲、物、鳥、獸，色色皆有意趣。佛面目雄壯無雌氣，疑烏鎮莫
俊圖、弟倫刊，蓋兄畫弟刊也[5]」。莫俊兄弟，當也是宋代很少留下姓名的
佛教版畫家和刻工了。

自隋唐發端品的雕版佛畫，至兩宋時已經進入了它藝術上的成熟
期，並在兩宋版畫藝苑中，佔據著最重要的地位。

___

[5] 賴山陽著，《山陽先生題跋》卷下《跋宋板阿彌陀經》，日天保三序（1832）。

　　宋代的版畫，由於時代久遠，許多美好的作品，散失不少，存世的實物，為數已少，良足痛惜。像北宋時期極富盛名的《大觀本草》、《政和本草》以及《宣和博古圖》等書，都甚富插圖，但今日均無法看到原刊本，僅能從元代的翻刻本中，依稀看出原本精良情形。南宋時代，距離現在較近，當日刊刻而附有插圖的書籍，存世較多。我們看到像陳祥道所撰的《禮書》、《樂書》，附圖不少，至於坊間要常以「纂圖互注」為號召，許多經、子書籍，從《周易》、《毛詩》、《周禮》、《儀禮》、《禮記》以至《老子》、《莊子》、《揚子》、《荀子》等，附有插圓的刻本，多至十餘種。此外，民間所刻的醫卜星相方面的書籍，通常都附著插圖，甚至於山經地志，更時見藉插圖來表明方位。從這些書中，不難推見當日重視書中插圖的情形。

　　宋代書籍中的插圖，品質高下，參差不齊。有的插圖粗具規模，是圖解式的作用，目的在於幫助文字的說明，並無多少畫意，但是，有一些插圖，則線條穩健，相當富有藝術性的表現，處處可以看出繪師刻匠豐富的想像力和認真的創作態度。

　　宋代版畫藝苑興盛、繁榮的一個重要標誌，就是版畫題材的多樣化，舉凡儒家經典、傳記、醫學、匠作、畫譜、圖錄、農業、方志等類書，都有插圖本行世。如果說唐、五代版畫，從文獻記載看，應不僅限於佛教題材一種的話，那麼，宋代是第一個有佛教之外題材版畫可證實的時代。

一、儒家經典版畫

　　在宋刊佛教題材之外的版畫中，以儒家經典插圖本最為豐富。為儒經配置版畫，在寫本書時代就已頗為流行。《漢書・藝文志》著錄《孔子徒人圖法》二卷，是現今所知的，與儒家有關的最早手繪插圖本。另《隋書・經籍志・禮類》著錄《周官禮圖》十四卷，另注雲梁有《郊祀圖》二卷；《三禮圖》九卷；《論語類》著錄郭璞《爾雅圖》十卷，注云

梁有《爾雅圖贊》三卷等都是。

宋刊儒學經典版畫，目的雖多為考證名物，卻不乏圖版眾多，鐫刻精良的佳作。南宋孝宗淳熙二年（1175）鎮江府學刊本《新定三禮圖集注》，凡圖三百八十餘幅，原文文字約十餘萬言，北宋聶宗義集注。是書以唐張鎰等六家所撰為底本，彙集諸家，相互考稽，辨正是非，纂輯成一帙。所繪之圖秉承舊法，對於古代禮制研究頗有價值。尤其是此書綜合六本，衍出一家之學，成為「禮圖」學派之宗。《新定三禮圖集注》，以鎮江府公牘舊紙刷印，蝴蝶裝，刻工精湛，楮墨精良，屬宋刻之精品，傳世孤罕，彌足珍貴。並以圖的形式形象地再現禮器服飾制度，就是一部精雕細琢之作（圖29）。元明間曾經俞氏貞木珍藏，入清又先後為徐乾學、季振宜、海源閣收藏，後為天津周叔弢所得，今藏中國國家圖書館。

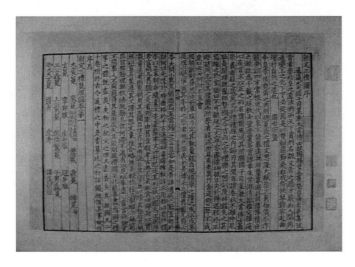

圖29　《新定三禮圖集注》二十卷，（宋）聶崇義集注，
宋淳熙二年（1175）鎮江府學刻公文紙印本。

宋刊《六經圖》，宋楊甲撰，今已不傳，明萬曆時新安吳繼仕熙春樓摹刻宋版，分《大易象數鈎沉圖》、《尚書軌跡撮要圖》、《毛詩正變指南圖》、《周禮文物大全圖》、《禮記制度示掌圖》、《春秋筆削發微圖》六部分，《周禮圖》中有服制、車制、兵器及舞姿諸圖，繪刻皆精細，並顯現

出凝重恢宏的風格。《周小戎圖》、《墨車圖》等（圖 30），也都是線刻勁
整，細膩生動的佳作，以圖解經，是宋人的一大創造，理學家以圖解《周
易》，以圖解五經，楊甲等編撰《六經圖》，使後世以圖解經盛極一時。

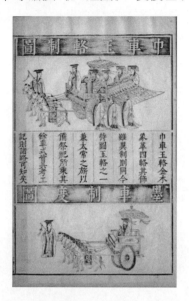

圖 30 《六經圖》六卷，明萬曆四十三年（1615）吳繼仕熙春樓刻本。

宋刻《爾雅》更堪稱是一部大型的百科全書式圖畫資料集。《爾雅》
是我國最早解釋詞義的專著（圖 31），這部插圖本以圖釋義，全書共有插
圖六、七百幅，如《釋草》有圖 192 幅，《釋魚》64 幅，《釋鳥》68 幅，
可謂洋洋大觀。有些圖為了把器物用途解釋明白，配有較繁複的畫面，
如《釋天》一節，為解釋「春為蒼天」，繪出百花齊放，群蝶飛舞的場
面，使春的含義直觀化。雖然書中對名物的圖釋，以今天的科學知識來
衡量，的確有不夠確切，抑或有很幼稚可笑之處，不必為此苛求古人，
當屬不言而喻。可惜的是，這個本子的宋刻已很難見到。幸好清嘉慶年
間（1796-1820）曾賓谷得宋刻原版，請秣陵陶士立臨寫，錢塘姚之麟摹
繪，才使之不至埋沒，另元代亦有影宋鈔本傳世，可見這個本子，在歷
史上的影響還是相當大的。

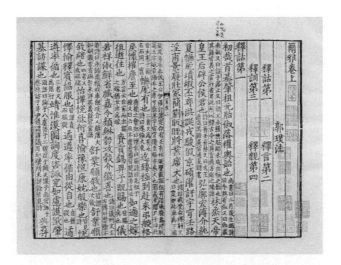

圖 31 《爾雅》，（晉）郭璞注，宋刻本。

在傳世的宋刊版畫中，福建建陽刻本較多。建陽、建安，宋時皆屬建寧府，是宋代著名的書業中心。魏了翁《鶴山先生大全集》卷四稱：「自唐末五季以來始為印書，極於近世，而閩、浙、庸蜀之鋟梓遍天下[6]」。宋劉克莊亦云：「建陽兩坊墳籍大備，比屋弦誦[7]。」所言兩坊，指麻沙、崇化，在建陽縣西 70 里處，為建寧書業最盛之地，有「圖書之府」的美譽。方回《瀛奎律髓》則舉例說：「咸淳三年（1267），麻沙府刻曆書，價僅五文，並有繡像」，以至「吳越諸地亦有人托購者[8]」，可見建版書暢銷的程度，也說明建寧坊肆對書籍插圖的重視。書坊刻書，志在牟利，增刻繡像，是在市場競爭中招徠讀者的手段。

建陽刊刻的儒家經典和諸子文集，如《周禮》、《禮記》、《論語》、《揚子法言》、《老子道德經》、《莊子南華經》等，動輒以「纂圖互注」為號召，可見對圖的重視。其中不少圖是表格式的經傳圖，與版畫無

6　（宋）魏了翁撰，《重校鶴山先生大全文集》卷四，清山陰沈氏鳴野山房影鈔明錫山安氏刊本。

7　（宋）劉克莊撰，《後村居士集》卷二十一〈建陽縣廳續題名記〉，明萬曆間黃陛刻本。

8　（元）方回編，《瀛奎律髓》，明成化丁亥（3 年，1467）徽州紫陽書院刊本。

關，但也不乏畫面繁複的藝術性較強的作品。

　　《纂圖互注毛詩》二十卷，漢鄭玄箋，宋紹熙間建陽書坊刊本（圖32），卷首冠〈毛詩舉要圖〉，〈毛詩篇目〉。其中如「周元戎圖」、「秦小戎圖」等，繪駟駕戰車作奔馳狀，戎裝武士持矛立於車上，繪鐫雖粗簡卻很有氣勢。

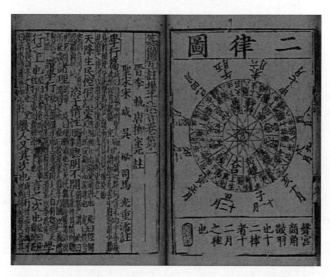

圖32　《纂圖互注毛詩》二十卷，（漢）鄭玄箋，
宋紹熙間建陽書坊刊本。

　　《樂書》二百卷，《目錄》二十卷，宋陳暘撰（圖33）。觀其圖畫風格，似亦出自閩建所刊。陳暘字祥道，書約成於宋徽宗建中元年（1101）。此本摘錄經傳中有關音樂的文字，論述律呂、五聲以及歷代樂章、樂舞、雜樂等，對各種樂器皆列圖以說明之（圖34），國家圖書館藏有宋刊本，元福州刊有影宋本。

　　陳暘所撰《禮書》亦有宋刊本，以文字為段落，逐段插圖，以收文圖互為參照的效果，這個本子，元代亦予翻雕。南宋光宗紹熙前後福建建陽坊刻本《尚書圖》，有圖77幅。

圖 33　北宋陳暘《樂書》（二百卷目錄二十卷），
元至正七年福州路儒學刻本明遞修本。

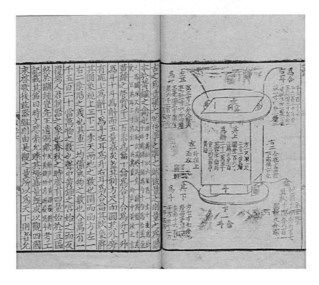

圖 34　《樂書‧樂圖論》卷九十七第一、第二頁。

　　《纂圖互注禮記》二十卷，《禮書舉要圖》一卷，北宋麻沙刊本，收
冠冕、服飾、禮器諸圖，都是較著名的宋建陽刊儒家經籍插圖本。

二、文學傳記、故事書版畫

　　文學傳記、故事類圖籍版畫，是宋刊版畫中的一個重要組成部分，宋代帝王很重視利用此類版畫圖釋古聖明君治國為君之道，以垂訓子孫，使其禮法先賢，而成聖德。據《圖畫見聞誌》卷六載：「皇祐初元（1034），上敕待詔高克明等圖畫三朝盛德之事，人物才及寸餘，宮殿山川鑾輿儀衛咸備焉，命學士李淑等編次序贊之，凡一百事，為十卷，名《三朝訓鑒圖》。圖成，復令傳摹鏤版印染，頒賜大臣及近上宗室[9]。」另據王明清所撰《揮麈後錄》卷一亦載：「仁宗即位方十歲，章獻明肅太后臨朝。章獻素多智謀，分命儒臣馮章靖元、孫宣公奭、宋宣獻綬等採摭歷代君臣事蹟為《觀文覽古》一書，祖宗故事為《三朝寶訓》十卷，每卷十事。又纂郊祀儀仗為《鹵簿圖》三十卷。詔翰林待詔高克明等繪畫之，極為精妙，敘事於左，令傳姆輩日夕侍上展玩之，解釋誘進，鏤版於禁中。元豐末，哲宗以九歲登基，或有以其事啟於宣仁聖烈皇后者，亦命取版摹印，仿此為帝學之權輿，分賜近臣及館殿。時大父亦預其賜，明清家因有之[10]。」以版畫形式，利用其直觀的優點，訓誡子孫凜遵祖德，是宋王朝的一大發明。《圖畫見聞志》卷四載：「高克明，京師人，仁宗朝為翰林待詔，工畫山水，採擷諸家之美，參成一藝之精，團扇臥屏，尤長小景，但矜其巧密，殊乏飄逸之妙[11]。」 高克明之畫技，此本之精麗綿密，是可以想見的。南宋陳振孫《直齋書錄解題》卷三著錄《三朝訓鑒圖》十卷，書成於皇祐元年（1049），即為此書[12]。此本也是此類題材版畫首開先河之本，後世所刊《帝鑒圖說》、《養正圖解》、《聖諭像解》等，皆為其流裔。可惜的是，這部宋刊版畫的浩繁巨製，

9　（宋）郭若虛撰，《圖畫見聞誌》卷六〈訓鑒圖〉，明郎陽原刊本。

10　（宋）王明清撰，《揮麈後錄》卷一，百家諸子中國哲學書電子化計劃
　　https://ctext.org/library.pl?if=gb&file=1743&page=26

11　（宋）郭若虛撰，《圖畫見聞誌》卷四〈紀藝下‧山水門〉，明郎陽原刊本。

12　（宋）陳振孫撰，《直齋書錄解題》卷五，清光緒九年（1883）江蘇書局刊本。

今已失傳。

嘉祐間（1056-1063）建安余氏勤有堂刊本《列女傳》，是漢代劉向編撰的。在我國古代，是很受歡迎的一本書。據嘉祐八年（1063）王回為此書做序說：「向為漢成帝光祿大夫，當趙後婕好嬖寵時，奏此書以諷宮中[13]。」可以想見此書的內容，在宣揚和讚美從前婦女的美德。據說晉朝大畫家顧愷之曾為此書插圖（圖35）。

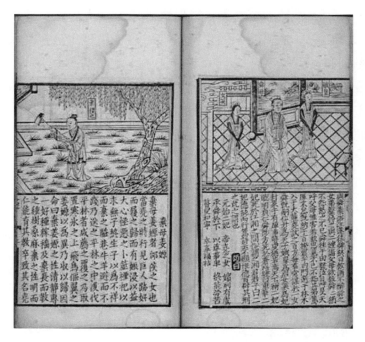

圖35 《新刊古列女傳》，（漢）劉向編撰（晉）顧愷之圖畫，
清道光五年（1825）揚州阮氏覆刊宋建安余氏本。

嘉祐間建安勤有堂刊刻的《列女傳》，全書分為八篇，文共 123 則，一則附一插圖，插圖的方式，採用當時流行的格式，上圖下文，文圖足以相輔。這本書，在當時傳布很廣，目前無法得見原本，元代有重刊

---

[13] （漢）劉向編撰（晉）顧凱之圖畫，《新刊古列女傳》〈王回序〉，清道光五年（1825）揚州阮氏覆刊宋建安余氏本。

本，明、清刻本，都從之翻刻。據清徐康在《前塵夢影錄》說：「繡像書籍以來，以宋槧《列女傳》為最精[14]。」可以想像出此書鐫刻之精美。

三、工技、農藝、醫藥等類書版畫

宋刊工技、農藝、醫藥等應用科學書籍，有不少圖文並茂的本子。雖然其大多是圖解性質的，但也有較高的藝術性，而且充分說明到了宋代，版刻圖畫在題材上的擴大和延伸。

《營造法式》是中國古代建築學名著，北宋李誡撰。卷前有宋崇寧二年正月十日、紹聖四年十一月二日奉旨准依奏鏤版頒行箚子，李誡《進新修營造方式序》，其後為《目錄》、《看詳》各一卷，首葉下鈐〈虞山錢曾遵王藏書〉印記一方。李誡（約 1060-1110）字明仲，曾任將作監，主管營造事務十六年，北宋紹聖四年（1097）奉敕撰此書，元符三年（1100）書成，崇寧二年（1103）梓行，全書三十六卷，三百五十七篇，包括總例、壕寨制度、石作制度、大木作制度、小木作制度、雕木作制度、彩畫作制度、刷飾制度圖樣等，紋樣繪鐫繁複精緻，成為研究古代建築圖樣的最重要的資料結集（圖36）。

此書系統地總結了北宋前建築學方面的可用之法，大部分章節是根據當時工匠的實際經驗總結而成，反映宋代建築建造中模數的制定和運用，設計的靈活性，裝飾與結構的統一以及生產管理中嚴密性，是宋代建築技術向標準化和定型方向發展的標誌。《營造法式》是當時世界上屈指可數的建築學專著之一，對我國建築事業的發展產生了重要作用。直到今天，它仍是研究中國古代建築的一部極為重要的、富有科學價值的參考文獻。

---

[14] 清徐康撰，《前塵夢影錄》，百家諸子中國哲學書電子化計劃 https://ctext.org/library.pl?if=gb&res=3117

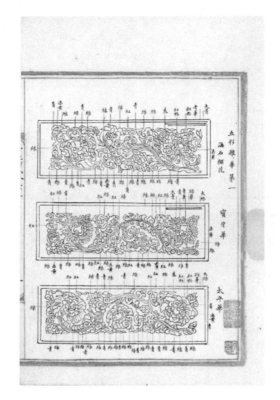

圖 36 《營造法式》，（北宋）李誡撰，清嘉道間（1796-1850）
琴川張氏小琅嬛福地精鈔本。

　　《營造法式》的宋刻崇寧本、紹興本，宋刻元修補本，今僅殘存單
葉或零卷。明《永樂大典》、清《四庫全書》曾將其錄入，但前書也只殘
存一卷。現存鈔本多出自紹興本，此為其中較完善之本。

　　中國古代重農，農家生活是藝術所要表現的重要題材之一。在南
宋，則出現了樓璹所繪的描寫農村生產、生活場景的《耕織圖》。《御製
耕織圖》又名《佩文齋耕織圖》，不分卷，清聖祖玄燁題詩，焦秉貞繪
圖，朱圭、梅玉鳳鐫刻，清康熙三十五年（1696）內府刊本。耕圖、織
圖各 23 幅，共計 46 幅圖（圖 37）。《耕織圖》以江南農村生產為題材，
系統地描繪了糧食生產從浸種到入倉，蠶桑生產從浴蠶到剪帛的具體操
作過程，每圖配有康熙皇帝御題七言詩一首，以表述其對農夫織女寒苦
生活的感念。

圖 37 《耕織圖》聖祖康熙撰文、焦秉貞繪圖，
清康熙三十五年（1696）內府絹底彩繪本。

　　《耕織圖》是中國農桑生產最早的成套圖像資料，它的繪寫淵源可
上溯至南宋，繪者為樓璹。樓璹，字壽玉，浙江奉化人，又字國器，累
官至朝議大夫。樓璹在宋高宗時期任於潛（今浙江省臨安市）縣令時，
深感農夫、蠶婦之辛苦，即作耕、織二圖詩來描繪農桑生產的各個環
節。《耕織圖》成為後人研究宋代農業生產技術最珍貴的形象資料。南宋
嘉定三年（1210），樓璹之孫樓洪、樓深等以石刻之傳於後世，南宋理熙
元年（1237）有汪綱木刻複製本。宋以後關於本書的記載已不多見，較
著名的有南宋劉松年編繪的《耕織圖》，元代程棨的《耕織圖》45 幅。明
代初年編輯的《永樂大典》曾收《耕織圖》，已失傳。明天順六年
（1462）有仿刻宋刻之摹本，雖失傳，但日本延寶四年（1676）京都狩
野永納曾據此版翻刻，今均以狩野永納本《耕織圖》作樓璹本《耕織

圖》之代表。

清康熙二十八年（1689）康熙帝南巡時，江南士子進獻藏書甚豐，其中有「宋公重加考訂，鋟諸梓以傳」的《耕織圖》。康熙帝即命焦秉貞據原意另繪耕圖、織圖各 23 幅，並附有皇帝本人的七言絕句及序文。繪畫內容略有變動，耕圖增加「初秧」、「祭神」二圖，織圖刪去「下蠶」、「餵蠶」、「一眠」三圖，增加「染色」、「成衣」二圖，圖序亦有變換。宋、清《耕織圖》的佈景與人物活動大同小異，但焦圖畫中的風俗易為清代，所繪更為工細纖麗，在技法上還參用了西洋焦點透視法。

《耕織圖》初印於康熙三十五年（1696），後又出現了很多不同版本，木刻本、繪本、石刻本、墨本、石印本均行於世。如康熙年間的康熙三十八年（1699）張鵬翮刻本，康熙五十一年（1712）內府刻本，雍親王胤禛絹底彩繪本，康熙五十三年（1714）歙縣汪希古恭摹刻 48 塊墨板，宮廷繪白描本等，乾隆年間的康熙、雍正、乾隆三帝題詩刊本，清內府刻《授時通考》本，袖珍彩繪本，乾隆四年（1739）清內府圖為木刻、詩為石刻的經折裝本，乾隆三十四年（1769）北京刻朱墨套印本，楊大章彩繪本，乾隆三十四年（1769）高宗命畫院據元代程棨本臨摹之《耕織圖》，石刻嵌在皇家清漪園延賞齋左右廊壁的拓本，乾隆三十五年（1770）徽州守臣摹刻的墨版。此外，還有嘉慶十三年（1808）《耕織圖詩》、《御製耕織圖》石印本，光緒十一年（1885）上海文瑞樓本，光緒十二年（1886）上海點石齋石印本。民國時期也有多種版本，較著名的為武進陶蘭泉刊本；日本、朝鮮、琉球等國亦有《耕織圖》的摹本、翻刻本。

《耕織圖》不但版本眾多，版式等也不盡相同，如上文下圖本，左圖右文本，版框帶有龍紋的裝飾本，袖珍刻本，木刻填色本，書中序文、詩文前後璽印朱色鈐印本，前後璽印為刊版墨印本等。

中醫藥物學著作，最重名實，宋代梓行的《經史證類備急本草》，就是一部帶有圖釋的藥物學專著。此書簡稱《證類本草》，為北宋唐慎微（1056-1093）編輯，所收藥物皆圖其形，為明李時珍《本草綱目》問世

前本草學的範本。圖繪雖簡約，但用線如鐵劃銀鉤，勁挺有力，版刻圖書的韻味極濃（圖 38）。

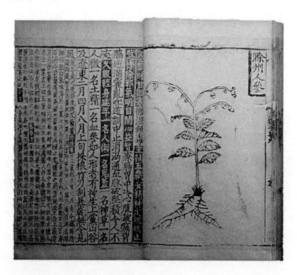

圖 38　《經史證類備急本草》三十一卷，（宋）唐慎微撰，
宋嘉定四年（1211 年）劉甲刻本。

　　唐慎微（約 1056-1136），字審元，北宋蜀州晉原（今四川崇州）人。出身於世醫家庭，對經方深有研究，知名一時。元祐年間（1086-1094）應蜀帥李端伯之請，至成都行醫，居於華陽（時成都府東南郊）。唐氏雖語言樸訥，容貌不揚，但睿智明敏，醫術精湛，醫德高尚。好讀書，每得到經史、佛道、醫藥等書中的一方一藥，都詳加記錄並付諸實踐，從而積累了豐富的藥學資料。

　　北宋政府曾先後組織編修《開寶本草》、《嘉祐補注神農本草》及《本草圖經》。其中《嘉祐本草》在《開寶本草》基礎上增補了 50 餘種文獻中的藥物資料，取材精審；《本草圖經》則反映了嘉祐年間全國藥物大普查的豐碩成果。但此二書獨立成書，不便檢閱。唐氏遂合併《嘉祐本草》與《本草圖經》的內容，又從 240 餘種醫藥及經史百家書中補充摘引大量藥物資料，使全書總藥數達 1746 種，附圖 933 幅，撰成《經史證類備急本草》。在明代《本草綱目》問世之前的 500 多年時間中，此書

一直是研究本草學的重要文獻。它取材廣泛，故後世許多已經散佚的古書，可從其引文中略窺梗概。李時珍評價該書「使諸家本草及各藥單方，垂之千古，不致淪沒者，皆其功也[15]」。

其書初成於北宋元豐五年（1082）前後，後經陸續增補，約於元符元年至大觀二年間（1098-1108）定稿，由艾晟校補刊行，名《大觀經史證類備急本草》三十一卷，簡稱《大觀本草》。政和六年（1116），又經醫官曹孝忠重加校訂，更名為《政和新修經史證類備用本草》，簡稱《政和本草》。紹興二十九年（1159）又作校訂，名為《紹興校定經史證類備急本草》。蒙古定宗四年（1249），山西平陽張存惠在《政和本草》基礎上，又將寇宗奭《本草衍義》分條散入書中，成為日後通行本《重修政和經史證類備用本草》（圖 39）。寇宗奭，生卒年及里居不詳，精醫理，於本草學尤有研究，曾充任「收買藥材所辨認藥材」之職，宋政和年間所著《本草衍義》一書，使其名留千古。此後各種《政和本草》多以張存惠本為底本刊刻。明代萬曆年間，還出現《大觀本草》與《本草衍義》合編的刊本，稱為《重刊經史證類大全本草》。

宋代刊印的醫學書很多，如《聖濟總錄》、《增廣太平惠民和濟局方》，都是宏偉廣博的醫學著作，也是需要大量插圖的。《聖濟總錄》為宋徽宗撰，清修《四庫全書》時已無完本，傳世有元大德年間刊重校本，圖版還是頗為豐富的。這些插圖，都是中國古代醫藥學寶庫中的瑰寶。

---

[15] （明）李時珍撰，《本草綱目》，〈序例第一卷上歷代諸家本草〉，明萬曆癸卯（三十一年）江西重刊本。

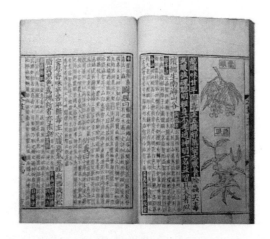

圖 39 《重修政和經史證類備用本草》三十卷，（宋）唐慎微撰，
蒙古定宗四年（1249 年）晦明軒刻本。

第二節　畫譜

　　在宋朝這個重視藝術，雕版印刷術又空前發達的時代裡，木版畫譜
也應運而生，成為宋代版畫藝苑中最耀眼的奇葩。《梅花喜神譜》就是這
樣一部膾炙人口的傑作，也是遺存至今最早的版畫畫譜。

　　《梅花喜神譜》，不分卷，宋代畫家宋伯仁編繪。重刊於景定二年即
1261 年，這是一部極有藝術價值的專題性的畫譜，為歷代畫家、版本鑑
藏家所珍藏（圖 40）。作者宋伯仁，廣平（一作湖州）人，字器之，號雪
岩，曾任過監淮揚鹽運課官職。工詩文，善畫梅。這部畫譜分上下卷，
按梅花從蓓蕾、小蕊、大蕊、欲開、大開、爛漫、欲謝、就實等八個階
段，畫出不同姿態的梅花一百幅，每幅配有題名和五言詩一首。全書分
上、下兩冊，是中國第一部專門描繪梅花種種情態的木刻畫譜。宋人稱
畫像為喜神，因而此書名為《梅花喜神譜》（圖 41）。

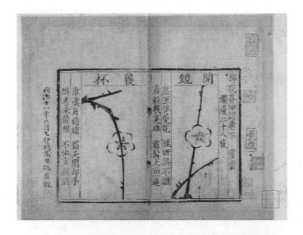

圖 40　吳湖帆舊藏宋刻孤本《梅花喜神譜》。

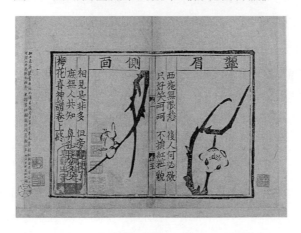

圖 41　《梅花喜神譜》是中國第一部專門描繪
梅花種種情態的木刻畫譜。

　　他在此譜的前序中說：「余有梅癖，辟圃以栽，築亭以對，刊清臞集以詠……餘於花放之時，滿肝清霜，滿肩寒月，不厭細徘徊於竹籬茅屋邊，嗅蕊吹英，接香嚼粉，諦玩梅花之低昂俯仰，分合卷舒……余於是考其自甲而芳，由榮而悴，圖寫花之狀貌，得二百餘品，久而刪其具體而微者，止留一百品，各其所肖，並題以古律，以梅花譜之[16]」，可見這

---

[16]　（宋）宋伯仁撰，《梅花喜神譜》序，清光緒壬午（八年，1882）嶺南芸林仙館刊本。

是作者沉溺於花中，通過對梅花榮枯的細心觀察與體驗，並加以匠意剪裁而成的嘔心瀝血的寫實之作。從鎸刻本書的目的看，《梅花喜神譜》一方面是為初學畫梅者提供研讀臨摹的範本，另一方面則正如作者在序言中所說的，可以供博雅君子鑑賞悅情。從純藝術的角度，肯定了版畫作為文人雅士案頭清賞的價值，甚至可以說，這是中國版畫史上第一部真正為藝術而藝術的名作。

《梅花喜神譜》原為明代著名書畫家文徵明所藏，後由蘇州陶氏「五柳居」遞藏，再入王府，嘉慶辛酉（1801），又轉歸著名藏書家、目錄學家、校勘家黃丕烈。黃氏「士禮居」書散後，歸汪士鐘「藝芸書舍」。咸豐年間，歸山東文登於氏。光緒年間，於氏書散，歸吳縣潘祖蔭。潘祖蔭去世後，其弟潘祖年存藏。

傳世南宋孤本《梅花喜神譜》，是吳湖帆「吳氏文物四寶」之一和「梅景書屋鎮寶」，是夫人潘靜淑三十歲生日時潘父所贈禮物。書中歷代名人題跋、觀款累累，可稱江南文獻名物。如今收藏於上海博物館。

如果說《梅花喜神譜》是宋代一部具有高度藝術性的木版面譜的話，那麼李衎的《竹譜》，便是元代一部與《梅花喜神譜》具有同樣價值的木版畫傑作。

《竹譜》，亦稱《竹譜詳錄》，元代畫家李衎編繪，是指導畫竹的專門性的圖譜（圖 42）。作者李衎，薊丘（今北京）人，字仲賓，號息齋，或號息齋道人。他曾到過多竹的雲南交趾，由於深入竹鄉，深切地觀察了竹的形態特徵，所以他所畫的竹，一枝一節，一梢一葉，既合法度，又極生動。

《竹譜》共七卷，分「畫竹譜」、「墨竹譜」、「竹態譜」及「竹品譜」等五類敘述，每類前有總說。如「竹態譜」中，就談到竹的形態、性質以及在不同氣候、環境裡的變化。其中有謂：「若夫態度，則又非一致，要辨老、嫩、榮、枯，風、雨、晦、明一一樣態。如風有疾慢，雨

有乍久，老有年數，嫩有次序，根、竿、筍、葉，各有時候[17]。」這種重視對象在客觀環境裡微妙變化的創作態度，給初學畫竹者提出了基本功的系列要求，這也正是中國繪畫優良的傳統精神。

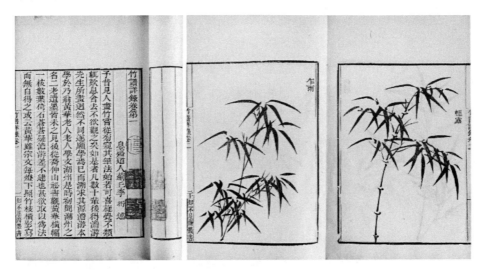

圖42 《竹譜詳錄》七卷，（元）李衎編繪，清嘉慶間鮑氏知不足齋精刻本。

　　《竹譜》在「總說」之後，即分別繪圖以示。如「墨竹譜」中，即圖示畫竿、畫節、畫枝、畫葉等方法。在「竹態譜」中，即圖示根、萌、漸長、初篁、成竹等的生長過程及其形態，也圖示了竹遇疾風、乍雨、久雨、風翻時的風姿變化。

　　這部畫譜繪於元大德三年（1299），刻於元延祐末年（1320）。據清鮑廷博謂，元刻因「歷代既久，舊刊不復可見矣！即摹寫之本，亦稀如星鳳，以圖畫為難耳。幸《永樂大典》曾經收錄[18]」。這部元刻的版畫冊，確已不易得到了，目今所可見到的，便是清嘉慶十三年（1808）知

17　（元）李衎編繪，《竹譜》卷三〈竹態譜〉，百家諸子中國哲學書電子化計劃 https://ctext. org/library.pl?if=gb&file=63652&page=81

18　（元）李衎撰，《竹譜詳錄》，（清乾隆鮑廷博校刊影本）收入《知不足齋叢書》第一六九（臺北：藝文印書館，1966年）。

不足齋的翻刻本。這部翻刻本甚佳，正如葉德輝《書林清話》中所說：
「元李衎《竹譜詳錄》七卷，有鮑延博知不足齋叢書本。繪圖均極精
能，不下真本一等[19]。」

這部知不足齋的翻本，鮑延博是花費了一番精力的。他在題識裡寫
道：「嘉慶甲子（1804），始於故家得明成化間繕本。此君風節宛然，法
則具備，為之快慰。惜紙已靡爛，不宜展閱，富君秋鶴見之日嗟息，亟
為予摹寫一帙，置之案頭，日供清玩。又為縮本，俾刊人叢書，永為遊
藝家一助，可為息齋功臣矣。[20]」在成化舊刻中，原缺「久竹」一圖，鮑
延博亦從「閣本」中仿得補全。

固然，現今所見《竹譜》是清人翻刻的，但也多少可以窺見元人在
繪刻兩者所費的精力與時間。這是一種繪畫性質的版畫圖錄，從其編繪
的方式來看，可謂是滋蕙館刊印《程氏竹譜》與十竹齋編印《竹譜》的
先身，也正是《芥子園畫傳》的濫觴。

宋人好古，金石之學勃興，清葉夢得在《石林避暑錄話》中就說：
「宣和間可內府尚古器，士大夫家所藏三代秦漢遺物無敢隱者，悉獻於
上。而好事者復年尋求，不較重賈，一器有值千緡者，利之所趨，人競搜
剔山澤，發掘家墓，無所不至，往往千載之藏，一旦皆見，不可勝數矣
[21]。」在這種情況下，考查、研究古器物的書多有繡梓。據翟耆年《籀
史》所記，僅金石書籍一類就達 34 種之多[22]，可惜的是流傳下來的很
少。今人所能見到的有圖本，僅有《考古圖》和《宣和博古圖》等數種。

《考古圖》十卷，宋呂大臨（約 1040-1092）撰。大臨字與叔，京兆
藍田（今屬陝西）人，金石學家。元大德己亥（三年，1299）茶陵陳翼子
刊明代修補本（圖 43）。此書作者呂大臨序稱非敢以器為玩，觀其器以追

---

[19]　（清）葉德輝撰，《書林清話》卷八，民國九年（1920）長沙葉氏觀古堂刊本。

[20]　（元）李衎撰，《竹譜詳錄》，（清乾隆鮑延博校刊影本）收入《知不足齋叢書》第一六
　　　九（臺北：藝文印書館，1966 年）。

[21]　（宋）葉夢得撰，《石林避暑錄話》卷下，明萬曆間（1573-1620）會稽商氏刊稗海本。

[22]　（宋）翟耆年撰，《籀史》，舊鈔本。

三代遺風，或探其製作之原，以補經傳之闕亡，正諸儒之謬誤。其後，元
陳翼子偶閱呂氏舊輯考古圖，請友羅更翁臨本，且探諸君子辯證附其左。
此書系統的著錄了當時宮廷和私家收藏的古代銅器、玉器，分類編排並摹
繪圖形、款識，記錄尺寸、容量、重量等，並盡可能註明出土地和收藏
處。本書著錄內府及私家所藏古器 238 件，分類編排（圖 44）。

圖 43 《考古圖》十卷，（宋）呂大臨撰，元大德己亥（三年，1299）
茶陵陳翼子刊明代修補本。

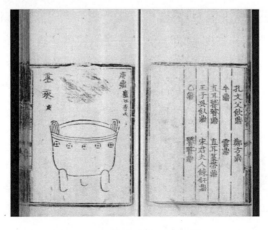

圖 44 《考古圖》之庚鼎。

　　《宣和博古圖》三十卷，宋徽宗敕撰，為中國宋代金石學著作，於宋大觀初年（1107）開始編纂，成書於宣和五年（1123）後，著錄宋代皇室在宣和殿收藏自商代至唐代青銅器 839 件。集中了宋代所藏青銅器精華。此本為明萬曆時期泊如齋重修本（圖45）。

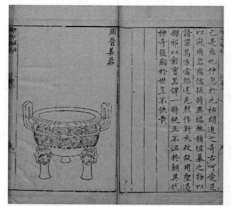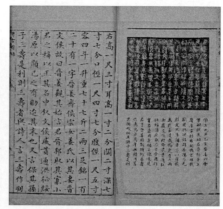

圖45　《宣和博古圖》三十卷，宋徽宗敕撰，明萬曆時期泊如齋重修本。

　　所收青銅器分為鼎、尊、罍、彝、舟、卣、瓶、壺、爵、觶、敦、簋、簠、鬲、鍑及盤、匜、鍾磬錞於、雜器、鏡鑑等，各種器物均按時代編排，凡二十類。該書每類器物都有總說，每件器物都有摹繪圖、銘文拓本及釋文，並記有器物尺寸、重量與容量。有些還附記出土地點、顏色和收藏家姓名，並有對器名、銘文所作的詳盡說明和精審考證。

　　兩書皆摹刻所收器物圖像與銘文，《宣和博古圖》並附考說，對聶崇義《三禮圖》之失，多有辯證，圖版繪刻，皆精細工整，表現出極高的鐫刻技巧，並首開了古器物圖譜類版畫的先河。這兩部書的宋刻本，亦已殘佚。《考古圖》除了元大德三年（1299）茶陵陳氏翻刻本外，尚有明萬曆年間程士莊泊如齋本，清亦政堂本等，但因所據底本幾經缺損，未稱精善。清錢曾據宋本影抄，後來原刊《宣和博古圖》有元杭州路至大間（1308-1311）本，明章斐然校訂本、泊如齋本、吳萬化寶古堂本等，鐫刻皆精到。再有如現藏臺灣的《廬齋考工記解》，也屬於器物圖譜類版畫集。

《鬳齋考工記解》作者爲林希逸（1193-1271），字肅翁，號鬳齋，福建福清人。林氏於 1235 年登進士，歷官考功員外郎，終中書舍人。今所見《考工記》係爲補《周禮》缺失部分。《周禮》原名《周官》，由講一般統治之《天官》、徵稅與土地分割之《地官》、教育、社會與宗教制度之《春官》、用兵之道之《夏官》、司法之《秋官》與人口、疆域和農事之《冬官》六篇組成。西漢（西元前 206-西元 8 年）時，最後一篇佚失，取《考工記》補入。《考工記》內容涉及手工業 20 餘種不同工種的設計規範及製造工藝。林氏此《考工記解》比起漢儒更推崇新儒學，古籍中未有對古器制度的詳細介紹，即使有也古奧難懂，所以爲使注釋淺顯易懂，又加入了《三禮圖》中有關《考工記》的部分，方便初學者（圖 46）。此本宋版漫漶難識，元代修補版極多，版心下方有記「延祐四年（1317）補刊」字樣。書葉亦頗有殘闕，但著名藏書家傅增湘（1872-1949）於《藏園群書題記》跋中稱從另一藏家處得此宋版書後「乃驚喜過望」。卷首有清人查慎行（1650-1727）手書題記。書中有葉盛（1420-1474 年）的葉氏菉竹堂藏書朱文圓印、毛褒的毛褒字華伯號質庵白文方印和查慎行的得樹樓藏書朱文長方印，可知此書曾經諸家收藏。可以想見在宋代，此類的插圖本也有不少的藏家所珍藏。

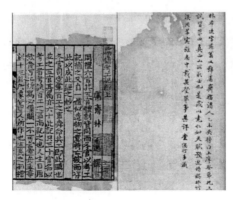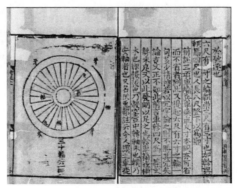

圖 46 《鬳齋考工記解》二卷，宋治之撰，南宋後期刊元延祐四年（1317）修補本。

第三節　遼、金、西夏插圖版畫概況

　　我國是多民族國家，10 世紀上半葉至 12 世紀初，我國東北、西北地方的遼（契丹）、金、西夏先後興起。金一度統治了中國北部，與南宋形成了對峙局面。遼、金、西夏的興起，不僅在經濟、政治上有了發展，在文化方面也做出了不少努力。遼、金、西夏的繪畫，我們可以看出它在歷史上的貢獻，而今發現遼、金、西夏的版畫，當是中國版畫史上不可分割的一個組成部分。

一、遼的版畫

　　契丹族為了吸收漢族的先進文化，曾輸入大量的宋刻書。除了自己刻印之外，一部據宋藏翻刻的《契丹藏》，即被認為「嚴整而有法度之善本」。

（一）《契丹藏》

　　《契丹藏》是遼代在燕京（今北京）所刻，故又稱《遼藏》。《開寶藏》天禧修訂本傳至北方後，約在遼興宗耶律宗真景福年間（1031-1032）據以雕造，至遼道宗耶律洪基清寧九年（1063）工畢，計三十餘年。新刻成的《契丹藏》全藏印本，在是年即作為禮品贈給高麗王朝。該藏雖以《開寶藏》天禧修訂本為基礎刻印，增入當時僅在北方流傳的特有經論譯本和著述，形成了《遼藏》之特點。如遼道宗耶律洪基《華嚴經隨品贊》10 卷、行琳《最上乘祕密藏陀羅尼集》30 卷等即是。

　　該藏多有插圖，諸如《妙法蓮華經》、《阿彌陀無量壽經》、《大法炬陀羅尼經》等卷首都有精緻的雕版畫。《大法炬陀羅尼經》卷十三的卷首畫，刻彌勒說法等，皆標有刻工姓名，這些刻工為穆成寧、李存讓、趙守俊和樊遵。又如《妙法蓮華經》卷首雕版畫的刻工為樊紹筠，我們還

從其他一些經變圖的雕刻中瞭解到刻工趙守俊的「長男」、「次弟」均善雕版。

《契丹藏》是一部卷帙浩繁的佛教文化典籍，它的刊印與流布是遼代中晚期社會文化與宗教活動中的一件大事。涿州歧溝關天王院遺址出土的《新贖大藏經建立香幢記》刻石的題記文字，透露了有關刊印大藏經的一些訊息，為研究遼代燕京地區的歷史和寺院經濟提供了寶貴的第一手資料。

（二）套色漏印版畫《南無釋迦牟尼佛》

套色漏印的版畫，發現於我國十一世紀的遺作中。我國的彩色套印，過去認為元代的《金剛經》為最早，這一發現，便使彩色套印的時間提前了 300 多年。比之歐洲彩色（填色）印本，約早 400 多年。

套色漏印「南無釋迦牟尼佛」版畫，1974 年發現於山西省應縣佛宮寺的木構佛塔。前述的十二卷《契丹藏》等一批珍貴文物，也於此塔中發現。現藏山西雁北地區文物管理委員會。

這幅套色漏印釋迦版畫，高 65.8 釐米，橫 62 釐米，絹本，同時發現者尚有二幅，刻於遼聖宗統和二十一年（1003）。此以唐代印染織物的「夾纈法」來製作。印像時，絹素對折，用鏤孔雕版夾緊。鏤孔之處，可以染色，而雕版夾緊處則不染色，先後以紅藍兩色作兩次套成。畫面的黃色用刷染。佛像臉部眉眼口鼻及衣領等處，以筆線作適當勾描。所以這幅彩色套印是與用筆勾描相結合的。後來民間的木刻套印與用筆勾描相結合的表現方法與之很相似。除「南無釋迦牟尼佛」之外，於應縣佛宮寺同一木塔內，還發現「熾盛光九曜圖」與「藥師琉璃光說法圖」兩件作品。

「熾盛光九曜圖」繪製熾盛光佛端坐於蓮花寶座，兩手作合托法輪狀。該圖高 120 釐米，寬 45 釐米，是我國明代以前最大幅的木刻佛畫。

二、金的版畫

金滅北宋，一度統一北方，但他們的文化低落，深受我國文化的影響，金又十分注重吸取漢族文化，所以對宋刻圖版及雕版工人都較重視。因此在刻書方面，不但不減趙宋，在版畫成就上，比起兩宋，也毫不遜色。

據說「金統治地區的十九路中，九路有刻書地點可考。其中以中都（今北京）、南京（今開封）、平陽（今臨汾）為最盛[23]」。金定都平陽（即今日的臨汾），平陽一帶遂成為北方刻印書籍的中心，當地的刻工，都是從汴梁遷移過去的。現代存世的金代版畫作品，為數不多，以近年甘肅黑城發掘到的二幀單幅版畫為例，一題「隋朝窈窕呈傾國之芳容」，署平陽姬家雕印；一題「義勇武安王位」，署平陽府徐家印，這兩幀版畫足以印證金人所據的北方，民間還是流行著供觀賞的版畫。據說這兩幅版畫，人物衣襞，繁瑣細膩，有唐畫的韻味，可見金代平陽地區所創造雕印的木版畫，水準還相當高呢！如果再以存世的金刻的《本草圖經》、《補註腧穴鍼灸圖經》二書中的插圖來看，高雅細緻，亦富成就。此外，在佛經方面也能夠承襲北宋的遺風，大規模的雕印，金人從皇統八年（1148）至大定十三年（1173）刊印了趙城藏，字體渾厚，刀法穩健，比起唐及五代，進步多了，而佛經前繪刻的佛像，工整精巧，表現了金人雕印技術的成熟與發展。總之，金文化可以說承接北宋的遺緒，而與南宋文化成南北相峙的局面。

（一）《趙城藏》

《趙城藏》又名《趙城金藏》。1933 年在山西省趙城縣霍山廣勝寺發現，故名。是金代由民間勸募，在山西省解州天寧寺刻成的大藏經。發起人為潞州崔進之女法珍，相傳她斷臂募緣完成刻經事業。刻藏時間約

23　張秀民著，《中國印刷史》，上海：上海人民，1989 年 9 月，頁 244。

在金熙宗皇統九年（1149）前，於天寧寺組成開雕大藏經板會負責刻造，到金世宗大定十三年（1173）完工，歷時 25 年（圖 47）。刻成之後，法珍於十八年將印本送往燕京，並在聖安寺授比丘尼戒。二十一年法珍又將經板送到燕京刷印流通，後受封為宏教大師。《趙城藏》的原刻版式，除千字文編次略有更動外，基本上是《開寶藏》的覆刻本。裝幀也同為軸卷式，每版 23 行，行 14 字。保留了開寶蜀刻本的許多特點，不論是在版本和校勘方面，都具有無可比擬的價值。金末元初，經板曾損燬一半。約在元太宗窩闊臺八年（1236），由耶律楚材主持，在民間勸募，同時召集各地寺院刻字僧人在弘法寺補雕缺損經板，基本恢復了天寧寺舊刻內容，共 683 帙，6,900 餘卷。千字文編次，由「天」字至「幾」字號。每版 22 行至 30 行，每行 14 字至 27 字不等。

圖 47　《趙城藏》又名《趙城金藏》，1933 年在山西省
趙城縣霍山廣勝寺發現。

　　現存《趙城藏》是在元世祖中統二年（1261）的補雕印本。1933 年發現時尚存 4,957 卷。抗日戰爭期間，又佚遺多卷，加上 1952 年發現早期散失的 62 種 152 卷，現存 4,813 卷。趙城廣勝寺入藏的藏經應係在燕京刷印後，散頁運至趙城，由龐家經坊綴合成卷，並在卷首加裱刻有「趙城縣廣勝寺」題記的「釋迦佛說法圖」扉畫一幅。繪刻釋迦牟尼佛，形象特別突出，手勢自然。所刻弟子與一長老，表情不一。左旁刊

有「趙城縣廣勝寺」6 個字。

此外，在平陽（山西臨汾）的宗教雕版中，還有一部《玄都寶藏》，是由一位施主宋德方倡議所刻的道藏，亦有圖，皆平陽系刻工的代表作。

（二）《四美圖》

中國最早的木版年畫《四美圖》（又名《隨胡窈窕傾國之芳容》圖，《四美圖》歷史悠久，源遠流長。它是在清宣統元年（1909），由俄國的柯基洛夫在我國甘肅西夏黑水城遺址（在今之內蒙古額濟納旗）發現。這是一幅獨幅畫，被運往俄國，現藏於俄羅斯亞歷山大三世博物館（圖48）。

《四美圖》是我國版畫史上劃時代的作品。《四美圖》繪刻漢、晉時期的「四大美人」。在畫上，分別被題為王昭君、班姬、趙飛燕和綠珠。背景為庭園。美人皆唐人裝飾，且臉型豐滿，具北宋畫風。《四美圖》古樸典雅，裝飾性強，繁而不雜，別具風韻。其體裁、佈局、格式，與主題融洽和諧，富有當時、當地獨特的藝術風格和生活氣息。表現程式，帶有唐代風味。《四美圖》標有「隨朝窈窕呈傾國之芳容」故今人以美人圖稱之。畫中又標有「平陽姬家雕印」。

與《四美圖》同時發現的還有《武將圖》，刻三國關羽像，標有「義勇武安王位」，為「平陽府徐家印」，繪刻關羽坐於松林間，高豎「關」字大旗，可惜此畫在發現時畫面即殘損模糊（圖 49）。這兩幅畫，可以單獨張掛，無疑是民間年畫的前身，何況這些版畫作品，都由金代平陽民間作坊所雕印。

圖 48 中國最早的木版
年畫《四美圖》。

圖 49　俄國收藏的西夏黑水版畫《武將圖》。

三、西夏的版畫

　　西夏為羌人中的党項族，北宋時與中原通好，改姓趙。寶元元年（1038），党項首領元昊稱帝，國號「大夏」，從此漸強，成為北宋在西北的勁敵。至 1227 年，被蒙古所滅亡。

　　西夏主元昊，除通曉軍事外，還是一位有才藝的文人，懂「蕃漢」文字，據說也能作畫。

　　西夏信佛，除建寺頗多，故有不少佛教版畫之作遺留至今。敦煌的莫高窟，安西的榆林窟，以及酒泉的萬佛洞等處，都還保存著西夏時期

的壁畫。黑水城遺址，在今之內蒙古額濟納旗，為西夏元昊所建的城池。版畫《四美圖》，即發現於此處。

在黑水城發現的雕版畫，完整的很少，殘片比比皆是，過去斯坦因就「獲得」不少，如：

（一）佛坐像版畫

這方雕版殘片上刻佛坐像 34 尊，僅有圓光。前列有三人，一執蛇，一持劍，一抱琵琶。第二列，一人頭上以四馬為飾，更後作祥雲繚繞，天花飛揚。像中有剃度作比丘裝者，有的頭上有高髻，但無裝飾。畫中並書刻西夏文字。

（二）菩薩像

圖上有刻佛，更有菩薩一列，底座下作菊花圖案，頗具西夏作風。頭像有作八字須髭，頭飾銳聳，有耳墜。又一像似帶獅子假面，而衣飾則似菩薩。作品雖粗率，但有拙樸美。這些作品，足證西夏人信佛也興佛，除建築寺院塔幢外，還繪刻印刷大量的佛教宣傳品。而其所作，多少也受吐蕃畫風的影響。

（三）《現在賢劫千佛名經》

又名《西夏譯經圖》，夏惠宗乾道元年至大安十一年（1068-1085）刻本，下方左側為西夏梁太后，右側為西夏第三位皇帝，李秉常，最上方為西夏安全國師白智光，《譯經圖》係西夏文《現在賢劫千佛名經》卷首扉畫。經折裝，27×27 釐米（圖 50）。此圖形象地描繪了西夏譯經的場面和皇太后、皇帝重視譯經，親臨譯場的生動情景。1917 年在寧夏靈武縣修城時發現了大量西夏文獻，1929 年國立北平圖書館（現中國國家圖書館）不惜重金購回這批西夏文獻，共百餘件。據檔案記載，當時的國立北平圖書館以「此項經文從未見於著錄，最為稀世之珍，亟應集中一處，供學者之研究」，不惜用去全年購書款的 10%購買下來，由軍人輾轉

運至北京。《現在賢劫千佛名經》就是那批用重金購回的文獻之一[24]。此圖為我們展示了西夏皇帝及皇太后的裝束，為瞭解西夏各族人物、服飾提供了重要參考依據，是研究西夏歷史、文化、譯經史不可多得的資料，也是中國目前所見唯一的古代西夏譯經圖，在我國木刻藝術上可稱為精品。

圖 50 《現在賢劫千佛名經》，又名《西夏譯經圖》，經折裝。

西夏木刻版畫，除大部的佛經外，零星繪畫不少。有些「發願文」，為了宣傳效果，也配以木刻畫。至於經卷，配上刻畫，更無待言。至於捺印的佛畫，有大張的，也有小張的，較完好的大張捺印有五張。佛像居中，其間尚有墨書的西夏文字，是西夏版畫的重要作品。

---

[24] 《現在賢劫千佛名經》文字說明請參考 https://www.artfoxlive.com/product/3361566.html

第四節　元代的版畫概況

　　胡元入主中國，政治上固然有所更替，但在文化上，漢人精深博大的文化根基，一點都無法動搖，還是承繼著兩宋的遺風。版畫方面也是如此，不但各種書刊中往往附有插圖，而且在民間有更推廣的趨勢。尤其是俗文學的興起，對版畫更給予良好的發展環境，許多書本為銷售起見，紛紛附上插圖，像虞集註的《白話孝經真解》、《三教搜神大全》以及建安虞氏所刊的全相平話五種等，都附有許多插圖，刻紋粗放，充分表現民間質樸的特色。就是號稱蒙古版的《祖庭廣記》，卷首所附的顏子從行、乘輅諸圖，氣象莊嚴、端整穆肅，與元刻的許多佛經扇畫的絢麗，更是別具一種風格。此外，尚有許多翻刻宋朝的本子，如纂圖互注之經書、子書及本草、《博古圖》等類書刊，精美不在宋刊本之下。大規模的佛經刊刻，如續刊《磧砂藏》、《普寧藏》、《河西字（西夏文字）大藏》等，都相當工整，在雕印技術上具有一定的成績。如元代較富代表性的重要版畫書籍《竹譜》，從其中可以推想作者重視竹的形態、性質以及各種環境的變化，而從這種縝密細緻的觀察中，不難使人想見原書優美的版畫。

　　元代的南方，刻書業當以浙江的杭州和福建的建寧最為發達，當時如《文獻通考》，宋、遼、金三部史書，西夏文的《大藏經》等，都在杭州刻印。這時期還出現了朱墨套印的雕版圖書。

一、《孝經直解》插圖

　　元代對經書、子書如《周禮》、《禮記》、《樂書》、《論語》、《孝經》、《荀子》、《道德經》、《南華經》等，或以宋版重印，或重行刊印，在當時相當可觀。有一本《新刊全相成齋孝經直解》，為上圖下文式插圖本（圖 51）。有的刊本已流傳日本。其末題有「時至大改元孟春既望宣武將

軍兩淮萬戶府達魯花赤小雲石海崖北庭成齋自敘」，這題記非常重要：
（1）說明該書刊於至大元年，即 1308 年；（2）說明刻書主人為維吾爾
族人貫雲石；（3）說明該書刊於湖廣的永州。《孝經直解》十八章十五合
頁，插圖也是十五幅，內容全部講解行孝之事，說庶民百姓要有孝德，
天子要行孝治。插圖繪工精緻，線條卻有拙昧，圖意與文相合，雖然是
元刻，但繪刻的全是漢人服飾。

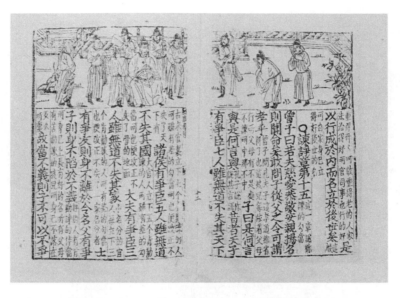

圖 51 《新刊全相成齋孝經直解》，為上圖下文式插圖本。

二、《事林廣記》插圖

《事林廣記》刊於至元六年（1340）。共十集，陳元靚撰，為福建建
陽鄭氏積誠堂刻本，原題《纂圖增新群書類要事林廣記》。國立故宮博物
院、國家圖書館、北京大學圖書館皆有藏本（圖 52）。所謂「事林」，即
記民間生活諸事，涉及農事、花木、文籍、武藝、醫藥、文藝、音樂、
茶果、飲饌、牧養、地輿、勝蹟、演算法等，內容豐富，很像現在的日
用百科全書，其插圖很像現在的日用百科畫卷。其中的《耕穫圖》，寫農

夫耕種，婦女攜孩兒送茶水。又如《武藝圖》，繪刻賣藝者的精彩表演。
還有一幅《雙陸圖》，畫兩官人正舉雙陸之戲，旁有侍者二人，畫中堂後
有一黑犬翹尾出來，增添了畫面活躍的氣氛。這隻翹尾小狗，頗有版畫
的木味，這與該書另一《蠶歌圖》中的一隻小黑狗相映成趣。

　　這部《事林廣記》，從其內容及其性質而言，當為明萬曆金陵氏萬卷
樓所刻《萬寶全書》的先聲。

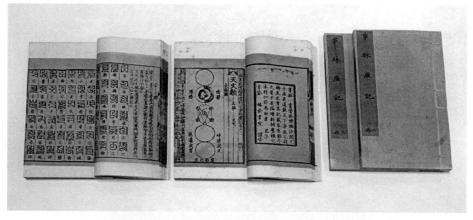

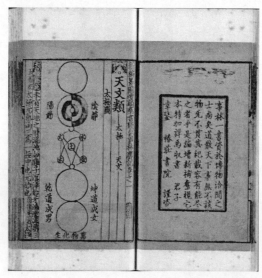

圖 52 《纂圖增新群書類要事林廣記》，元建安椿莊書院刊本，
　　　是書屬類書之一種。

三、《飲膳正要》插圖

元刻《飲膳正要》三卷，為太醫官忽思慧撰寫，國立故宮博物院藏有明景泰七年內府刊本。忽思慧，又作和斯輝，蒙古族人，生卒年不詳，於延祐至天曆（1314-1330）年間任飲膳太醫，主管宮廷之飲食衛生和藥物，公餘之暇，把累朝御用之奇珍異饌，湯膏煎造及諸家本草名醫方術，並日所必用之穀肉果菜，取其性味補益者，輯成一書，名曰《飲膳正要》，於天曆三年（1330）進呈文宗皇帝（圖53）。

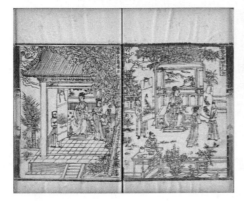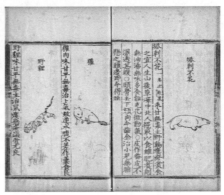

圖 53 《飲膳正要》三卷，（元）忽思慧撰，明景泰七年內府刊本。

本書共分三卷，內容有三：

（一）日常起居及飲食宜忌

以「養生避忌」、「妊娠食忌」、「飲酒避忌」、「四時所宜」、「五味偏走」數項，總述養生延年之日常生活衛生習慣及食補之配合，孕婦、乳母的飲食宜忌，以及服藥期間必須禁食的食品，和食物中毒的解法等。

（二）分類收錄各種滋補的膳食方

全書分「聚珍異饌」、「諸般湯煎」、「神仙服餌」、「食療諸病」四類，收錄了湯、羹、麵、粥、肉、菜、膏等滋補身體的膳食方二百三十五道，每道先述療效，次為配方，三是烹飪方法，文字簡明易懂，適合

大眾之需要。

（三）介紹常用食品之特色與功能

針對日常食用的五穀魚肉、蔬果及佐料等二百六種食品，配以附圖，介紹其性味、良毒、功效及宜忌。

是書主張預防重於治療，強調食補的功效，是我國現存最早的古代營養學專著，其所列食補諸方，製作簡便，用料多為易得之品，且書中記錄了不少蒙古族的食物名稱，飲膳術語及衛生習慣，也增收了回回豆子、必思答等當時域外或少數民族習用的物品，為研究我國古代營養學及元代飲食衛生習慣提供了豐富的資料。

這裡還需要提的《梓人遺制》，據說原刊本已無存。該書為元初木工出身的薛景石所著，是一部織機製作的工具書。內中繪圖，無非用作圖解說明，為明《永樂大典》殘卷 18245 匠字冊和 3518 門字冊中收錄。匠字冊前附有段成已寫的序言，其中說明「匠」代表「以審曲面勢為良」的大木作，而「梓」代表「以雕文刻縷為工」的小木作。

此外，元刻有《新刊補註銅人腧穴鍼灸圖經》，置於一部醫書之首，國家圖書館有藏。本書版匡高 18.1 公分，寬 11.6 公分，採緞面、包角、六孔線裝的方式裝幀，為翰林醫官王惟一（987-1067）於宋仁宗天聖四年（1026）奉旨編修，在汴京（今河南開封市）出版（圖 54）。刊行同時，又雕刻在兩大石碑上供人拓印。王氏書成之後，另於 1027 年令創鑄兩座針灸銅人，大小與成人相仿，內分臟腑。銅人體上外刻經絡腧穴。

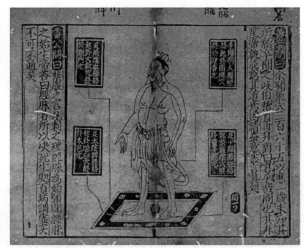

圖 54 《新刊補註銅人腧穴鍼灸圖經》是海內外現存版本時代最早者。

　　從宋代開始諸家針灸治療日益普及，經絡腧穴及操作方式必須歸於系統化。《新刊補註銅人腧穴鍼灸圖經》文圖並茂，全書共 5 卷，意為有助於教育與操作。此書分別介紹手、足經絡圖像、針灸避忌之法、詳述十二經絡每一流注孔穴、各部穴位，並按四季五行所屬之針刺俱有呼吸法等等。全文常以黃帝與雷公二人問答的形式表現。後世引用此書者，或多簡稱《銅人》或《銅人經》。宋金戰爭時，一座銅人失落無蹤，另一座流入金人之手。直到宋金議和之後，始重歸宋朝。本書紙色茶黃，紙質粗而脆，紙的簾紋間距 2.7 公分，似為元代竹紙，金代平陽刻本多以質地堅韌的皮紙刷印，可知館藏此本非為金刻，而為元刻本，這是海內外現存版本時代最早者，極為珍貴。有清宣統元年劉世珩的手跋。

　　總之，元刻書籍插圖，除戲曲、小說外，其他都用以圖解。但在這些作品中，個別製作頗具木藝之趣。

四、佛教與道教版畫

版畫用於佛教宣傳，在唐代是很突出的，這是因為版畫用於其他方面比較少。到了宋、元，尤其到了元代，不是由於版畫用於佛、道的方面減少，而是版畫本身被用於其他方面的用途逐漸多起來，因此相對來說，道釋版畫似乎顯得不如唐、五代興旺。

其實元代佛教依然興盛。當時是儒、釋、道三教並存，而且還信奉基督教。這一時期所刻的《普寧藏》（杭州雕版）、《河西字大藏》及《梁皇寶懺》等，都相當工整。而在雕印技術上還大大地向前邁進了一步。如至元六年（1340）所刻的無聞和尚的《金剛經注》，居然有了朱墨的套印，無論從雕版印刷術來說，或就版畫的要求來說，都是很有意義的。

杭州雕版的《普寧藏》，具體來說，刻於杭州餘杭南山大普寧寺。又稱為《杭州路餘杭縣白雲宗南山大普寧寺大藏經》。始刻於元世祖忽必烈至元 14 年（1277），至 27 年（1299）工畢（圖 55）。以千字文編次，由「天」字始，至「感」字號止，共 558 函，1,430 部，6,004 卷。元成宗鐵穆耳大德 10 年（1306）時，松江府僧錄管主八從弘法寺本藏經內（即解州天寧寺版輸入燕京後的元代補雕本）選出南方版本藏經所缺的祕密經約 97 部 315 卷，編為「武」字到「遵」字 28 函，刻就後隨同《普寧藏》本一起流通[25]。最後又補入「約」字函的 7 部 8 卷。除「武」字至「遵」字的 28 函不計外，應為 559 函，1,437 部，6,010 卷。《普寧藏》本基本上是依據《圓覺》本覆刻，版式略小於《圓覺》本，但刻工精美細緻，裝幀古樸典雅。

---

[25] 沈津《普寧藏》，節錄《圖書館學與資訊科學大辭典》1995 年 12 月。https://terms.naer.edu.tw/detail/1680994/

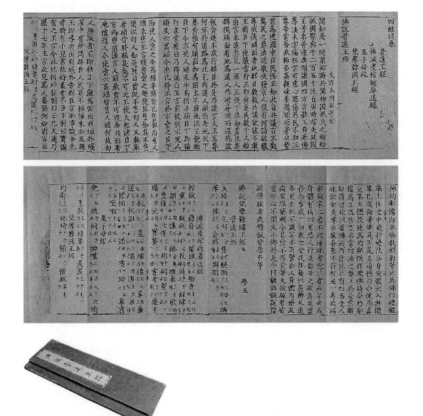

圖55 《普寧藏》四經同卷黃麻紙。

又有元版大藏經及京城弘法寺的《弘法藏》,前者民間版,後者官版,兩藏刻工均精到,繪者按傳統式樣,勾線造型都極認真。相傳刻於元代的宮版卷軸式藏經,但至今尚未發現流傳的印本。一般認為元世祖至元二十二年至二十四年編定的《至元法寶勘同總錄》即係《弘法藏》的目錄,共收經籍 1644 部,7182 卷,數量冠於任何經錄。據至元二十六年靈隱寺住持淨伏的《至元法寶勘同總錄‧序》云:「大元天子……萬幾暇餘討論教典,與帝師語,詔諸講主,以西蕃大教目錄對勘東土經藏部帙之有無,卷軸之多寡。……遂乃開大藏金經,損者完之,無者書

之。……敬入梓以便披閱，庶廣流傳……[26]。」可見元世祖時僅是補寫了金代遺留下來的《趙城藏》印本中損毀缺佚部分，並刻版流通，從而導致有《弘法藏》刻印之說，實際上所謂《弘法藏》不過是《趙城藏》的元代第二次增訂本。

帶精刻扉畫的經卷，還有《妙法蓮華經》，今為北京圖書館收藏，卷後有「至順二年嘉興路嘉興縣顧逢祥，海鹽徐振祖等舍資刻經」的題記。在嘉興路顧逢祥出資刻印的《妙法蓮華經》中，內局部有一圖，描繪畫工正持畫架作畫，這個「畫中畫」正是民間畫工當時作畫情景的真實寫照，很值得現在的畫家一看。

《金剛經注卷首圖》，這幅畫刻於湖北江陵資福寺，圖上右方題有「無聞老和尚注經處產靈芝」，又從末題得知，該畫作於「至元六年歲在庚辰」即 1340 年。圖由朱墨兩色成之，靈芝用朱色，餘用黑色。這是繼遼代漏印套色版畫「南無釋迦牟尼佛」之後最早的朱墨兩色版畫。現藏臺北國家圖書館，它比歐洲第一本帶色的雕版書《梅因茲聖詩篇》早 117 年。

至於道教的刻本，有宋德方倡刻的平陽刊本道藏，早被元統治者下令銷毀。現存的元刻道教版畫，有大德九年（1305）耶律楚材等編的《玄風慶會圖》，人物多，場景大，是道家竭力歌頌先祖德行的大版圖書。如《分瑞棲霞》一圖。全圖以傳統山水樹石來襯托屋中人物，其最大的表現特點，即在於滿幅茂密而不覺其塞實，看來原非畫工的手筆，而山石的點皴，可能是刻工的發揮。原件今藏日本。

還有一件刻於元至正間的《新編連相搜神廣記》。在這些畫幅中，集儒、釋、道三教的人物於一圖。圖中畫孔子、老子、釋迦牟尼佛三尊，又畫各教信徒列於周圍。從藝術來要求，可取無多。作為建安版畫，在元代別具一格（圖 56）。

---

[26] （元）釋慶吉祥編，《至元法寶勘同總錄》序，清順治十八年（1661）嘉興楞嚴寺刊本。

圖 56 元至正間的《新編連相搜神廣記》。

五、套色印刷

　　元代在印刷術方面特別值得重視的，是木活字印刷術的使用和套色印刷的開始。木活字印刷與版畫無關，不擬探索。而套色印刷術前人或者以為明代才開始用的，實則不然。現在臺北國家圖書館藏有一本元至元六年（1340）中興路刊本無聞和尚的《金剛經》，此書的經註及卷首的靈芝圖，是用朱墨兩色套印的，可以證明元代時期兩色套印便已開始，這比起歐洲還要早一百十七年，所以套版印刷術也是國人首先發明的。

　　《金剛般若波羅蜜經》一卷，（元）釋思聰註解，元至正元年（1341）中興路資福寺刊朱墨印本。簡稱《金剛經》，是《大般若經》的第 577 卷，主要譯本共有六種，以姚秦三藏法師鳩摩羅什所翻譯的經本最為通行。它是一部記錄佛陀與其大弟子須菩提問答的對話錄，並以夢、幻、泡、影、露、電六喻，來說明空性。該經典群是卷帙宏大的經典，其中《金剛般若波羅蜜經》不僅是進入《大般若經》的導覽，而且

是千年來探討及注疏最多，影響最深遠的經典之一。《金剛般若波羅蜜經》全文沒有出現一個「空」字，但通篇討論的都是空的智慧；經中以空慧為主要內容，探討了一切人無我、法無我之理（圖57）。

圖57　《金剛般若波羅蜜經》現存最早的木刻二色朱墨印本。

匡 27.8×12.7 公分。本卷兩百面，經摺裝，經文大字朱印，注解雙行墨印。卷首有朱繪〈釋迦說法圖〉，卷末並附刻〈般若無盡藏真言〉、〈金剛心陀羅尼〉、〈補闕真言〉、〈普回向真言〉、〈無聞老和尚註經處產靈芝圖〉、至元六年（1340）潛邑蚌湖市劉覺廣（當時住在中興路）跋並次年（元至正元年）劉覺廣刊經讚，〈南無般若波羅蜜多心經〉。卷末有〈韋陀護法圖〉。書中鈐有〈甘露記〉、〈慈航記〉二朱文長方印。此為世界現存最早的木刻雙色印本（圖58）。

　　《金剛般若波羅蜜經》是一版而先墨後朱分兩次印成。印墨色者注文，印朱色者經文。印墨色時將經文遮貼，印朱色時則將注文遮貼，主要是紙張必須先後對準同版不同印色的所在，此可謂「套色」，而與後來發展的分色分版，稱為「套版」者不同。朱墨雙色印本《金剛般若波羅蜜

經》流傳至今，展現中國古代印刷技術之里程碑，亦見證佛教禪宗傳播弘
法結晶，並傳達佛教與漢文化藝術融合，更供古籍版本鑑定研究題材。

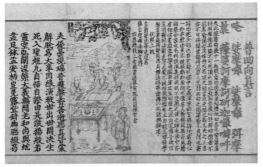

圖 58　《金剛般若波羅蜜經》卷首有朱繪〈釋迦說法圖〉。

　　套色印刷，是雕版技術突破舊有方法的一項創舉，用套色印刷，可
以使印刷成品更醒目、更美觀。長久以來的單色印刷，漸漸不能滿足一
般人的要求，於是便在雕版技術達到相當成就以後，產生了套印的方
法。套色印刷與古代絲織品上的印花染色有相當的關係。據宋王讜《唐
語林》卷四記載唐代有位聰慧女子曾令工人雕鏤木版，成為各種花卉，
染成夾結（纈），乘他姊姊婕好生日，獻給王皇后一匹，唐明皇見了很欣
賞，就叫宮中依法製造，這種印花染色方法的風氣，以後漸漸傳開，南
宋唐仲友也曾令工雕造花板數拾片，作為彩帛舖印染斑纈之用[27]。宋元各
地盛摘棉花，當時人們便常利用雕板、藍靛、印染成青花布，據說這種
印染布不但久洗不脫，而且「宛如一軸院畫，蘆雁花草尤妙[28]」。這種雕
版印染法與木刻版畫、彩色套印，有密切的關係，所不同的是一個向在
絲綢或棉布上，一個是印在紙上而已。

　　再說書中之有彩色，很早便有了，但都是人工手寫手繪的，像宋代的
《大常禮書》便有五彩繪飾的精美圖像，而南宋宮廷散出的舊書中，也有

[27]　宋王讜撰，《唐語林》卷四〈賢媛〉，清乾隆間《武英殿聚珍版書》本。

[28]　元孔齊撰，《靜齋至正直記》卷一，清荻溪章氏鈔本。

很好的綵畫本草。有色彩的書美麗悅目，深受歡迎，因此人們早就有追求彩色印刷的潛在意識，只是技巧上還無法克服而已。北宋初年四川民間流通的交子，「製楮（紙）為卷，表裡印記，隱密題號，朱墨交錯」。大觀元年（1106）宋朝政府改交子務為〈錢引務〉，鑄了六顆印：「勑字」、「大料例」、「年限」、「青印」四印均用墨，「青面」用藍，「紅團」用朱。六印皆飾以花紋，「紅團」、「背印」則以故事（圖 59）。在紙幣上蓋上六顆帶花紋裝飾的印，還有金鸛鼓棒勅、合歡葛步藤、王祥孝恩、躍鯉飛雀、諸葛武侯木牛馬等故事圖畫[29]。宋代著名刻工蔣輝用土朱、靛青、樱墨造假會子，這類朱墨間錯，帶有三色的鈔票，已近乎套色印刷，元末青花不盛行，可能從印染花布的方法，啟開了套色印刷技術。套色印刷始於何時並沒有明確的記載，至元六年（1340）刻的《金剛經註》是現在所知最早木刻套印本，也就是說最遲到元末便有彩色印刷了，彩色套印經過明代的使用、改良，到了明末，更創下了輝煌的成就。

圖 59 宋代交子至今未有實物，這是「北宋人物倉庫圖印鈔銅版」的拓片。

---

29 參考 https://www.sohu.com/a/322832961_99996707

第五節　宋元版畫，奠下規範

　　版畫到了宋元，不管雕刻技巧或印刷技術，都已達到相當高水準的境地。從版畫的發展過程來，宋元這段期間是相當興盛的時期。宋元的版畫，固然，互有特色，但大體說來，元代承襲宋代的遺緒，兩者之間並無太大的差異，如果歸納這一時代版畫的特點，至少有下列幾項值得稱述的：

一、題材廣闊、數量繁多

　　宋之版畫，在唐及五代奠下基礎之後，又往前進展，書中的插圖，不再限於佛經扉畫，學凡經、史、子、集各部類的書籍，或多或少常附有插圖。在版畫的內容方面，也大大的擴展了範圍，從人物、器皿以至於花草、蟲魚、鳥獸等，無所不包，這個時代的版畫，也建立在廣闊的題材範圍下，才能收到興盛與發展的果實。又由於版畫範圍廣，民間日用的書籍以及小說戲曲等刊本圖書都附有插圖，並使版畫也更豐富、更多彩。

二、技巧純熟、刀法老練

　　雕版印刷上，刻版技術是相當重要的。宋元刊本受到重視，尤其是浙刻本更受人們喜愛，主要原因是校對精細，而且刻得好。版畫更不例外，刻工技術是否熟練，關係極大，所以宋雕版對刀法要求很嚴格，希望做到「刀頭具眼」，如「老馬識途」的境地。宋元時代版畫以單線勾勒，陽刻為主。陽刻又以雙刀平刻，刻線力求穩健流利，用刀時的快速轉換，都極講究。我們看到宋代留存的版畫，不管點畫起伏，或是轉折

頓挫，都相當巧麗，可以得知當日雕版技術的高超水準。

三、插圖格式、奠下遺規

　　宋元版刻圖書，對書中行數、字數、邊欄、中縫等，都詳細精心的設計，而不草率從事，於書中的插圖格式，也巧意安排，統計宋元版畫編排的方式，大約有：上圖下文、上文下圖、右文左圖、右圖左文、前文後圖、前圖後文及不規則的插入等形式，這種編排法，目的在使讀者能在閱讀時，很容易的就能看到與文字相關的插圖。至於插圖中的題款，在宋元版畫中也常常看見，款式在畫面上大約是：文字在小方框內刻於畫之上邊正中央；文字以小長方框刻於畫頁邊上；以文字的多少，作長方形刻於畫邊；文字不用方框，且不規則的刻在畫上；在畫中人物或器物旁邊刻上名字等。從宋元書中的插圖格式及版畫上說明文字的編排看來，證明當時是經過詳細計畫的，而當日立下的各種格式，為後日奠下了遺規，成為版畫插圖極優良的傳說，後代很少有超出其範圍的。

第四章　璀璨奪目的明代版畫

　　我國的版畫，有漫長且特別輝煌的歷史，量多質高，鮮為外國所能比擬。明代是中國古代版畫藝術的全盛期，就其發展軌跡來看，可以劃分為兩個發展階段：第一階段為洪武至隆慶，包括史學分期的明前期和明中葉這樣一個漫長的時間段，其間佛教版畫在唐、五代、宋、元奠定的堅實基礎上更上一層樓，進入了其發展史上的巔峰狀態。第二階段為萬曆到明朝滅亡。明代版畫從繼承到逐漸發展、壯大的過程；也是明代版畫推陳出新、百花齊放的過程。被公認為是我國版畫史上的黃金時代，值得特別予以珍視。

第一節　明代版畫發展概況

　　明代版畫的興盛，歷史的發展固然相當重要，但亦有其獨特的因素。明初建國，雖然經過一段艱苦的日子，但是，在經過長期的休養及經營之後，社會漸趨安定繁榮，於是便在物質充裕的優良環境之下，大大地增加了追求文明生活的力量。為因應社會的需求，各種書刊的供應，便快速的成長，像安徽、江蘇、浙江、福建等地區，刻書的事業空前的發達，影響所及，培養造就了不少人才，因此雕版的名手輩出，印刷的技術，快速而且成功的往前發展。

　　明代版畫另一發展的原因，是受到讀者的熱愛與支持。以弘治十一年（1494）金台嶽氏刊本《奇妙全相西廂記》為例，此書後面有一牌記說：「……本坊謹依經書重寫繪圖，參訂編次大字本，唱與圖合，使寓於

客邸，行於舟中，閑遊坐客，得此一覽終始，歌唱了然，爽人心意[1]。」
這說明了當時木刻版畫插圖，已深受讀者歡迎，走向大眾化，給予版畫
迅速順利發展的優良環境。同時明代傳奇戲曲的發達，更使得版畫得到
了擴展與創作的園地，間接促成版畫創造了絢燦的成績。

一、洪武至隆慶時期

（一）宗教版畫

　　明初的版畫藝苑中，題材方面的多樣化趨勢更為明顯，但佛教版畫
依然是佔主導地位的品類。洪武、永樂、洪熙、宣德四朝的版畫遺珍
中，以佛教版畫數量最大，繪鐫亦最為精美。

　　《洪武南藏》又名《初刻南藏》，為明代刻造的三個官本藏經中最初
版本。明太祖朱元璋洪武五年（1372），勅令於金陵蔣山寺作「廣薦法
會」，並開始點校藏經，至洪武辛巳年即建文三年（1401）刻成，版存金
陵天禧寺，這就是有名的《洪武南藏》。永樂六年（1408）版片即遭焚
燬，刻本幾乎沒有流傳，後來在永樂年間於南京雕造的再刻本稱為《南
藏》，而不知曾有兩次於南京刻藏之事。《洪武南藏》唯一保存下來的印
本，直至 1934 年才在四川省崇慶縣上古寺中發現。全藏共 678 函，1,600
餘部，7,000 多卷。千字文編次，由「天」字至「魚」字號。「天」字至
「煩」字的 591 函，全係〈磧砂〉本藏經的覆刻本，後來補充的 87 函，
80 餘部，730 餘卷，基本上是《永樂南藏》依據的底本。此孤本略有殘
缺，並有部分補抄本和坊刻本在內[2]。

1　（元）王德集、關漢卿撰，《奇妙全相註釋西廂記》，百家諸子中國哲學書電子化計劃 http
　　s://ctext.org/library.pl?if=gb&file=47465&page=99

2　沈津《洪武南藏》，節錄於《圖書館學與資訊科學大辭典》，1995 年 12 月。https://terms.
　　naer.edu.tw/detail/1682148/

　　《洪武南藏》之扉畫《玄奘法師譯經圖》，位於畫面右方的是窺基法師，人物上方書寫「慈恩疏主」。他右手執筆於胸前，左手附於膝部，表情認真，若有所思，表現他秉承奘師「截偽續真，開茲後學」的嚴謹態度。位於畫面中央的是玄奘法師，身後屏風右上方書寫「三藏法師」，左上方書寫「奉詔翻譯」；他右手執筆在硯臺邊沿，拭墨欲書，左手附於紙端，表情穩重大方，表現了胸有成竹的超然風采。玄奘法師的書案正前方地面上，鋪設一塊方形織錦，織錦上安放一尊精緻的雙層蓮花座博山香爐，嫋嫋香氣從鏤孔之中升騰散發，香爐兩邊各置一瓶蓮花，空中降有「花雨」十一朵，右下方的一朵花雨是「卍」字形。位於畫面左方的慧沼法師，一作惠沼（或惠照），人物上方書寫「惠沼法師」（圖60）。

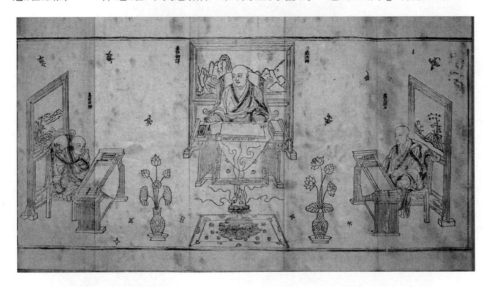

圖60 明代木版刻印大藏經《洪武南藏》之扉畫，玄奘法師譯經圖。

　　在《南藏》中的《六祖大師法寶壇經》卷首有扉畫，畫面疏闊，注意對環境氛圍的繪刻，是一幅頗具「禪意」的佳作。明洪武二十四年（1391）所刻的《七佛所說神咒經》扉畫（圖61）和洪武二十八年（1395）應天府沙福智所刻《觀世音菩薩普門品經》插圖，刻工精細、線條挺勁、構圖縝密，著重突出主要的人物形象（圖62）。洪武年間，杭州眾安橋楊家經坊所刊《天竺靈籤》，頗顯粗陋（圖63）。

圖61 明刻本《七佛所說神咒經》，江戶時期黃檗山寶藏院藏版。

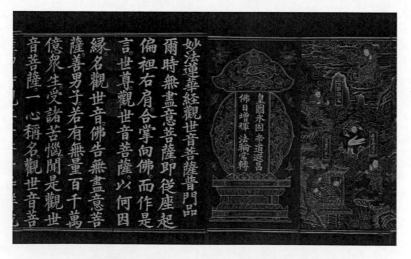

圖62 《觀世音菩薩普門品經》姚秦釋鳩摩羅什譯，
　　　隋釋闍那笈多譯重頌明泥金寫本。

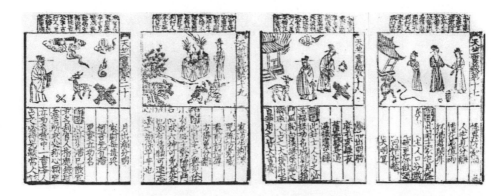

圖 63　《天竺靈籤》最古老的圖文並茂有註解有兆象木刻靈籤。

永樂南藏，通稱南藏。永樂十年至十五年（1412～1417）於南京刻印，為洪武南藏之再刻本，但略有更動。收佛典一六二五部，六三三一卷。版式為一紙三十行，每行十七字之折本。版存金陵報恩寺，卷首有扉畫，但繪刻粗略，與《洪武南藏》扉畫不同。北藏，又稱永樂北藏，全稱為《大明三藏聖教北藏》。奉成祖之命，成於永樂十八年至英宗正統五年（1420～1440），收一六一五部，版式為一紙二十五行，每行十五至十七字之折本。後奉神宗母后之命，追雕華嚴懸談會玄記等三十六部入藏，故北藏共計六七八函，六七七一卷。以上南、北二藏之流傳頗為罕有。其中的扉畫，佈局宏大，富麗輝煌，繪刻精工。永樂年間還有一些單刻佛典鐫有版畫，如永樂元年（1403），鄭和出資刻印了《佛說摩利支天菩薩經》，此經卷首扉畫繪鐫精緻，是佛教版畫人物造型中不可多見的傑作（圖64）。

圖 64 鄭和捐刻《佛說摩利支天菩薩經》。

　　在永樂年間單刻佛典中，堪稱精品的版畫還有，永樂三年刊《勸念佛誦經西方淨土公據》，十五年內府刊《諸佛世尊如來菩薩尊者名稱歌曲》、《諸佛世尊如來菩薩尊者神僧名經》，二十一年刊《金剛經集注》、《妙法蓮華經觀世音菩薩普門品》以及《釋氏源流》、《佛說阿彌陀經》、《禮三十五佛懺悔法門》、《金剛經》、《大乘妙法蓮華經》、《佛說四十二章經》、《金光明經》等。特別值得一提的是《金剛經》卷首的一幅木刻畫長卷一《鬼子母揭鉢圖》，鬼子母原為散牛女，轉世與犍陀國半發迦藥叉結婚，生下五百鬼子，肆食王舍城中人以報宿怨，經佛勸化皈依，為佛教「二十天」護法神之一。雕刻得盡態極妍，把鬼子母和群魔們的緊張、悲傷、憤怒、鬥爭的情緒和佛的寧靜、安定、不動心的心境對照得那麼鮮明。這幅作品長達四尺，構圖精縝、場面宏大、內容豐富，為我國版畫史上的一幅巨作。

　　明宣德至明萬曆間，歷經正統、景泰、天順、成化、弘治、正德、嘉靖、隆慶八朝。其間佛教版畫刊梓，據說不下數十種。宣德年間刊刻的佛經《佛母大孔雀明王經》、《妙法蓮花經觀世音普門品》木刻畫的成

就頗高。正統年間，《北藏》刊刻完成，其卷首扉畫精緻，但有些呆滯之感。《釋氏源流》代表了這個時期的南方風格。天順年間的《閻羅王經》代表了比較生動的民間木刻畫。成化間所刻的《天神靈鬼像冊》，是宏偉大本的天堂諸神和地獄諸鬼的圖像，規模甚大，包羅甚廣，為明初木刻畫集裡的大手筆。弘治、正德都有非常精彩、細緻而不流於庸俗的木刻版面。像正德七年（1512）信女朱氏刻觀世音菩薩普門品就是木刻版畫中的上乘之作。

明代諸帝既信佛亦崇道，太祖朱元璋敕令造《南藏》，又注《道德經》，對佛、道兩教表現出不厚此薄彼的姿態。成祖朱棣對道教的闡揚，不遜於佛教。他在《御制靈寶天尊說洪恩靈濟真君妙經・序》中則言：「善信之士，果能洗滌懺悔，崇信三寶，盡忠盡孝，行仁行義，弘發誓願，受持諷誦，則身家吉慶，命運亨通，子孫蕃衍，消災度厄，增福延壽，遙及九祖，咸獲超躋[3]。」既然道教和佛教一樣，也可以歸結到忠、孝、仁、義上去，就不必分其彼此。在朝廷的提倡下，明代道教版畫的刊刻遠盛於宋、元，並且出現了不少相當優秀的作品。

洪武初年刊刻的《道學源流》，是現存最早的明刊道教版畫。此本圖為全幅大版，繪刻道家聖賢及靈龜異獸等圖像，畫面古樸渾厚，卻不失精工。

永樂初年，明成祖敕第四十三代天師張宇初主持刊刻《道藏》，英宗正統十年（1445）書成。因其刊成於正統間，故稱之為《正統道藏》。其卷首扉畫繪三清像，兩旁有祥雲繚繞，諸多道眾，繪刻精細。

《天妃經》的扉畫，是明刊道教版畫中氣勢最為恢宏，繪鎸也最稱上乘的佳作。永樂十八年（1420），鄭和刻印了道教的《天妃經》，天妃，即俗稱的媽祖。《天妃經》卷首有扉畫，畫面上洶湧波濤、帆檣林立，描寫了天妃拯救多難者的場景。它與鄭和下西洋的重大活動有關，

---

[3] 《御制靈寶天尊說洪恩靈濟真君妙經・序》，《正統道藏》中第 165 冊。洞玄部本文類。
摘自百家諸子中國哲學書電子化計劃 https://ctext.org/library.pl?if=gb&file=98938&page=6

是我國版畫史上的一幅不平凡的傑作（圖65）。

圖65　這是明代刊印的《天妃經》卷首的鄭和下西洋舟師插圖，
是最早的鄭和船隊的畫（約成於1420年）描摹復原圖。

永樂年間刊行的《新刊武當足本類編全相啟聖實錄》，上圖下文，書品宏闊，有版畫百餘幅，繪鐫極為精緻（圖66）。

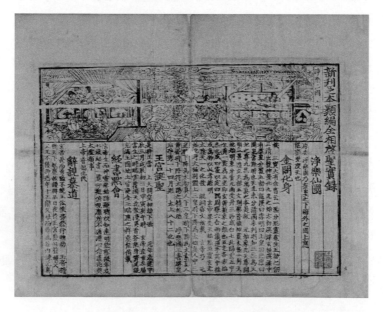

圖66　《新刊武當足本類編全相啟聖實錄》，明宣德七年（1432）刻本。

天順年間刊刻的《老子道德經》，繪圖質樸渾厚，但並不粗疏（圖
67）。

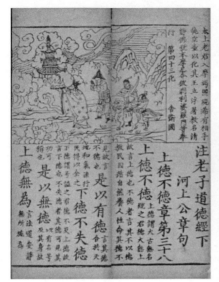

圖 67 《注老子道德經》（下）河上公章句。

宣德元年（1426），北京刻的《太上靈寶天尊說禳災度厄真經》、宣
德間藩府本《天皇至道太清玉冊》等，繪刻精工。《許旌陽事蹟圖》上圖
下文式，版面闊大，刀刻蒼勁古樸，是宣德版畫中別具一格的佳作。

嘉靖時期，道教版畫有一些著名的作品，如嘉靖十一年（1532），遼
寧廣寧、義州、錦城、瀋陽城、本溪湖等地道眾募資，在閭昌天妃宮據
宋本募刻《太上老君八十一化圖說》，有圖 81 幅，是北方道教版畫的大
製作（圖 68）；又如嘉靖中葉趙府味經堂所刻的《修真秘要》，是一部道
家練氣養生的書，上文下圖，有圖 46 幅，是藩府刻本中道教版畫的佳作
（圖 69）；特別是嘉靖十八年（1539），為祝賀明世宗寵信的道士邵元節
八十壽辰，司禮監經廠刻即了《賜號太和先生相贊》，有圖 26 幅，當是
明代開本最大的版畫畫冊（圖 70）。

圖 68　《金闕玄元太上老君八十一化圖說》，經折裝，清代刻本。

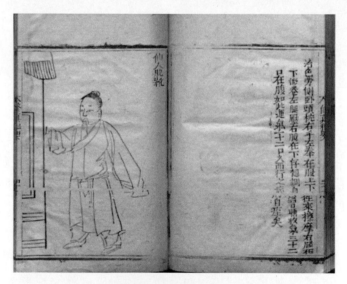

圖 69　嘉靖中葉趙府味經堂所刻的《修真秘要》，
　　　　是一部道家練氣養生的書。

圖 70 明司禮監刻本《賜號太和先生相贊》。

　　總體來看，明洪武至隆慶間刊刻的道教版畫，其數量遠不如佛教版畫，但在藝術成就方面，卻可與之媲美。明洪武至隆慶，應該說是宗教版畫蓬勃發展的時代。

（二）文學作品中的版畫

　　明代各地區各流派的版畫，都獲得了成就，結出了碩果，在藝術上也各自具有了自己的風貌。

　　明代版畫在反映歷史和現實生活方面，不但豐富，而且生動。不少作品歌頌了歷史上的英雄豪傑，也暴露並譴責了一批奸臣暴吏以至潑婦淫夫，寫出了青年男女因受封建禮教的束縛與迫害造成了終生悲苦與怨恨，但也寫出了許多青年男女因為敢於起來反抗或經過多少折磨而得到婚姻的圓滿。

　　洪武年間刊刻的《全相二十四孝詩選》是福建版的坊本，其插圖精美秀麗，已開易小卷而成大幅之端，曾被誤認為是元版。

　　宣德十年（1435）金陵積德堂刊印了《新編金童玉女嬌紅記》。此本有文字 86 面，配單面方式圖 86 幅，每面配一圖，為左圖右文。圖版宏富，構圖繁複，人物造型古拙，是現今所見明代最早的戲曲版畫（圖 71）。

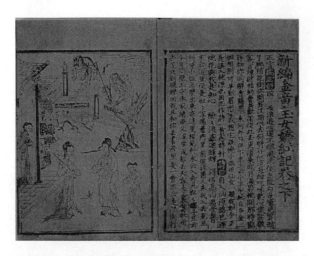

圖 71 《新編金童玉女嬌紅記》二卷，明代劉東生撰，
宣德十年（1435）。

　　1967 年，在上海嘉定縣一座明代古墓中，出土了一批明成化年間北
京永順書堂刊刻的說唱詞話。此次發現的詞話有：《新編全相說唱足本花
關索出身傳》（四種）、《新刊說唱全相石郎駙馬傳》、《新刊全相唐薛仁貴
跨海征東故事》、《新編說唱包龍圖斷歪烏盆傳》、《新刊全相說唱足本仁
宗認母傳》、《新刊全相說唱張文貴傳》、《新刊說唱包龍圖斷曹國男公案
傳》、《新刊全相說唱包龍圖陳州糶米記》、《新編說唱包龍圖斷白虎精
傳》、《全相說唱師官受妻劉都賽上元十五夜看燈傳》、《新刊全相說唱包
待制出身傳》、《新刊全相說唱開宗明義富貴孝義傳》、《新刊全相鶯哥孝
義傳》附南戲《新編劉知遠還鄉白兔記》。其中以刊行於成化七年
（1471）的《石郎駙馬傳》（圖 72）和《薛仁貴跨海征東故事》（圖 73）
為最早。這批成化說唱詞話的發現，在中國古典小說、戲曲、古版畫史
上，具有極為重大的意義。此次發現的這批成化說唱詞話配有大量的木
刻版畫，就其雕刻的藝術手法而言，不僅有粗獷豪放的，也有細緻精縝
的作品。其次，版式風格多樣化，不僅有上圖下文的版式，也有不少單
面整版形式的木刻版畫。這批說唱詞話本的發現，對中國古代版畫史、
明初雕版印刷史的研究，具有重要的價值。成化間刊《文潞公詩集》冠
文彥博像，為考察古代名人圖像提供了寶貴的資料。

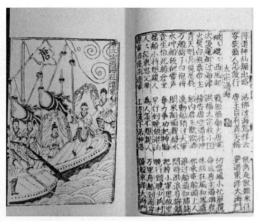

圖 72 刊行於成化七年（1471）的《石郎駙馬傳》，
本書係 73 年上博影印本。

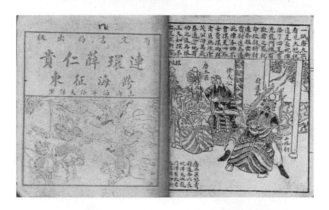

圖 73 有文書局出版《連環薛仁貴跨海征東》。

　　明弘治十一年（1498）京師書肆金台岳家刻本《新刊大字魁本全相
參增奇妙注釋西廂記》，是目前所知最早的插圖本《西廂記》（圖 74）。每
卷前冠單面整版圖一幅，書內插圖皆為上圖下文式。刻工精美，版式大
方。圖片畫風粗獷，人物造像比較豐滿，有唐石刻遺風，畫面中花草樹
木、鳥獸、庭院假山隨意點綴，無不恰到好處。圖畫線條流暢，有粗細
變化，生動傳神，實在是書中珍品。從其古樸粗獷的風格看，與閩派建
安風格相類似，而與徽派版畫細膩、繁縟的風格形成鮮明對照。全書有
150 幅圖，把一個纏綿悱惻的愛情故事，淋漓盡致地繪寫於畫面上。

圖 74　明代弘治年間金台岳氏刻本《新刊大字魁本全相參增奇妙注釋西廂
記》，是現存歷史最為悠久也是最完整的《西廂記》插圖本。

　　正德六年（1511）閩建書林楊氏清江堂刊刻的筆記小說《新刻補相
剪燈新話大全》為上圖下文式，是目前所知較早的明代書坊刻有版畫的
小說（圖 75）。

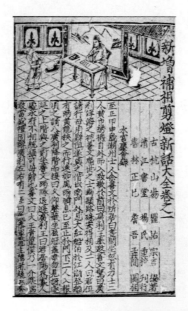

圖 75　元末明初小說，《新增補相剪燈新話大全》。

　　嘉靖八年刊刻的《蓮谷八詠》，是一部唱和詩集，雙面連式圖八幅，春、夏、秋、冬各兩幅。嘉靖二十一年（1542），建安書林熊氏刊《新刊大字分類校正日記大全》，講歷朝可資借鑑的故事；嘉靖年間書林西清堂詹氏刊《新刊諸家選輯五寶訓解啟蒙故事》，演歷代故事典故，兩書皆為上圖下文式。嘉靖三十一年（1552），閩建書林清白堂楊湧泉刊《新刊大字演義中興英烈傳》，八卷七十四則，演岳飛抗金故事，岳傳圖為全幅大版，首冠岳王像，單面方式。

　　另有雙面連式圖十四幅，每幅畫作都是場面宏大，人物眾多，是建安版畫中描繪戰爭題材最成功的作品之一，也是較早的在小說中使用雙面連式版畫插圖的作品，在眾多的建安版畫中，佔有重要地位。嘉靖年間，建安所刊戲曲版畫，有嘉靖三十二年（1553）書林詹氏進賢堂所刊《新刊耀日冠場擢奇風月錦囊正雜兩科全集》以及嘉靖四十五年（1566）建陽書林余氏新安堂刻本《重刊五色潮泉插科增入詩詞北曲勾欄荔鏡記》。二書都是上圖下文式，是建安派早期戲曲版畫的作品（圖76）。

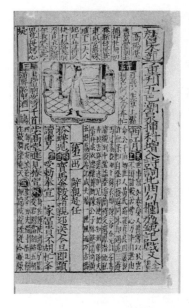
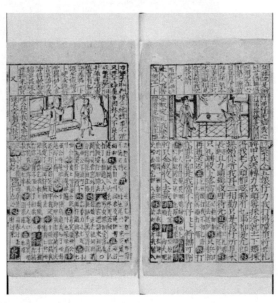

圖76 《重刊五色潮泉插科增入詩詞北曲勾欄荔鏡記戲文》，
明嘉靖四十五年新安余氏刊本。

　　嘉靖間所刊《雪舟詩集》中也有版畫插圖，作者巧妙地運用了黑白對比的創作方法，為突出雪天空中灰濛濛的自然景色，以大幅面的印版，刷印墨色，達到了在版式上本來不易表現出的雪景效果，增強了作品的藝術感染力。這幅版畫插圖，運用了中國畫中的大寫意手法，別具新意。

　　明代白話長篇神魔小說。書林昌遠堂李氏刻梓的《五顯靈官大帝華光天王傳》，為上圖下文式，書中版畫是當時享有盛譽的雕版藝術家劉次泉刊刻的（圖 77）。本書一名《華光天王南游志傳》，又名《華光天王傳》、《南遊記》、《南遊志傳》、《南遊華光傳》。四卷十八回。題「三台館山人仰止余象斗編，書林昌遠堂仕弘李氏梓」。余象斗，又名世騰、象鳥、字仰止、文台、子高、元素，號仰止子、三台山人、三台館主人，福建建陽人。成書於明萬曆年間。

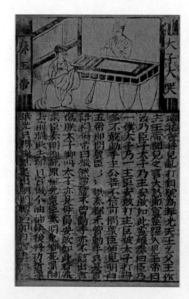

圖 77　明萬曆二十八年文雅堂刊本《五顯靈官大帝華光天王傳》。

　　現存主要版本有明昌遠堂李仕弘刊本，藏英國倫敦博物館；清嘉慶十六年（1811）《四遊記》合刊本，藏國家圖書館；清道光十年（1830）《四遊記》合刊本，藏國家圖書館；清小蓬萊仙館《四遊記》合刊本。1985 年臺灣天一出版社「明清善本小說叢刊」、上海古籍出版社「古本小

說集成」影印昌遠堂李仕弘刊本，1986 年上海古籍出版社《四遊記》排印坊刊本。此外隆慶年間，較著名的還有蘇州刊本《西廂記雜錄》，冠「鶯鶯像」二幅，「會真圖」一幅，可稱蘇州戲曲版畫的開山之作。

《牡丹亭還魂記》，明湯顯祖撰。萬曆四十五年（1617）刊本。此書分上下兩卷，凡五十五齣，演杜麗娘與秀才柳夢梅之間的故事，故事奇幻惋惻。膾炙人口（圖 78）。全書附插圖四十幅，意境佈局高雅，線條細挺勻稱，為版畫中精品，繪刻工匠黃一鳳、黃吉甫、黃端甫等人，都是歙縣一代名手。

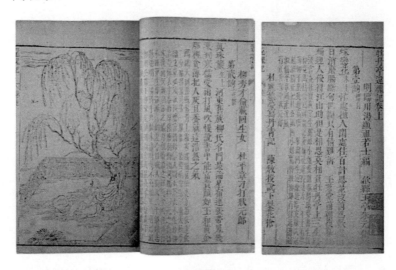

圖 78 《牡丹亭還魂記》，（明）湯顯祖撰，萬曆四十五年（1617）刊本。

《雪齋竹譜》，明程大憲撰。萬曆四十六年（1618）刊本（圖 79）。此書也分上下兩卷，為程氏寫畫竹之法，書中繪刻各式竹態及楷則七十二幅。所繪竹子，勁節挺然，疏密濃淡，均有法度。雖然不著鐫刻人姓名，但書前扉葉左上方署休寧程氏著，亦可推知出自徽州地區良工之手，蓋安徽徽州以版畫稱盛，而刻工則多集中在歙縣、休寧兩地。

《程式墨苑》，明程大約撰。萬曆間（1573-1619）程氏滋蘭堂刊本。全書十二卷，為程氏治墨之圖譜。（圖 80）其譜分玄工、輿圖、人宦、物華、儒藏、緇黃等六類，每類各分上下卷。附圖多請名家丁雲

鵬、吳左千等人手繪,刻工亦出歙縣名手,黃鏻便是一例。此書特別值得一題的是書末有義大利傳教士利瑪竇攜來四幅天主教題材銅版畫依樣鏤刻的墨樣圖。圖據《聖經》內容作畫,程大約命刻工依樣鏤刻,令人驚喜的是,此四幅圖雖以木板雕鏤,然其精細程度絲毫不輸西洋銅版畫,其中陰陽對比、凹凸立體的藝術技巧,在刻工精湛的雕鏤技藝下,仍有最佳的詮釋,足見當時西洋教士所帶來的西歐畫法,開始受到重視與吸收。後另附「墨苑姓氏爵裡」、「墨苑人文」。

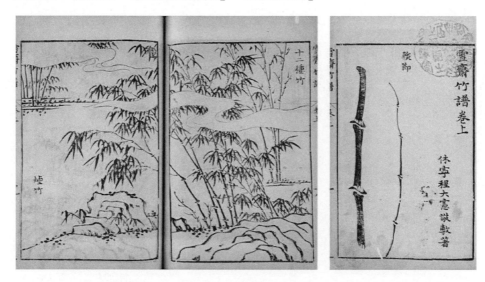

圖 79 《雪齋竹譜》,(明)程大憲撰,萬曆四十六年(1618)刊本。

圖 80 《程氏墨苑》書中繪製各式墨樣圖譜多達五百餘種。

　　《黃氏八種畫譜》，明黃鳳池編。明萬曆至天啟間（1573-1627）清
繪齋集雅齋合刊本。本書為明代萬曆年間杭州集雅齋主人黃鳳池編輯的
畫譜，結合各種詩詞、草木、花鳥等名家之作，乃為迎合文人誦詩習畫
之風雅餘興而成（圖 81）。是書集合黃氏所編八種畫譜，包含《五言唐詩
畫譜》、《六言唐詩畫譜》、《七言唐詩畫譜》、《六如畫譜》、《扇譜》、《草
本花詩譜》、《木本花鳥譜》、《梅竹蘭菊譜》，其自萬曆年間便陸續出版，
以迄天啟年間始完成八種，並合為一部刊行。書中以圖配詩，插圖為邀
請杭州著名畫家蔡沖寰繪寫，又聘杭州刻工劉次泉為之鏤刻，寫刻工皆
一時之選。由於書坊主人、寫、刻工，原皆徽州人，後移居至杭州，故
本書雖在杭州出版，卻處處流露出徽州版畫的細緻風格，而透過古籍版
畫風格的轉變，正可看出刻書事業的移轉與人才流動的痕跡。每冊書名
葉題該冊書名，並鐫「集雅齋藏板」或「清繪齋」字樣。唯第二冊書名
葉題「孫雪居百花譜」，似與該冊六言唐詩畫譜之內容不合。此編包含八
種畫譜，各畫譜自為一卷，亦自為一冊，並各有一序以為起首。

圖81 《黃氏八種畫譜》，為明代萬曆年間杭州集雅齋主人黃鳳池編輯的畫譜。

　　《青樓韻語廣集》，明方悟編，崇禎四年（1631）刊本，此書八卷，選輯元明兩代詞人所作有關青樓之南北散套及小令，依類編輯，先套後令，每類首數不等（圖82）。每卷附雙幅插圖一幀，為武林張幾繪圖，歙縣黃君倩鐫雕，圖中佈局及格調都很高雅，刻鏤技術老練，對刀法的剛柔輕重都能把握，書中凡例中自稱：「圖畫俱係明筆，倣古細摩辭意，數日始成一幅。後覓良工，精密雕鏤，神情綿邈，景物燦彰[4]。」實在不是誇張的話。

圖82 《青樓韻語廣集》，（明）方悟編，崇禎四年（1631）刊本。

4　（明）方悟編，《青樓韻語廣集・凡例》，明崇禎四年（1631）刊本。

　　《琵琶記》，題元高東嘉填詞。明末烏程閔氏刊朱墨套印本。全書四卷，為南曲名著，演蔡伯喈、趙五娘故事（圖 83）。卷前有插圖二十幅，署「吳門王文真」繪，刻雕人氏不詳。明代套色印刷，以烏程閔氏最享盛名，閔氏所刻套印本中，有《西廂記》一書，書中插圖亦出王文真之手，而題新安黃一彬鏤鐫。此本插圖，恐亦黃氏所雕，雕繪俱佳，印以白棉紙，特別顯目，是極難得的精品。

圖 83　《琵琶記》，題元高東嘉填詞，明末烏程閔氏刊朱墨套印本。

　　《十竹齋畫譜》，明胡正言繪編，崇禎四年（1631）金陵十竹齋彩色套印本。由十竹齋主人胡正言（1582-1671）編輯出版，此乃是後來受其影響最深的清李漁芥子園覆刊梓行之印本。胡正言（1582-1671）字曰從，山東海陽人。仕明，官武英殿中書舍人，以摹印名一時，以「十竹齋」名其居，而自號曰「十竹主人」。

　　是書為兼具文人素養與書坊主人雙重身份的胡正言，利用多色套版覆於一紙，以依次版印以呈現繪畫的彩筆及暈染效果，由於套版技法彷若餖飣，故時人稱之「餖版」。書中按類分成竹、梅、石、蘭、果、翎毛、墨華、書畫八種畫譜，由胡正言廣邀當時的著名畫家，包括吳彬、吳士冠、魏之克、文震亨等人繪圖，做為文人習畫之臨摹範本，或者文人雅興閒餘之賞玩書籍。

　　全譜共一百八十五幅圖，其中彩色套印者，有一百十幅。十竹齋畫譜與一般版畫不同，其刻工極精，設色極雅，尤其妙在逼真。每幅畫中

深淺濃淡、陰陽向背,全與真畫無異。本書在經過芥子園覆印之後,色彩淡雅,彷若手繪,濃淡錯落有致,其結合繪、刻、印三絕,成為在印刷史、藝術及文化史上的精彩成就。亦接收陳群藏書(圖84)。其友人楊文聰於翎毛譜前小序說:「胡曰從(正言字)氏巧心妙手,超越前代,以鐵筆作穎生,以梨棗代絹素,而其中皴染之法,及著色之輕重淺深,遠近離合,無不呈妍曲致,窮巧極工,即當行體作手視之,定以為寫生妙品,不敢作刻畫觀[5]。」所言不假,並不是隨便稱贊的言辭。

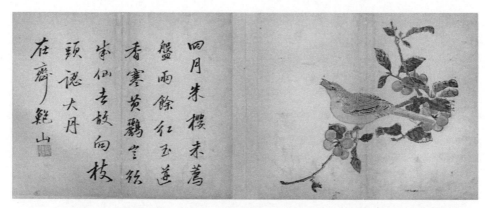

圖84 《十竹齋書畫譜》結合繪、刻、印三絕,為晚明金陵地區最具代表性的彩色套印版畫圖譜。

5　明胡正言繪編,《十竹齋書畫譜》〈十竹齋翎毛譜・序〉,清康熙間(1662-1722)芥子園覆明天啟至崇禎間刊彩色印本。

　　《吳騷集》為散曲選本，初集為明代文學家王穉登編，明末武林張
琦校刊本。全書四卷，所錄皆明人所作小令。書中附雙頁插圖凡二十九
幅，氣韻生動，線條細緻勻稱。繪者為黃端甫，刻工為黃應光，兩位均
為徽州歙縣虯村黃氏家族之名手（圖 85）。《吳騷二集》，明張琦、王輝同
編。為明末刊本。全書亦分四卷，乃續《吳騷集》而編，書中附雙頁插
圖二十幅，雖末署繪刻者姓氏，就其形式，或亦為黃端甫、黃應光作
品。

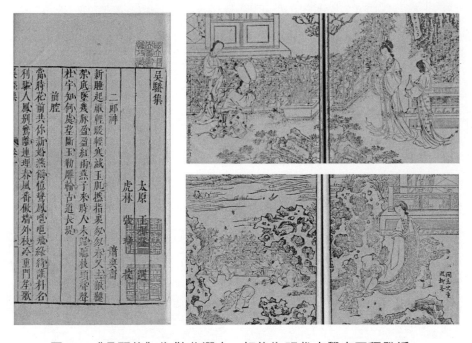

圖 85　《吳騷集》為散曲選本，初集為明代文學家王穉登編，
　　　　明末武林張琦校刊本。

　　《四聲猿》，明徐渭撰，澂道人評。明末刊本。全書雜劇四折，四折各附雙頁插圖一幅，題水月居繪，不署刻人。水月居何人，今已不可考知。所繪各圖形像優美，木刻也非常精緻（圖86）。

圖86　《四聲猿》，明末書坊大城齋刊本。

　　《李卓吾先生批評浣沙記》，明梁辰魚撰，明末蘇州坊刊五種傳奇之一。全書二卷，每卷前各載卷目及雙頁插圖七幅。插幅不署繪刻姓氏，構圖及版刻雖稱不精絕，但山水人物造型別為一格，頗具韻味（圖87）。

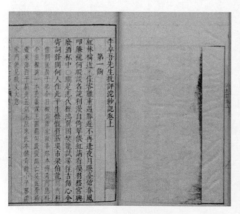

圖87　《李卓吾先生批評浣沙記》，（明）梁辰魚撰，
明末蘇州坊刊五種傳奇之一。

　　《新刻魏仲雪先生批點西廂記》，元王實甫撰、關漢卿續。明末存誠堂刊本。此書為南曲之祖，凡二十齣，釐為二卷，演唐元稹會真記張生語鶯鶯故事（圖 88）。卷前附插圖十幅，每幅兩葉，繪圖者為陳一元等人，鐫刻者為明末新安名雕工劉素明，繪刻並稱精絕。

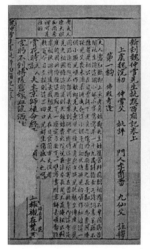

圖 88　《新刻魏仲雪先生批點西廂記》，明末存誠堂刊本。

（三）其他古籍中的版畫

　　洪武初年閩建書林刻《全相二十四孝詩選》，為上圖下文式，每詩一圖，詩 24 首，配圖 24 幅，繪鐫皆粗疏草率；洪武初年所刊《考古圖》，繪鐫古器物圖形，皆精細入微，是明初北方版畫精品；《詩傳大全》（《詩經大全》）由明內閣首輔胡廣等奉敕編輯。全書共二十卷，前有綱領、圖、詩序辨說各一卷，其內容主要取材於元劉瑾《詩傳通釋》，頒行後成為明代科舉取士用書之一。此書以趙孟頫體寫刻，其中版畫插圖非常精美。此為明永樂十三年內府刊本（圖 89）。是明早期所刊儒家經典插圖中的代表作。

圖 89　《詩傳大全》二十卷，（明）胡廣等奉敕輯，
明永樂十三年內府刊本。

　　正統九年（1444）刊刻的《聖蹟圖》，有版畫四十多幅，圖為單面方式，描繪孔子一生行蹟，是一部版畫作品集。繪者以黑白對比的創作手法，大膽創新。刻工的刀法簡潔有力，線條剛勁。這部《聖蹟圖》被稱為在中國版畫史上是一部珍奇的大作品，也是現今所能看到最早的一部《聖蹟圖》。

　　景泰七年（1456）經廠刊本《飲膳正要》，係據元刻本重刊，有圖數十幅，刀法與元刻本相比略顯呆滯，但卻是當時北方官刻版畫中的重要作品（圖 90）。景泰間刊行的《廣信先賢事實錄》，一傳一圖，圖像造型稚拙，繪鐫也較粗劣，但也有一定價值。天順間刊《秘傳外科方》，附有醫學版刻畫，繪鐫草草。

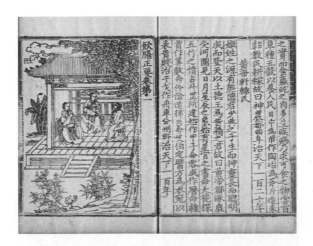

圖 90　《飲膳正要》，（元）忽思慧撰，明景泰七年內府刻本。

　　天順五年（1461）西歙鮑寧耕讀書堂重梓鮑雲龍《天原發微》，增入伏羲八卦及日月星辰圖（圖 91）。天順六年（1462）歙西槐瀕程孟刊《黃山圖經》，有 36 峰圖 4 面，曾全寧繪，線刻精審。

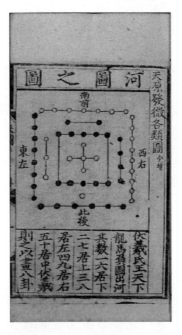

圖 91　《天原發微》，明天順辛巳（五年，1461），
歙西鮑氏耕讀書堂刊本。

弘治十一年（1498）刊《歷代古人像贊》，是現存最早的人物圖像畫集，輯刻人物自上古的伏羲氏至北宋黃庭堅，圖為單面方式。這部《歷代古人像贊》是今人考察歷史人像資料的重要工具書。弘治刊本《闕里志》述孔子行蹟，圖據宋刊本摹刻，古樸蒼勁，不遜原刊，亦為人物版畫中的上品（圖 92）。

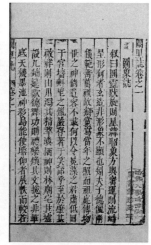

圖 92 《闕里志》，清雍乾間刊本。

弘治年間吳人莫旦刊刻《吳江志》和《石湖志》，都繪刻大量山水、人物版畫，是志書版畫興起和發展的先導。

正德年間重梓的《武經總要》是古代軍事書的集大成者，插圖宏富，前圖後文，詳細解說城垣、舟車、兵器的製作和使用方法，是具有很強實用性的軍事書籍。正德年間吳郡沈津刊刻《欣賞編》，有大量的版刻插圖，是考察中國古代日用雜品、文房書具及遊藝活動的集大成之作。此外，正德八年（1513）安徽刊本《太古遺音》（圖 93）、正德十年（1515）山西平陽刊醫書《銅人針灸圖》、《西子明堂灸經》以及正德十五年（1520）浙江刊《大成釋奠禮雅樂圖譜全集》都有版畫。正德、嘉靖間刊《太音大全集》是一部古琴譜，其圖置正文上方。一版分左右二圖，右圖為比喻，左圖為指法，左右呼應，學者易懂。

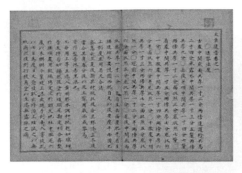

圖 93 《太古遺音》,明精鈔彩繪本,文字精鈔,圖以彩繪,世間罕見。

弘治年間刊《新安黃氏會通譜》,首卷冠宗祠圖及黃氏列祖像近 80 幅,線刻極勁;弘治十二年（1499）刊《休寧流塘詹氏宗譜》,前亦冠祖像,是早期人物版畫集。

嘉靖元年（1522）劉輝刻《詩經大全》,嘉靖二年（1523）劉氏安正堂刊《詩經疏義會通》,七年（1528）楊氏清江書堂刊《書經大全》,都附刻插圖。嘉靖九年（1530）經廠刊《大明集禮》版畫豐富,是考察明代儀禮典章制度最重要的圖像資料集。同年,山東布政使刊印的《農書》,配圖 200 多幅,繪鎸渾厚簡淨,不事雕琢（圖 94）。嘉靖十四年（1535）刊刻的《醴泉縣志》中「昭陵六駿圖」版畫最有名。嘉靖十六年（1537）刊《太嶽志略》,卷三為宮觀圖,所附版面甚多。嘉靖二十三年（1544）刊刻的《便民圖纂》,是一部講農事蠶織的書籍,其中「農家樂」諸圖繪老幼婦孺鼓腹謳歌,描繪了豐收之後的喜慶場面。嘉靖四十一年（1562）刊《籌海圖編》,線刻秀勁（圖 95）。嘉靖四十五年（1566）年朱天球刊《日記故事》上圖下文式,與建安派版畫相類。嘉靖間刊《朱仙鎮岳廟集》講述岳飛抗金之事,前冠單幅「岳王像」,另有「朱仙鎮父老迎犒圖」為合頁連式。繪鎸粗簡,但畫面人物眾多,氣勢宏大。

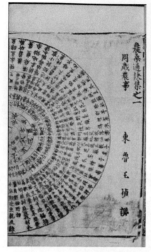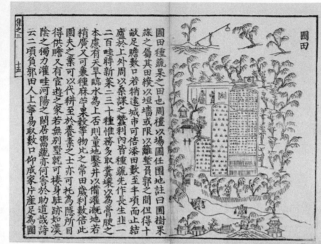

圖94 《農書》，明嘉靖九年（1530）山東布政司刊本，
引經據典完備，文筆優雅，繪畫亦皆工整細緻。

圖95 《籌海圖編》，明天啟甲子（四年，1624），新安胡氏重刊本。

二、萬曆至崇禎時期

　　說到明代萬曆時期的中國版畫，可以說是登峰造極，光芒萬丈。而這個時期引導中國版畫潮流的是徽州的木刻家。當時許多徽派的木刻家受邀而流寓金陵、杭州、蘇州等地進行雕印活動，使徽派版面的藝術風格對各地版畫產生了很大的影響。正如明人胡應麟在《少室山房筆叢》中評述當時的刻書情況說：「余所見當今刻本，蘇、常為上，金陵次之，杭又次之。近湖刻、歙刻驟精，遂與蘇常爭價[6]。」明代文學家謝肇淛也說：「今杭刻不足稱矣。金陵、吳興、新安三地，剞劂之精，不下宋版。楚蜀之刻皆尋常耳[7]。」這兩條史料都肯定了自萬曆以後，徽州的雕印技藝有了長足的發展。從大量明代晚期的版畫作中，我們可以看到徽派版畫的輝煌成就。

（一）徽派版畫

　　徽派版畫發源於皖南的徽州（又稱歙州，或稱新安府）。由於徽州地區山多田少，農業生產不能自給自足，出現了很多以技藝謀生者，因此歷史上出現了徽人精於造紙、製墨和雕版印刷的形象。

　　萬曆年間，中國版畫發展達到了一個高峰。這個時期徽州的木刻家起了非常重要的作用，譜寫了中國古版畫史上最為光輝燦爛的一頁。特別值得一說的是歙縣虯村黃氏一族的刻工，他們奔走於大江南北，以其精湛的雕刻技藝，創作出了很多既高雅又通俗的好作品，使徽派版畫的藝術風格對各地版畫產生了很大的影響。黃氏一族所刻書籍 200 餘種，刻工約 300 人。在明代以鐫刻版畫聞名的有數十人，如黃鋌、黃鋑、黃鎬、黃鏻、黃德時、黃德寵、黃德懋、黃應組、黃應淳、黃應秋、黃應

6　（明）胡應麟撰，《少室山房筆叢》卷四，《欽定四庫全書》本。百家諸子中國哲學書電子化計劃 https://ctext.org/library.pl?if=gb&file=60990&page=19

7　（明）謝肇淛撰，《五雜組》卷十三〈事部一〉百家諸子中國哲學書電子化計劃 https://ctext.org/wiki.pl?if=gb&res=65316

瑞、黃應泰、黃應祥、黃守言、黃應光、黃一楷、黃一彬、黃一鳳、黃一木、黃一中、黃建中等，都是出類拔萃的鐫圖能手。

　　萬曆十年（1582），黃鋌刻《新編目連救母勸善戲文》，是現今所能見到的萬曆間黃氏刻工所鐫版畫的較早作品，也是徽州戲曲版畫的開山之作，它的梓行還是有重要意義的（圖96）。但就其插圖中的人物、景物來看，仍是粗獷的。當是徽州版畫未轉向文雅富麗風格之前的作品。

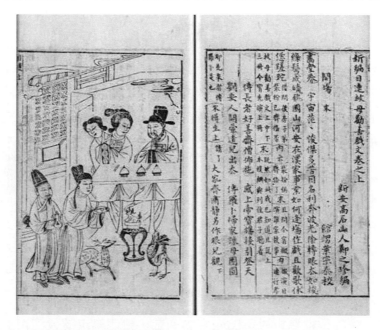

圖96 《新編目連救母勸善戲文》，明萬曆壬午（十年，1582），
新安鄭氏高石山房刊本。

　　萬曆十六年（1588），黃德時、黃德懋刻《泊如齋重修考古圖》，由丁雲鵬、吳左千、汪耕繪。此書圖版筆墨細秀清勁，鐫刻精整細密，爲現存年代最早且成系統的古器物圖錄（圖97）。

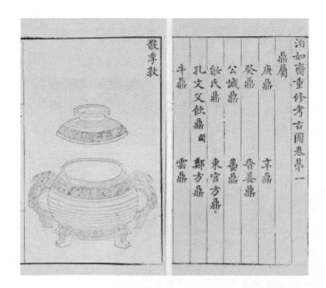

圖 97 黃德時、黃德懋刻《泊如齋重修考古圖》，明萬曆間泊如齋刊本。

萬曆十七年（1589），黃德時、黃德懋刻《方氏墨譜》。是明刊墨譜中圖版豐富，成就很高的版畫名作之一（圖 98）。《方氏墨譜》分國寶、國華、博古、博物、法寶、鴻寶六卷，由丁雲鵬、吳左千、俞仲康繪。

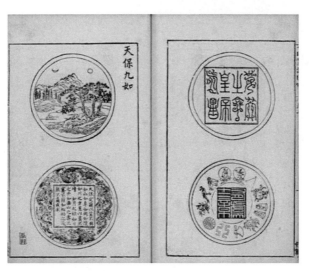

圖 98 《方氏墨譜》，明萬曆間（1573-1620）刊本。

萬曆二十二年（1594），黃鏻為汪雲鵬玩虎軒雕刻的《養正圖解》，是一部教導皇太子為君之道的書籍（圖 99）。由丁雲鵬繪，圖繪古色古香，鏻刻精整典雅，當時即受到人們的推崇。此時黃鏻的雕刻已改早年粗獷豪放的風格，顯出了徽派細膩精緻的特點。雕者不僅將表現几案器皿的細線刻得精工，還能將表現人物衣著的線條刻得富有動感。

圖 99 明、清兩朝太子親用的圖書教材《養正圖解》，
其中的插圖畫稿也都出自丁雲鵬之手。

萬曆二十八年（1600），黃一木為玩虎軒刻的《有像列仙全傳》插圖，不僅將描寫人物的線條雕刻得曲直適當，圖形之間，還可見到人物的表情（圖 100）。由此可見，黃氏刻工的雕刻技巧，已達到了爐火純青的地步。

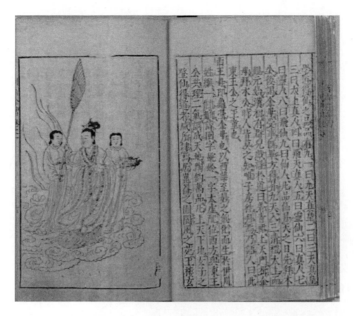

圖 100 　《有像列仙全傳》九卷，（明）王世貞輯次，
　　　　　明萬曆時期汪雲鵬校刊本。

　　《女範編》由明代黃尚文輯。全書共四卷，選自周武王之母太姒至明代鄒元標之妻共一百二十位典型女性人物的閨範女道事蹟（圖 101）。內容又分為：聖后、母儀、孝女、賢女、辯女、文女、貞女等類，其中版畫出自徽派刻工黃應瑞、黃應泰之手。此美國國會圖書館藏明萬曆時期吳從善督刊本，存前三卷。萬曆時期《女範編》，又名《古今女範》，由程起龍繪。線刻如春蠶吐絲，精細柔潤，繪鐫皆屬上乘。為明一代教化木刻版畫代表作之一，宣揚閨範、女道，核心內涵是三從四德，為上層社會女子接受教育的規範教材。

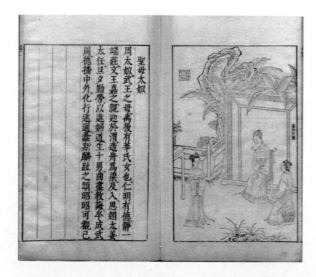

圖 101 《女範編》由明代黃尚文輯,明萬曆時期吳從善督刊本。

萬曆三十五年(1607),黃德寵刊刻了《圖繪宗彝》中的「射獵形」圖(圖 102),畫面上的奔馬,四蹄騰空、身軀伸張、鬃毛聳立、馬尾揚起,生龍活虎。騎在馬背上的獵手,張弓箭發,射中竄逃的一隻野獸。畫面右上角還有兩隻受驚的小鳥在鳴叫。整個畫面充滿豪邁的遊獵氣氛。這幅不足盈尺的插圖,充分顯示出繪刻者非凡的藝術才能。

圖 102 明萬曆《圖繪宗彝》射獵形。

　　萬曆三十七年（1609），由汪耕繪圖、黃應組雕刻的《坐隱先生精訂捷徑弈譜》，畫面中滿園的假山、石坡，只是以線勾畫輪廓，而石質的陰陽向背，畫家則使用了中國畫法中的「皴點」來表現。另有錢貢畫、黃應組刻的《環翠堂園景圖》長達 14 米多，堪稱宏篇巨制。《環翠堂園景圖》也使用了「皴點」的表現手法。這種表現手法，給雕刻者帶來很大的難度。從畫面看，由於刻者準確地在版面上再現了畫稿上的每個「皴點」的具體形態，使得畫面疏密適當、氣韻生動。

　　萬曆三十八年（1610）黃一楷刻《王李合評北西廂記》，其中「齋壇鬧會」一圖，細膩地刻畫了室內和室外的景物。為了突出鬧會熱烈而又堂皇的場面，作者把回眸的長老、誦經的僧人、擊鼓的老僧以及供香的夫人，都刻畫得各具神態、極為生動。加之佛座、地磚、案幃以及佛背光上都有繁複的紋飾，更加增添了鬧會的氣氛。萬曆四十年前後黃應光刻《徐文長先生批評北西廂記》的插圖，所用的寫景手法是粗筆寫意，可謂是兼工帶寫的典型之作。在描寫「傷離」的場面時，作者以瀟灑的筆墨勾畫遠山和近山，且有古松聳立、大雁行空，此當晚秋時分，頗有些荒涼之感。把鶯鶯與張生的離別，安排在這樣一個曠寂野外的環境裡，更加突出了主人公彼此盼顧、含情脈脈、纏綿繾綣、難以分離的情態。

　　萬曆四十年（1612）前後，黃應淳、黃應瑞、黃一楷、黃應祥、黃應渭等人為新安泊如齋刊《閨範圖說》（圖 103）。此書彙錄女性「表率」、「楷模」的故事數百件，皆附以圖。《閨範圖說》一書的鐫圖者幾乎都是黃氏一族的成員，因此《閨範圖說》又可稱黃氏聖手名工的聯手佳作。

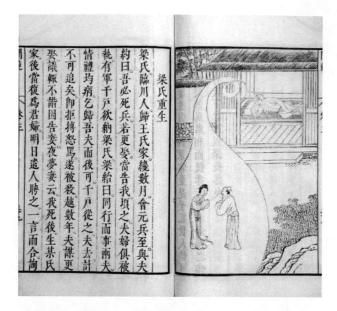

圖 103　明萬曆刻本閨範，原本傳世極罕，內有插圖百五十二幅，
　　　　是明代徽派版畫的代表作。

　　《青樓韻語》原名《嫖經》，或稱《明代嫖經》。朱元亮輯注校證，
張夢征彙選摹繪，刊印於明代萬曆四十四年（西元 1616 年）。此書雖名
為《嫖經》，實際是歷代名媛的詩詞集（圖 104）。黃端甫（即一彬）、黃
桂芳所刻的《青樓韻語》中題有「曲室從傾倒，偏宜說麗情」詩句的插
圖，則是注重室外的景物描寫。凡景物都用細筆描繪，繁密工整。有些
插圖為了烘托主題，非常注重對景物的描繪，或工緻細膩，或簡筆寫
意。如果這些畫稿，亦同是刻者創作的話，即可說明黃氏一族中的一些
木刻家不僅有豐富的文學修養，也深諳中國繪畫的傳統技法。

圖 104 《青樓韻語》八卷，明崇禎四年（1631）刊本。

　　這部書不僅成為古代嫖界的指南，而且從很多方面反映出明代士人和妓女的心態。此書的一大特色是輯錄了大量古代妓女詩詞，輯選晉、南齊、梁、隋、唐、宋、元、明約一百八十名古代名妓的詩詞韻語共 500 餘首，讀之多有不凡之作。

　　在黃氏一族鐫刻的優美版畫中，我們至今尚能看到的作品還有：黃鏻刻《程氏墨苑》，黃應組刻《人鏡陽秋》，黃應瑞、黃應泰等刻《女範編》、《狀元圖考》，黃秀野、黃應孝刻《帝鑒圖說》，黃應光刻《樂府先春》、《昆侖奴》、《琵琶記》、《元曲選》，黃鎬刻《古列女傳》，黃應瑞刻《性命雙修萬神圭旨》、《大雅堂雜劇》、《四聲猿》，黃應紳刻《酣酣齋酒牌》，黃一鳳等刻《元人雜劇》、《還魂記》，黃建中等刻《金瓶梅》。都充分地顯示了黃氏一族在長期的雕鐫活動中的才華。

　　在浩浩蕩蕩的徽派版畫隊伍中，還有汪、劉、洪、鄭等姓以及後來被稱之為徽派版畫殿軍的鮑氏父子、湯氏昆仲，都曾雕鐫過一些重要的版畫作品。

（二）建陽版畫

福建地區的版畫藝術，歷史悠久。宋、元時期就鐫刻有《古列女傳》、《平話五種》等版畫名著，並以其質樸古拙的獨特風格延續發展著。萬曆以後，一方面繼承了傳統，另一方面有了明顯的革新。從內容看，前期多是經史之類，後期多是小說、故事、戲曲和百科大全之類。故有「建安派」之稱。

明後期，福建書肆之多，居全國之首。可考者近百家。論及版畫，以余氏、劉氏、熊氏數家所刊數量最多，其他如楊、鄭、葉、黃、陳、江、金諸姓坊肆，也有梓行。這些書肆都刊刻過許多具有各自特點的書籍插圖。

1. 余氏所刊版畫

余氏是建陽書林中最著名的刻書世家。萬曆時，開肆業書者不下二十餘家。不少坊肆都刊行過大量版畫，其中以雙峰堂所刻版畫品種最多，數雖最大。雙峰堂主人名余文台，字象斗，號三臺山人。余象斗為迎合市民階層和中、下層民眾的閱讀需要，刻印的書在品類上是十分繁雜的，諸多的通俗小說插圖本，則成為雙峰堂所刊版畫中最重要的組成部分。現今所見最早的插圖本小說為萬曆十六年（1588）刊《京本通俗演義按鑑全漢志傳》，上圖下文；萬曆二十年（1592）刊《新刻按鑑全像批評三國志傳》，版式為上評、中圖、下文，是現存較早的《三國演義》插圖本（圖 105、106）；二十二年（1594）刊《京本增補校正演義全像忠義水滸志傳評林》，亦為上評中圖下文形式，則是現知較早的《水滸》插圖本。余象斗曾自編自刻了大量公案、志怪小說等，如萬曆二十六年（1598）刊《新刊皇明諸司廉明奇判公案》（圖 107）、《新刻芸窗匯爽萬錦情林》，三十年（1602）刊《北方真武祖師玄天上帝出身志傳》。這些書籍都附有大量版刻插圖。余彰德、余泗泉父子經營的萃慶堂，也刻印了不少帶有版面插圖的書籍。如萬曆二十八年（1600）刊《大備對宗》，圖以單面形式冠於卷首，上為圖題，左右為聯語，繪刻皆精雅。萬曆三十一年刊《新鋟晉代許旌陽得道擒蛟鐵樹記》（圖 108）、《鎮五代呂純陽

得道飛劍記》、《鍥五代薩真人得道咒棗記》，圖皆為雙面連式。余氏坊肆中的余成章、克勤齋、余少江、余文龍、存慶堂等，也都刻過數雖不等附有版畫插圖的書籍。

圖 105　明萬曆三十八年書林楊閩齋刊本（簡稱「楊春元本」）。

圖 106　明萬曆三十三年鄭氏聯輝堂三垣館刊本（簡稱「聯輝堂本」）。

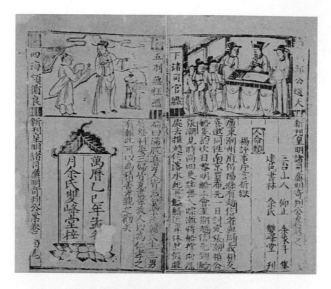

圖 107 歷史上建陽刻書最傑出是余氏家族。

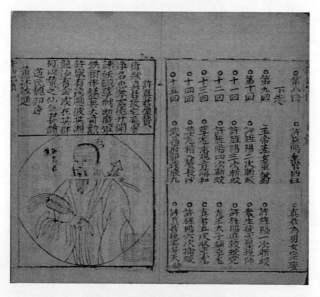

圖 108 明萬曆三十一年刊《新鍥晉代許旌陽得道擒蛟鐵樹記》。

2. 劉氏所刊版畫

喬山堂所刊版畫，在劉氏坊肆中名聲最著，品種數且也最多。劉龍田是喬山堂第二代主人，因其經營有方，使喬山堂成為建陽名肆（圖109）。劉龍田（1560-1625），名大易，字龍田。所刊版畫插圖本，以《新鐫考正繪像注釋古文大全》及《重刻元本題本全像西遊記》，也為上圖下文。

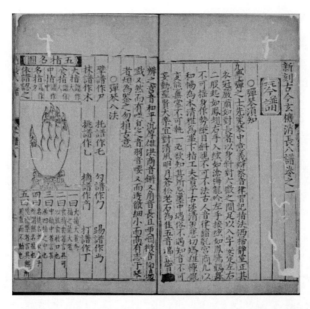

圖 109 《新刻古今玄機消長八譜》六卷，明代潭邑劉龍田刊本。

詹氏在建陽書林中頗負盛名，有名的刻書家及坊肆達十五、六家，所刻書以經史文集及居家實用書為多。附有版畫插圖的書籍有進賢書堂刊《新鐫京版考正繪像標題分類釋注書言故事》、萬曆三十八年（1610）詹張景刊《京板全像按鑒音釋兩漢開國中興志傳》、詹林我與陳含初存仁堂合刻《李九我先生批評破窯記》。

其他如金、黃、江、周諸姓坊肆，所刻書不多，但多有版畫插圖本行世。

（三）金陵版畫

明初至永樂十九年（1421），金陵一直是明朝的首都，也是當時的政治文化中心。金陵還是最重要的刻書中心之一。金陵有名可考的坊肆近百家。明萬曆以後，隨著雜劇、傳奇、小說的迅速發展，雕印版畫日漸興盛，留傳至今的大量書籍插圖和各類畫譜，說明當時版畫的用途很廣，雕印技巧也有了顯著的提高。

1. 唐氏版畫

在金陵書業中，以唐姓坊肆為最多，其中尤以富春堂所刊數量最多，歷史亦最為悠久。富春堂主人名唐富春，萬曆元年（1573）刊《新刻出像增補搜神記》，此書配有版畫多幅，較其晚出的戲曲、小說版畫更顯細緻，對研究富春堂早期小說版畫風格，提供了很珍貴的資科，是目前所見唐姓書坊最早的刊本（圖110）。

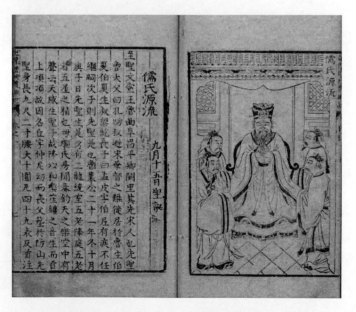

圖110 萬曆元年（1573）刊《新刻出像增補搜神記》，
是目前所見唐姓書坊最早的刊本。

在富春堂所刻圖書中，以傳奇劇本為最多，今天所能見到的尚有近五十種。在這些作品中有大量的插圖版畫，多是單面方式。「花欄」是指

圖書正文版框四周繪刻回文圖案，它是富春堂為提高圖書裝飾性的一大發明，增加了讀者視覺上的美感。富春堂所刊版畫，在藝術風格上可以用雄渾、厚重來概括。構圖以大型人物為主體，可佔到畫面的三分之二強。其造型、線條雖較粗獷，但都特別注重對人物臉部表情的刻畫。作者吸取了前人利用黑白對比的傳統經驗，在繪鐫髮髻、衣飾、冠戴、磚石、器物等喜用大塊陰刻墨底，與線描和畫面上的空白處相映成趣，使黑白對比的效果更為明顯，增添了畫面的沉穩莊重感。看上去雖很粗放，卻不失生動。在富春堂刊刻的版畫書籍中，偶然也有繪鐫皆精麗的插圖，如《鐫新編全像三桂聯芳記》，就是精雕細琢之作。在富春堂所刻的《新刻全像三寶太監西洋記通俗演義》，有圖一百幅，為雙面連式。其中「碧峰圖畫西洋國」一圖，就是一幅有氣魄、氣韻生動的上乘之作。該書是金陵派小說版畫中的代表作之一（圖111）。

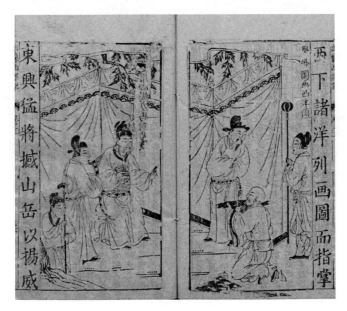

圖111　《新刻全像三寶太監西洋記通俗演義》，明萬曆
丁酉（二十五年，1597），三山道人刊本。

　　唐晟的世德堂多刊印戲曲類書籍，所刻戲曲可考者有《拜月亭記》、《賦歸記》、《雙鳳齊鳴記》、《驚鴻記》、《裴度還帶記》、《趙氏孤兒記》、

《節孝記》、《千金記》等，皆有版畫插圖。版式大致與富春堂刊本相同，唯圖上端兩側多鐫有雲紋圖飾，是其特點。其繪鐫風格與富春堂本極為相似，但似乎更加工細。另外，萬曆二十一年（1593）世德堂刊《唐書志傳通俗演義題評》、《北宋志傳通俗演義題評》、《南宋志傳通俗演義題評》則都是氣勢恢弘，刀刻渾厚的佳作（圖 112）。世德堂印書刊記多有不同，如「繡谷世德堂梓」、「金陵唐氏世德堂梓」、「建業大中世德堂主人校鍥」等。

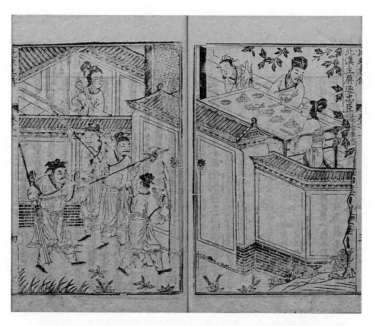

圖112　《南宋志傳》所敘乃五代後期及宋朝開國事，以宋太祖
　　　　趙匡胤故事為重點，與歷史上的「南宋」毫不相干。

　　唐錦池文林閣所刊以戲曲版畫為多，有《易鞋記》、《胭脂記》、《觀音魚籃記》、《四美記》、《包龍圖公案袁文正還魂記》等 16 部。

　　唐振吾廣慶堂刊有《竇禹鈞全德記》、《西湖記》、《東方朔偷桃記》、《八義雙杯記》等戲曲 8 種。廣慶堂所刊印的書籍插圖，人物精妙，而且有多種風格。《雙杯記》、《偷桃記》中的插圖，都是雙面連式，從畫面看，縮小了人物的尺寸，側重於景物的描寫。

2. 陳氏繼志齋版畫

　　陳大來的繼志齋，也稱秣陵陳大來繼志齋，刻有多種傳奇類書籍，如萬曆二十六年（1598）刊行的《重校北西廂記》，萬曆二十七年（1599）刊《重校玉簪記》、《重校旗亭記》，萬曆三十六年（1608）刊《重校琵琶記》、《重校錦箋記》、《重校量江記》，萬曆四十年（1612）刊《重校義俠記》，此外還有《重校呂真人黃粱夢境記》、《埋劍記》、《重校韓夫人題紅記》（圖113），以及《元明雜劇》、《新鐫古今大雅南宮詞紀》、《新鐫古今大雅北宮詞紀》等。其版畫插圖以雙面大版為主，間有單面方式，其版刻風格趨近徽派。有些作品如《北宮詞紀》僅附雙面連式圖一幅，繪刻精緻清麗，給人以細膩纏綿而又清純典雅的美感，是典型的徽派風範。另外，繼志齋所刻的大部分版畫，仍然保留了金陵派版畫疏朗、以人物活動為主體的風格。

圖113　《題紅記》，現有明刻繼志齋刊本，繼志齋是明代萬曆後期
　　　　南京地區較大的書坊，所刊行戲曲等通俗書刊最為有名。

3. 周氏所刊版畫

目前所知，金陵的周氏坊肆有十四家，版面繪鎸以周曰校萬卷樓和周如山大業堂名聲最顯，二家都喜刻小說。書籍中的版畫插圖，以雙面連式為主。萬卷樓於萬曆十九年（1591）刊《新刻校正古本大字音釋三國志通俗演義》，圖雙面連式，繪刻精審（圖 114）。萬曆二十五年（1597）萬卷樓重刊《國色天香》（圖 115）；萬曆三十四年（1606）刊《新刻全像海剛峰先生居官公案》，卷首冠單面方式圖「海公遺像」，其他插圖則皆為雙幅大版。另外還刊有《新刊大宋中興通俗演義》、《新鎸全像通俗演義續三國志傳》等，也附有版畫插圖。大業堂刊刻的版畫特點是，人物形象突出，鏤刻精細。

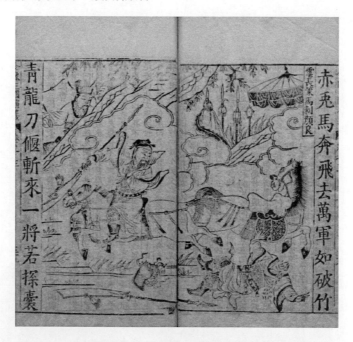

圖 114　《新刊校正古本大字音釋三國志通俗演義》，
明萬曆十九年書林周曰校刊本。

圖115 《新刻京臺公餘勝覽國色天香》，為明代吳敬所輯，
　　　 古代十大禁書之一。

4. 金陵其他書坊所刊的版畫

　　蕭騰鴻師儉堂刊《鼎鐫紅拂記》、《鼎鐫幽閨記》、《鼎鐫西廂記》、
《鼎鐫琵琶記》、《鼎鐫玉簪記》、《鼎鐫繡襦記》等皆附有版畫插圖，繪
鐫尚精（圖 116）。師儉堂為建陽名肆，金陵所設者應為其聯號或分店，
也有人認為其分店設於武林。署名刻工有陳聘洲、陳鳳洲、陳震衷，皆
為金陵名工。

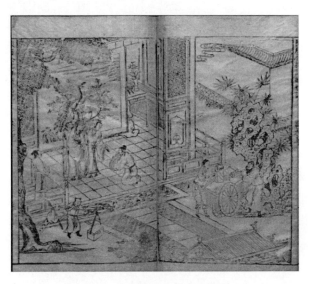

圖116 《鼎鐫繡襦記》書影。

荊山書林主人周履靖，字逸雲，浙江嘉興人。好金石之學，工篆隸章草魏行楷，並擅古文詩詞。編籬引流，雜植梅竹，讀書於其間，自號梅顛道人。萬曆二十六年（1598）刊叢書《夷門廣牘》，廣集歷代小品著作，並及周履靖個人著述，共 106 種，分為 13 個門類，即：藝苑、博雅、尊生、書法、畫藪、食品、娛志、雜占、禽獸、草術、招隱、閒適、觴詠等。每一門類包括幾種相關著作，多為明人所作，也收有晉、唐、宋、元等代人的撰述，每種書前多有作者及別人序言，有助於瞭解其宗旨（圖 117）。

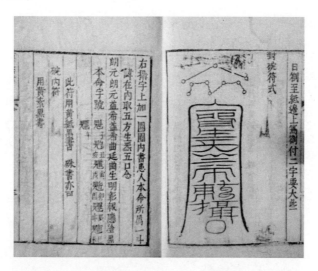

圖 117　《夷門廣牘》之〈雜占‧靈笈寶章〉一卷。

歙縣人鄭思鳴在金陵設書肆奎璧齋，翻雕徽州玩虎軒本《養正圖解》，也是一部古版畫的大型製作。

（四）蘇州版畫

蘇州有很長的雕印歷史，尤以木版年畫著稱，早在宋元間，就在這裡開雕了舉世聞名的《磧砂藏》。自明萬曆以後，出版了不少具有地方特點的版畫插圖的書籍。

顧正誼於萬曆二十四年（1596）刊刻了《筆花樓新聲》（圖 118）和《百詠圖譜》，雕刻之工雖不及徽派之作，但畫中的樓臺亭榭、荷塘柳

絮、湖中泛舟、花草異石等無不具有吳中特色。這些版畫插圖，反映了
當時的地方色彩，而且富有濃厚的生活氣息。明崇禎四年（1631）人瑞
堂刻本《新鐫全像通俗演義隋煬帝豔史》也是蘇州地區的作品。卷首有
單面方式圖，鐫繪纖麗，其刻印之工，應屬上乘（圖119）。

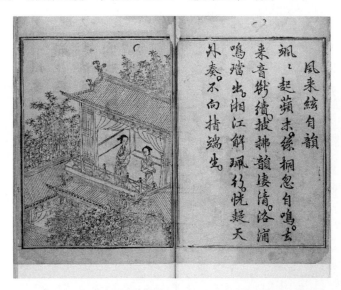

圖 118　《筆花樓新聲》，明萬曆年間的顧氏自刻本。

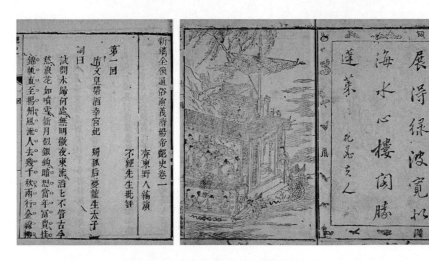

圖 119　《新鐫全像通俗演義隋煬帝豔史》八卷四十回，
明崇禎四年（1631）人瑞堂刻本。

（五）杭州版畫

　　杭州一帶，鐫刻版畫插圖歷史悠久。自萬曆至明末，杭州不僅是當時一個重要的出版地區，還是全國四大圖書聚散地之一。這個時期，杭州書籍插圖的內容非常豐富，畫家和木刻家們根據戲曲、小說、詩詞的內容創作了大量的版畫。杭州所刊版畫，習慣上被稱為武林版畫。

　　夷白堂是當時杭州一家著名的書坊，其主人楊爾曾，字聖魯，號雉衡山人，祖籍浙江錢塘。他本人是一位頗有學識的小說家。他在萬曆三十七年（1609）前後刻印的《新鐫東西晉演義》中的插圖，便相當精美。同年，楊爾曾夷白堂刊《新鐫海內奇觀》，有圖 130 餘幅，圖兼有單面方式和雙面連式（圖 120）。署錢塘陳一貫繪圖，新安汪士信鐫刻。所繪除浙江名勝外，全國的名山大川、古刹禪寺、湖山勝境多入畫圖，是一部山水版畫的集大成之作。

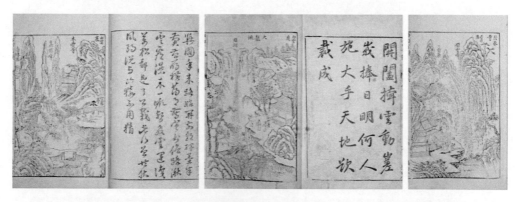

圖 120　《新鐫海內奇觀》，（明）楊爾曾撰，明萬曆三十七年杭州夷白堂刻印。

　　容與堂是當時雕印過多種小說戲曲插圖的另一著名書坊。萬曆間容與堂雕印的《李卓吾先生批評忠義水滸傳》插圖，就顯示出了雕刻各種不同性格的人物形象的高超技巧（圖 121）。此書有單面方式插圖 200 幅，黃應光、吳鳳台等雕刻，幅幅美妙精緻，均屬上乘之作，惜早期刻本多已散佚。容與堂本內容完整，為現存百回本較早的版本，文獻、文物價值極高。容與堂是明代萬曆間杭州的著名書坊，刻印戲曲小說很多。百回本《水滸傳》是其代表作。本書所附版畫插圖精密細巧，版刻線條流暢清秀，人物生動，場景開闊，極具觀賞性，為歷代收藏家所重。萬曆間的容與堂還刊印過《李卓吾先生批評玉合記》、《李卓吾先生批評琵琶記》等，每卷卷首冠圖，雙面連式。容與堂所刊的《李卓吾先生批評幽閨記》中插圖，亦為雙面連式（圖 122）。雖為木刻畫，但視其筆墨仍有濃郁的文人畫的韻味，可見畫者、刻者及印者，配合默契，使木刻版畫達到了一個完美的藝術境界。刻者除黃應光外，還有謝茂陽、姜體乾等人。

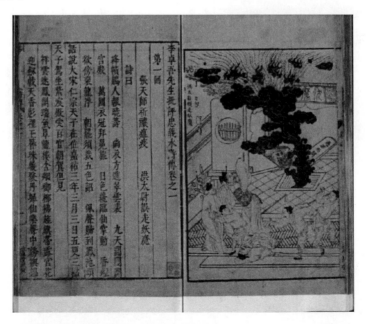

圖 121　《李卓吾先生批評忠義水滸傳》一百卷，（元）施耐庵集撰、（明）羅貫中纂修；（明）李贄評，明萬曆杭州容與堂刻本。

圖 122　《李卓吾先生批評幽閨記》二卷，
明末葉虎林容與堂刊本配補影鈔本。

　　顧曲齋的主人是會稽王驥德，字伯驥，自號方諸生。萬曆四十七年
（1619），顧曲齋刊《古雜劇》，圖單面方式，黃一楷、黃一鳳、黃德
修、黃德新、黃庭芳等刻，所繪鐫人物，姿態各異，環境氛圍的點染也
極為成功。臧懋循萬曆四十三年（1615）刊《元曲選》，附圖一百幅，皆
單面方式清麗雋秀（圖 123）。

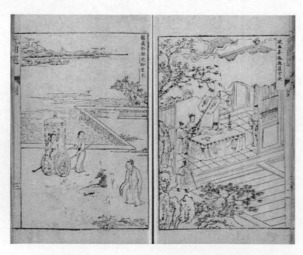

圖 123　《元曲選》一百卷，明萬曆四十三年（1615）
吳興臧氏雕蟲館刊本。

　　起鳳館萬曆三十八年（1610）刊《王李合評北西廂記》，卷首冠單面方式圖「鶯鶯遺照」一幅，另雙面連式圖 20 幅，汪耕繪圖，黃一楷、黃一彬鐫刻；起鳳館另刊《王李合評南琵琶記》，署名刻工除黃一楷、黃一彬，繪圖也出自汪耕之手。

　　七峰草堂萬曆四十五年（1617）刊《原本牡丹亭記》，單面方式，圖四十幅，署名刻工有鳴岐（黃一鳳）、端甫（黃一彬）、翔甫、應淳等（圖 124）。刀刻纖麗而流暢自然，是對後來《牡丹亭》版畫中影響較大的本子。

圖 124　武林七峰草堂刊本《牡丹亭・寫真》。

　　雙桂堂萬曆三十一年（1603）刊《顧氏畫譜》，一名《歷代名公畫譜》，是明刊畫譜中保存歷代名家遺蹟最多的一種（圖 125）。此譜集晉至明的畫壇巨匠顧愷之、吳道子、閻立本、李公麟、范寬、郭熙、米芾、馬遠、趙孟頫、唐寅、文徵明、仇英、董其昌等 106 家共 106 幅畫作而成。前圖後文，請海內名家書寫畫人傳略，堪稱書畫並美。

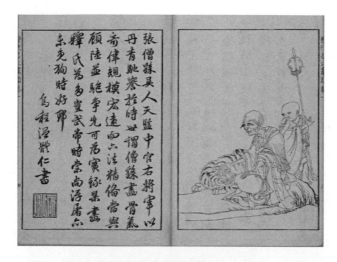

圖 125　《歷代名公畫譜》由明代顧炳輯錄，又名《顧氏畫譜》，
　　　　此為天明四年谷文晁摹明萬曆時期顧三聘、三錫刊本。

　　文會堂主人胡文煥，字德甫，號全庵，一號撫琴居士，仁和（今浙
江杭州）人。文會堂是萬曆間武林最著名的書坊；刻有多種版畫插圖書
籍。胡文煥編刻的《格致叢書》，其中的《茶譜》、《茶具圖贊》、《文房十
友圖》等，皆配有版面插圖。《山海經圖》是一部大型的木刻畫集，山川
海澤靈異怪誕之物皆據文以圖，繪刻簡約，未加雕飾（圖 126）。

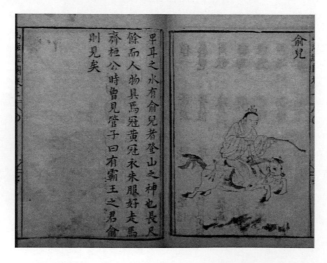

圖 126　《格致叢書》之《山海經圖》，明萬曆間胡文煥刻本。

　　劉素明、項南洲二人都是為武林版畫發展做出重大貢獻的木刻家。劉素明由於流寓不定，其身世籍貫，一直眾說紛紜。有建安人、金陵人、武林人三種不同的說法。在《鼎鐫玉簪記》的版畫插圖上，不僅有「劉京明鐫」刊記，也有「素明筆」的字樣，可見劉素明不僅擅刻，而且會畫，當是一位能畫能刻的大家。劉素明還刻過很多插圖，如《琵琶記》、《紅杏記》、《紅拂記》、《丹青記》、《玉茗堂節俠記》等，為當時杭州版畫藝術的發展做出了很大的貢獻。項南洲字仲華，武林人。他所刻的作品，大都產生在明末清初之間。他與洪國良等合刻過《吳騷合編》中的插圖，不少插圖為雙面連式。每幅插圖都雕印精美。他還刻過《鴛鴦塚》、《燕子箋》中的插圖，這些版畫的雕印技巧，都很高超，可與徽派名工的作品媲美。崇禎十二年（1639），著名畫家陳洪綬創作了《張深之先生正北西廂秘本》中的插圖，由項南洲雕鐫，成為畫家、木刻家珠聯璧合的佳作（圖 127）。

圖 127 著名畫家陳洪綬創作了《張深之先生正北西廂秘本》。

（六）吳興版畫

湖州吳興刻書，素有美名，明人謝肇淛稱譽：「金陵、吳興、新安三地，剞劂之精，不下宋版[8]。」由此可見，吳興書坊刻印的書籍，刻印精工，備受讚賞。

萬曆年間，吳興閔、凌兩家，開始出版朱墨二色或數種顏色套印的書籍。從萬曆九年（1581）至崇禎十七年（1644），湖州凌、閔兩家套印出版上百種書籍。閔、凌兩姓著名者，有閔齊伋、閔一栻、閔光瑜、凌濛初、凌瀛初、凌汝亭等人。他們套印的書籍，多有圈點評注，如評者多，則每種評注用一種顏色套印，故套印顏色多至四五種者。凡戲曲書籍，多有插圖，吳門王文衡則是當時當地繪製插圖的佼佼者。

天啟年間，閔氏刊刻《西廂記》，插圖為單面方式，由黃一彬鐫刻，王文衡繪圖。圖中人物儘管畫得很小，但眉目清晰。加之用山光水色、園林景物來襯托人物的感情，生動地再現了劇中的情節，反映出吳興版畫清晰雋麗、線條柔媚的特點。

泰昌元年（1620），吳興朱墨套印本《紅梨記》（圖 128），有插圖 19幅。劉杲卿刻，王文衡繪畫。其中「素娘遺照」，這幅只刻了素娘的沉思形象。描繪素娘衣帶的洗練長線，極富飄逸感。而筆筆線條恰似一刀刻就，且粗細適中，僅此一點，就可看出劉杲卿非凡的雕刻技藝。天啟間吳興閔氏朱墨套印本《牡丹亭還魂記》，有雙面連式插圖 13 幅，刻者是汪文佐、劉升伯，王文衡繪圖。其中不少版畫插圖繪刻俱精，工致絕倫。其佈景虛實相間，畫面疏密有致，反映出吳興版面構圖巧妙，虛實相生的特點。

8　（明）謝肇淛撰，《五雜俎》卷十三〈事部一〉百家諸子中國哲學書電子化計劃 https://ctext.org/wiki.pl?if=gb&res=65316

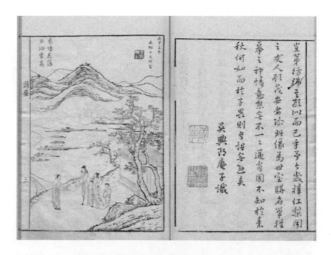

圖 128　《紅梨記》是明代戲曲家徐複祚根據元雜劇《紅梨花》所作的
　　　　傳奇劇本，明末吳興凌氏朱墨套印本。

（七）北方版畫

　　萬曆以後，由於新安版畫風格的影響，大江以南的木刻版畫幾乎同
歸於工致秀麗的徽派作風，從此版畫的地方色彩便不那麼明顯了。從現
存的北方刻本來看，平陽、北京、山東等地的版畫，仍保持著粗獷風
格。

　　萬曆十八年（1590）山西刊刻《閨範》。此書上圖下文。其圖面雖
小，雕刻也不如同期蘇杭地區的插圖那麼精緻，但在小小的畫面上，繪
出多個人物以及室內的擺設，也另有一番情趣。圖中線條曲直、粗細適
度，不僅顯示了繪者的才華，也說明雕者具有相當的水準。萬曆四十三
年（1615），山東朱壽鋑等雕印《畫法大成》，此書為藍印本，是一部圖
解各種畫法的教科書。其繪圖筆力剛勁，人物形象，潑辣生動，是難得
的北方刻本。

　　明代晚期的北京刻本，無論是官刻還是坊刻，都少有著錄。現存有
張居正刻於北京的《帝鑒圖說》（圖 129）和天啟、崇禎間太監金忠刻即
的《御世仁風》及《瑞世良英》兩部大著。《帝鑒圖說》佈局顯得有些鬆
散，刻線也不那麼精工。金忠刻《瑞世良英》，其圖面佈局雖不像同期江
南木刻插圖那麼緊湊，人物形象那麼突出，但比《帝鑒圖說》的插圖的

確進步了許多。

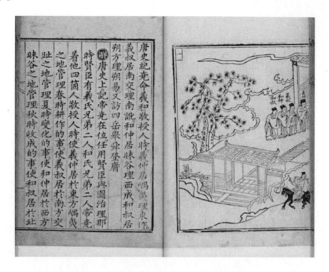

圖 129 《帝鑒圖說》，明萬曆刊本。

第二節　明代版畫興盛與特色

一、明代版畫興盛的原因

　　明代版畫作品，無論質或量，都遠為各時代所不及。綜觀明代版畫所以飛躍升騰，其因素不外：

（一）雕版印刷術發展的必然結果

　　自唐代雕版印刷術發明使用之後，由於極便利於圖書的大量生產，很快的被知識界重視及接受，並不斷的開拓及利用這項技術。在經過五代、宋、元長期使用所累積下來的經驗，雕版技術，早已臻於純熟老練的境界。版畫隨著雕印技術的進步，從單幅或書中簡單的插圖，漸漸出現花紋繁密或專以版畫為主的圖書。例如宋元時期所出版的《營造法式》、《考古圖》、《耕織圖》、《列女傳》、《梅花喜神譜》、《竹譜》等書，

都是著名的版畫書籍。明代在前人奠下的堅實基礎上，再往前發展，自然容易開創更輝煌的成果。至於元代末年已經發展的朱墨兩色套印技術，經過明代長期的改良及發展，最後終於有「餖版」、「拱花」法的出現，為彩色版畫印刷，開創了新技，讓五彩繽紛的色澤，融入版畫，更增加版畫萬丈光芒。人類任何偉大的成就，大都是循序漸進的，明代版畫之所以燦爛輝煌，前人所奠下的良好雕印基礎，是重要因素之一。

（二）繁榮安定的社會環境

安定的社會，繁榮的經濟，是人類精神文明快速發展的重要條件。明代初年，社會雖然經過一段戰亂的過程，民生凋敝，但經過一些時日的休養及經營後，社會日趨安定、繁榮。在一良好的生活環境下，自然增加了人們追求精神文明的力量。為應社會大眾的需要，各種書刊的供應，急速成長，刻書事業蓬勃發展，自然培養了不少雕印人才。而明代對待「匠戶」，改變了元代由官府或貴族管轄的辦法，採以銀代役的方式，使得依賴手工業生活的匠役，能有一片廣闊自由發揮的空間，既願意提高生產量，也樂於提升製造技術，這種結果，不僅成為明代經濟繁榮的一股力量，且是百工製造業品質邁向精良的主因。明代版畫就在這種一良好的社會環境下，印刷術及品質一日千里，並受到社會的重視與支持，於是許多藝術家一改以前不屑參與版畫工作的態度，熱心奉獻智慧，因而在良工及畫家的合作中，將明代的版畫推向空前未有的升騰時代。

（三）通俗書刊的廣為流行

歷史發展的軌跡，往往是前後沿承的，後人踏著前人既有的腳步，再往前開展。我國自古以來即重視文明的開拓，書籍累積數量既多，追求知識的人口也大量增加。明代承宋、元遺緒，知識界探求學術，從未間息，民間畫本的需求極大，特別是宋元以後，民間通俗文學的興起，小說、劇本的流傳漸廣。到了明代，通俗文學更深入民間，蓬勃的發展，當時社會，對戲曲、小說之愛好，幾達到沸點的程度。無論官場應

酬，或是文人宴集，無不戲來助興，戲劇成為當時許多人生活的一部分，為便於教唱、學習，或消悶解憂，處處都需求通俗化書刊。由於通俗化書刊受到畫群眾的喜愛與支持，有廣大的市場，因而坊間大量生產、極力促銷，出版商往往在書冊中附上一些精美插圖。以明弘治十一年（1498）金台岳家刊本《奇妙全相註釋西廂記》卷後的蓮龕形牌記，刻文 11 行 180 字。並說：「本坊僅依經書重寫繪圖，參訂編次大字本，唱與圖合，使寓與客邸，行於舟中，閑遊坐客，得此一覽終始，歌唱了然，爽人心一意[9]」（圖 130）。通俗書刊大都是閑遊坐客助興的讀物，附上精美插圖必更能爽人心意，也更有市場。現代通俗文學走向大眾化，版畫因而跟著得到一片良好的發展園地，在需求者眾，參與者的熱情與興趣之下，自然容易得到豐碩的收成。

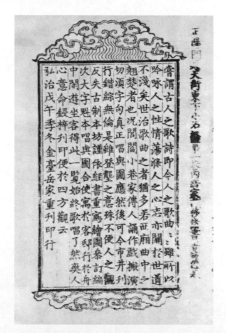

圖 130　《奇妙全相註釋西廂記》卷後的蓮龕形牌記。

9　（元）王德集、關漢卿撰，《奇妙全相註釋西廂記》，百家諸子中國哲學書電子化計劃
　　https://ctext.org/library.pl?if=gb&file=47465&page=99

二、明代版畫的特色

　　明代版畫，無論量或質均冠絕各代，就明代版畫所表現的特色，綜合歸納如下列數項：

（一）版畫題材異常豐富

　　明代附有插圖的木刻書籍，數量極為驚人，且其所涉及的知識範圍廣闊，而版畫又常用在輔助文字說明的不足，或配合文字內容的發揮，以加深讀者的印象，因而造成明代版畫題材極為豐富，內容異常的繁雜。除了傳統性的插圖，如禮器服飾、醫技本草、訓蒙教授、先賢畫像、佛釋說法、山川地誌等圖繪外，一些以插圖為主的書籍，如《博古圖錄》、《人鏡陽秋》、《天工開物》、《養正圖解》、《狀元圖考》、《閨範圖說》及各種版畫籍冊等，或專刻兵法武器、或專刻譜錄、或專刻翎毛花卉、或摹寫日常用兵、或描寫生活禮節，五花八門，應有盡有，提供研究古代史者許多珍貴又難得的資料。此外，明代版畫配合通俗文學的發展，插圖往往表現民間生活景觀，反映民間需求，不少感性的作品，透過細膩的描繪，不僅在版畫藝術上放出了燦爛的光芒，也為當日民間社會實況，提供了有根有據的寫照。至於像《程氏墨苑》中，於繪刻〈天地人物儒釋道〉外，更有西洋宗教畫四幅，對於西方來的新知識，也已在版畫中給予關懷及載錄，更為明代版畫題材無不包容，熱鬧無比，提出了有力的見證。

（二）版畫生產地區遼闊

　　雕版印刷術，發展到宋元時期，基礎穩固，印刷品普及，當時生產圖畫的地區，雖然遍及大江南北各處，但大都零星散亂，少具規模性出版業，以地區而論，宋元時代刻印中心，大都集中於浙江杭州、福建建陽、四川成都等地區。到了明代，由於社會的需求，不少書商，因出版業而獲利致富，因而新興雕刻地區，日漸興起，金陵、徽州、蘇州等地，不但出版業鼎盛，印刷技巧也有後來居上的態勢。以當日版畫生產

業極具聲名的安徽徽州為例，這裡不只長期培養了許多優秀的刻工，而且配合印刷業的需要，紙、墨的製造，也極具水準，所生產的版畫書籍，質品既高，風格也獨特，始終受到廣大讀者的喜愛，對各地版畫業者起了相當的影響作用。新興版畫重鎮的出現，有凌駕杭浙、閩建的趨勢，從明謝肇淛《五雜俎》、陸深《金臺紀聞》和胡應麟《少室山房筆叢》的記載，可以概見明代雕印業，隨時代掘起，遍及許多的地域，並各有極良好的成績表現。

（三）插圖版式的多元化

版畫發展到宋元時期，對於書中的插圖，已有精心設計，巧意安排的表現。宋元版圖書中的形式，略有上圖下文、上文下圖、右文左圖、右圖左文、前文後圖、前圖後文等多種，偶爾也有不規則的插入情形。這些編排的方法，目的在使讀者閱讀時，很容易的就能看到與文字相關的插圖。至於插圖中的題款，在宋元版畫中也常出現，其在畫面的佈置，也都有規則可循，大約是：文字在小方框內而刻於畫的正中央，文字以小長方框刻於畫頁上；以文字的多少，作長方形刻於畫邊；文字不用方框，且不規則的刻在畫上；在人物或器物圖旁刻上名字等方式。明代版畫編排的形式，大體受到上列傳統形式的影響，但有時又不受前人的束縛，表現得更多樣多彩，明顯的看出創作的提高和發展。特別值得一提的是，為擴展讀者的視野，往往將版畫放大至整頁或雙面滿版。明萬曆元年（1573）喬山堂刻本《古文大全》書中插圖，便做單頁滿版的處理，就是很好的例子。這種處理的方式，改變了從前版畫常侷促一隅，佈局不易展開的缺點。而雙頁滿版的插圖，如明萬曆年間唐氏富春堂刻本《新鎸增補全相評林古今列女傳》、明萬明曆二十五年（1597）堯山堂刊本《山海經釋義》、玩虎軒刻本《出相琵琶記》等，都是其顯例，既給人有賞心悅目大手筆的感覺，也提供了一良好的視覺享受。此外，如明萬曆三十二年（1604）刊本《程氏墨苑》、安徽製墨名家方于魯的《方氏墨譜》以墨範形為主，而衍生出圓形、八角形、正方形、長方形等各種版畫圖形，更使版面呈現多樣化，活潑又富生趣。

（四）藝術大家心血的投入

宋韓拙《山水純全集》中曾說過：「以畫高業，以利為圖金，自墜九流之風，不修術士之體，豈不為自輕其術者哉[10]！」暗喻以利為圖的畫家，往往有辱藝術的清高。其實，自古以來這種觀念極深，而藝術家又多主張避俗氣，超凡入聖，這些傳統的看法，使長期以來的畫家，不屑也不肯參與版畫的工作。因為雕版既為匠役的事，而印刷書籍更在牟利，所以明代以前，即使有極少數的畫家，為版畫出過心力，也都不肯具名。明中葉以後，版畫的盛行，版畫作品受到社會的肯定與熱愛，於是風氣丕變，引起了畫家參與的興趣。明代曾經為版畫投入心血的畫家，為數極多，以萬曆到崇禎這段時期為例，至少有丁雲鵬、吳廷羽、蔡汝佐、鄭重、趙左、顏炳、汪耕、仇英、顧正誼、陸武清、唐寅、趙之璧、錢谷、黃應澄、陳詢、俞仲康、陸璽、陸菁、陸詰、魏先、陳洪綬、錢真等多人，他們或參與繪稿，或幫助編撰，或兼負刻印工作，對版畫品質的提升，有著莫大的貢獻。明萬曆三十八年（1610）錢塘楊氏夷白堂刊本《新鐫海內奇觀》凡例中，曾說：「繪圖係今時名士，鐫刻皆宇內奇工，筆筆傳神，刀刀得法[11]。」名畫家及優良刻工的合作，使版畫作品傳神又得法，是明代版畫巧極心力、爭奇鬥勝，得到空前輝煌成就的另一特色。

（五）開創色彩印刷的新技法

五彩繽紛的世界，給予富有性靈的人類，無比舒適的視覺享受，因此，自古以來，人類許多創造，往往刻意於調和顏色的追求，來滿足感官對色澤的需求。遠古的如石器時代的彩陶，近代的像彩色的電視螢幕，處處印證人類的許多創造，有著從單純顏色跨向彩色天地的一貫步

10　（宋）韓拙撰，《山水純全集》之〈論古今學者〉，百家諸子中國哲學書電子化計劃
　　https://ctext.org/library.pl?if=gb&file=181037&page=46

11　（明）楊爾曾撰，《新鐫海內奇觀》〈凡例〉，明萬曆三十八年（1610）錢塘楊氏夷白堂
　　刊本。

伐。

　　我國素來便有書畫同源的說法。繪畫早已邁入彩色的世界，讀書人
自不甘終日埋首於單調寂寞的顏色，因而常常借用色彩來美化圖書。例
如《越絕書》卷十三即有「越王以丹書帛[12]」。可知古代早已有用墨色以
外的色彩抄寫圖書的情形。元至正元年（1341）中興路資福寺曾以朱墨
兩色印刷《金剛經注》一書[13]，揭開了彩色印刷業的先聲。到了萬曆年
間，由於社會經濟繁榮，當時文人又熱衷於評點文章，為使評點文字與
原著能明顯區分及增加書本的美觀，套色印本書籍，終於大行其道，從
兩色擴充到五、六種顏色不等，為套印技術，奠下了一良好的基礎。

　　書中的插圖，如用顏色來表現，不但精美，也有實用上的價值，因
而常常將插圖，塗抹上顏色，宋代《太常禮書》附有五彩繪飾的精美圖
像，以及南宋宮廷散出的一些本草方面的醫書，往往也用幾種顏色繪
圖，以幫助對植物的識別，便是其例。明代以來，長期套印圖書的技
術，肯定色彩印刷的可能性，於是套印文字，漸漸被轉移到對版畫彩印
的企圖。萬曆年間，安徽歙縣程君房的《程氏墨苑》書中，即有少數的
簡單的彩色頁印刷。以後再發展，終於有「餖版」、「拱花」等彩色印刷
版畫方法的出現。餖版是將同一印件分成許多大小不同的版，每一版代
表印件的一部分，並分別刷上不同的顏色，逐個的印在紙上，從而拼成
一幅完整的印件。明崇禎四年（1631），徽州休寧人氏胡正言的《十竹齋
書畫譜》，是最早使用餖版法印成的實物，這本畫譜，對各種色調及陰陽
向背，都予以巧心妙手的安排。尤其對紙的濕潤，上彩上水的適當，刷
印的輕重緩急等，也都充分的加以掌握，表現了繪圖、刻、印三方面的
高超技巧。至於天啟年間，蘿軒吳氏的《蘿軒變古箋譜》及明弘光元年
（1645）胡正言的《十竹齋箋譜》，則又採用了拱花印刷方法。此法是將

---

[12]　（漢）袁康撰，《越絕書》卷第十三‧〈越絕外傳枕中第十六〉，明萬曆間（1573-1620）
　　新安吳氏校刊本。

[13]　（元）釋思聰註解，《金剛般若波羅蜜經》，元至正元年（1341）中興路資福寺刊朱墨印
　　本。

凸版的木版置於紙下，用椎敲打，使之成為浮雕，畫面有立體感覺，風格獨特。明代彩色印刷版畫，技巧精絕，色澤艷麗，不僅表現了國人的至高智慧，也將手工業印刷技術，推展到極致，為版畫藝術，創造了無比榮耀的史頁。

第三節　明代的戲曲小說插圖版畫

　　明代各地區各流派的版畫，都獲得了成就，結出了碩果，在藝術上也各自具有了自己的風貌。

　　明代版畫在反映歷史和現實生活方面，不但豐富，而且生動。不少作品歌頌了歷史上的英雄豪傑和勤勞的人民，也暴露並譴責了一批奸臣暴吏以至潑婦淫夫，寫出了青年男女因受封建禮教的束縛與迫害造成了終生悲苦與怨恨，但也寫出了許多青年男女因為敢於起來反抗或經過多少折磨而得到婚姻的圓滿。人生的喜劇、悲劇，無不見於言情小說中，社會上種種的可歌可泣，無不在正史之外作了大量地補充。在《水滸傳》、《西廂記》、《琵琶記》、《拜月亭》、《三報恩》、《白兔記》、《荊釵記》、《岳飛破虜東窗記》、《韓信千金記》以及《金瓶梅》的插圖中，可以見其寫盡一切。如崇禎刊本《金瓶梅》所繪一圖一事，生動地描寫了社會的各種醜惡，或者是變相的狀態，使人多多少少可以見到晚明腐爛社會的影子（圖 131）。所以很多的木刻插圖，不僅有它的藝術價值，就是在歷史上，也具有寶貴的資料價值。如劉刻本《水滸全傳》中的「承恩賜御宴」，明末刊本《荷花蕩》中的「戲中戲」諸圖，都是在歷史上有參考價值的好資料。又如《金瓶梅》插圖中所畫的「西門慶官作生涯」與劉刻《水滸全傳》中的「分金大買賣」諸圖，都十分形象地反映了明代商業的狀況。所以，明代刻本戲曲小說的插圖，正是明代社會動態的真實反映。

圖 131 《新刻繡像批評金瓶梅》，簡稱崇禎本，
因首增插圖繡像二百幅，也稱為繡像本。

　　有許多作品，充分流露出民間樸素的理想和希望，形象地表達了對舊禮教勇敢的反抗與嘲諷。在有些描寫男女愛情的插圖中，作者同情他們並大膽地寫出了他們在偶然場合中，或是在經過一場激烈的鬥爭中所獲得的僅有片刻的擁抱。這樣的描寫，在封建社會中的「正人君子」看來是輕佻的，其實，這正是對受舊禮教迫害的男女的一種同情，並意味著對舊禮教無情約束的一種反抗與蔑視。

　　至於人物典型的刻畫，在很多作品中，表現了具體生動的寫實手法，從而概括地、集中地刻畫了故事中主要人物的表情與性格。

　　一種藝術品之所以感動人，即在於它是真實地表現了對象。插圖藝術之所以成功，在於作者對原書的精神，對於人物的愛憎，抱有一定親切的同感。

　　他既須對原書有深切的瞭解，也需要有足夠的生活經驗，因而所作的插圖，不只是幫助讀者理解這部原書的精神，而且還加深了讀者對原書人物的同情和對原書的印象。如劉刻本《水滸全傳》的插圖，表現了宋江等英雄好漢的正面形象，但也畫出了這些人物的不同階級出身，不

同的社會地位和思想意識及精神面貌（圖 132）。通過故事各種情節的描寫，反映了梁山好漢們的共同理想。對宋江，對吳用，對李逵，對武松，都繪出了他們各自不同的神態與性格。

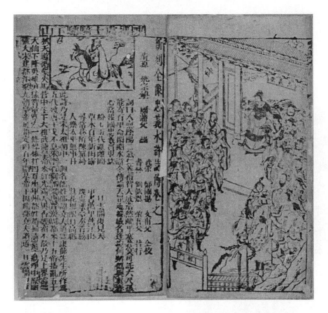

圖 132 《新刻全像忠義水滸志傳》目錄與首卷之間
有《忠義堂轅門圖》，刻工為劉俊明。

如陳老蓮、陸繁等所繪《李卓吾評本西廂記》插圖，對該書的主人公鶯鶯在幾個不同場面的描寫，都作了深切的心理分析。項南洲所刻、懷遠堂批點《燕子箋》中酈飛雲與華行雲，雖然根據書中本意為兩人面貌相似，但畫中人物在其每一段情節中出現時，兩人有兩種不同的神情。又如萬曆浣曲軒所刊《藍橋玉杵記》，雖然畫的是神仙，而對人物的刻畫，仍然富有個性與表情，所畫裴廣志與其姻弟李遐壽共建一圖，對裴、李兩人的身份、個性的刻畫，分明自然。更如屠隆批評本《荊釵記》中插圖的人物形象，其塑造則更富典型性。這些，都足以說明明刻戲曲小說中的插圖對人物的描寫是認真嚴肅的。

明代木刻對人物感情的細膩描繪，還有不少作品令人看了愛不釋手。項南洲刻本《燕子箋》，其中《拾箋》一圖，描寫霍都梁在橋邊將要

撿拾燕子銜來的酈飛雲詞箋時，插圖竟能刻畫出這位青年在偶然機會中
遇到這樣的事件所引起的猶豫而又似有預感的喜悅狀態，同時，畫面還
畫出春水鄰鄰，白雲繞柳，燕子遠遠飛去的景色，更加襯托出這個情節
高潮行將到來（圖 133）。至如《誤認》一圖，描寫著雲霧遮林，在陰森
森的氣氛中，對酈飛雲的母親誤認了華行雲，生動地表現了「同是天涯
淪落人，相逢何必曾相識」的那種悲喜交集的感情（圖 134）。

圖 133 《懷遠堂批點燕子箋》之
「拾箋」。

圖 134 《懷遠堂批點燕子箋》之
「誤認」。

　　陳老蓮等所繪李卓吾評本《西廂記》，其中如陸繁所畫《碧紗窗下畫
了雙蛾》，充分表現了崔鶯鶯愉快的心情（圖 135）。張生來了，紅娘報
信，這讓鶯鶯如何不喜悅，這是一次意外的歡喜，所以她曾說「扶病也
索走一遭」，於是急急忙忙地梳妝打扮。作者選取這一情節，通過鶯鶯的
梳妝，表達了鶯鶯的一顆熾熱愛戀的心。圖中所作，在疏疏的竹窗裡，
鶯鶯對著鏡子理髮，動作是那樣輕快，與往日相思的愁容癡態判若兩
人。

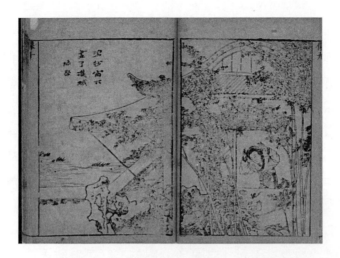

圖 135 《李卓吾先生批點西廂記真本》之陸璽所畫《碧紗窗
下畫了雙蛾》，明崇禎庚辰（十三年，1640）刊本。

　　至於描寫矛盾與刻畫典型方面，如劉君裕所刻李卓吾評《忠義水滸
全傳》中的插圖，更可以看作明代戲曲小說在這方面成功描寫的範例。
當然，在這許多的木刻插圖中，它之所以有這樣的成就，是由於他們能
忠實地傳達出原書中的情節與人物的精神狀態，而且又表現出有大膽發
揮的想像力。

　　中國畫的構圖處理，即所謂「經營位置」，是非常靈活機動的，它具
有濃厚的民族特色。而這個特色，也就是從傳統的民族藝術中繼承下
來，經過久長的歲月，由許多優秀的美術家們不斷創造，並受到廣大讀
者的喜愛和支持而發展起來的。中國的版畫是中國繪畫藝術的一種，它
在構圖上與其他美術的表現有著共通的特點。

　　版畫的構圖特點之一，即在於畫面不受任何視點所束縛，也不受時
間的限制。如劉刻本《水滸全傳》的《火燒翠雲樓》、《怒殺西門慶》等
諸圖，巧妙地「經營」了「位置」。《火燒翠雲樓》（圖 136）描寫了大名
府從東門到西門，以及西門到南門，畫出了時遷在翠雲樓英勇放火，也
畫出了留守司前，以及大街小巷，執戈動刀，滿布梁山好漢的奮勇戰
鬥。王太守被「劉唐、楊雄兩條水火棍打得腦漿迸流」，敵將李成擁著梁
中書正在走投無路，如此等等情節，有條不紊地處處交代明白，使人一

目了然。在刻畫上，既不是千軍萬馬，也不是密屋填巷，其成功之處就由於在構圖上，能創造性地組織了不受空間局限的畫面，才能收到既簡潔而又豐富的表現效果。武松《怒殺西門慶》（圖 137）在同一畫面上，寫出了武松在獅子橋酒樓上怒殺西門慶，而在另一邊上，又描寫了紫石街武大的靈堂及樓上被武松留住的四鄰，這是兩個情景，但是作者卻能抓住這是同一個情節所發展起來的兩個環節的特點，通過構圖上的巧妙處理，把這兩個場面有機地組織在一起，從而加強了情節的緊張和曲折。這種表現，也只有運用突破時空在畫面局限這一藝術手法，才能達到這樣「位置」的「經營」。又如「承恩賜御宴」一圖，在描寫御宴的大廳的畫面上，巧妙地安排了赴宴者的觀戲地位，還能確切地留出更多的空地給演戲者以活動。這種在藝術處理上的手法，都體現出中國版畫在構圖上的別致與獨特的地方，完全符合人民傳統的欣賞習慣。

圖 136 劉刻本《水滸全傳》的《火燒翠雲樓》。

圖 137 劉刻本《水滸全傳》的《怒殺西門慶》。

　　當然，不只是《水滸傳》的插圖才如此，有幾部《西廂記》插圖中的「遇豔」都是將普救寺的全景，寺裡寺外，寺中佛殿、僧房，以至兩廂小院，盡收一圖中。好多作品，在對人物描寫的時候，都是窗戶洞開，甚至作了房間的剖面圖。這種手法，都不受空間在畫面的局限，對主題內容，作出了充分交代。徽州黃氏諸家所刻《昆侖奴》、《四聲猿》、《玉合記》、《牡丹亭》及吳興凌、閔兩家刊本的插圖，無不具有同樣的特點。

　　還有一種畫面處理，畫家採用對主體描寫之外的「展開圖」。這種「展開圖」，有人把它比作「音樂中的樂章，主旋律之外再有個展開部，令人聽了天地遼闊，並有更多的遐想」。弘治北京金台岳家重刊本《西廂記》插圖，內《紅娘持張生緘送與鶯鶯》（圖 138）一圖竟佔兩面，一面，紅娘已把鶯鶯送到張生處，圖中畫出張生與紅娘對坐，本已交代清楚，但畫家在其前幅畫出深院，又一牆，有大門，卻無一人，這是畫家有意告訴讀者，紅娘是從這扇大門，經過深院進來的，故意引人以遐思。

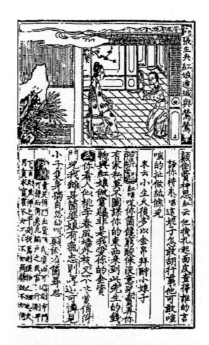

圖 138　《新刊大字魁本全相參增奇妙注釋西廂記》之
《紅娘持張生緘送與鶯鶯》。

又有畫《鶯送生分別辭泣》（圖 139），畫面居然佔了六面，其實第一面已畫出鶯鶯送別張生之狀，這是主要的，其餘五面不畫也已明白，但畫家偏要畫，如二圖畫一童前導，三圖畫二挑夫屢屢回頭，四圖畫一童牽馬等候張生的到來，五、六圖畫郊野景色，有溪流，有飛鳥，有木橋，有老松，可知這是張生別去路上必然要經過的地方景色。這樣的「展開圖」，在明代插圖中最為別致，也是當時北方刊本的插圖中別出心裁的作品。

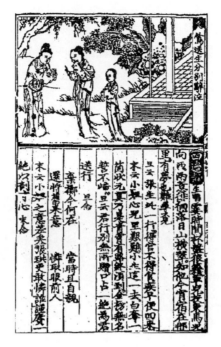

圖 139 《新刊大字魁本全相參增奇妙注釋西廂記》之
《鶯送生分別辭泣》。

　　明代版畫的另一特點是：對於畫面上的組織，如對待舞臺場面那樣
的處理。金陵的世德堂、富春堂等所刊印的戲曲插圖就是這樣。如《拜
月亭》中的世隆與瑞蘭自敘二閣，不論是背景或對空間的處理，都如舞
臺場面，就連人物的手勢也都採自舞臺上的動作。又如《量江記》中的
「請安」，更屬戲臺上的動作。從人物的距離與空間的深度來看，這也顯
得與舞臺場面那樣，人物靠得很近，戶內戶外往往只是一指之隔，如金
陵富春堂版《緹袍記》，丈夫窺妻祝香，僅一指之隔，而且無一物相遮
（石在人物後面）。即使是寫戶外景色，一山之隔，人物大都還是一樣，
如《三寶太監下西洋記》中的《元帥兵阻紅羅山》便是如此（圖 140）。
每幅插圖，人物大小都佔畫幅之半，背景道具，只是陳設而已，如富春
堂版《十義記》、《鸚鵡記》的插圖，都是很好的例證。書室、閨房或廳
堂，都作剖圖式，如《天記書》、《楊家將演義》、《還帶記》、《投筆記》、
《紅拂記》等插圖的場面（圖 141），首先把人物交代清楚，環境只作陪

襯，對廳堂的屏風、傢俱，或城牆、旗幟等，為了不讓它「遮住」人物，可以像現在拍電影、電視劇那樣使之任意移動。這種巧妙的藝術手法，當時比比皆是，如崇禎四年人瑞堂刊本《隋煬帝豔史》，插圖也同樣別致（圖142）。

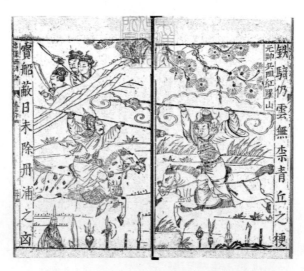

圖140　《三寶太監下西洋記》中的《元帥兵阻紅羅山》。

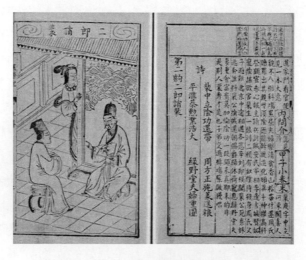

圖141　《新刊重訂出相附釋標註裴度香山還帶記》，
明末繡谷唐氏世德堂刊本。

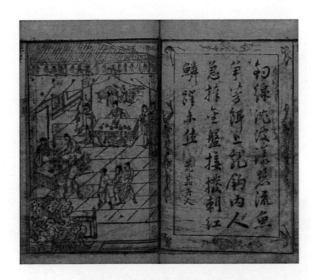

圖 142 《新鐫全像通俗演義隋煬帝艷史》，
明崇禎間人瑞堂刻本。

用這樣的手法所作的插圖，還有如劉龍田所刻等等都表現出處處為
「主體讓路」。這是明代木刻插圖獨特的風格，也是中國在戲曲盛行之
際，湧現出來的一種木刻插圖的藝術形式。此外，明刻插圖的特色還在
於對畫面上的各種景物，繪雕特別精緻華麗，如「環翠堂」、「浣曲軒」
等刊本插圖都是如此。「環翠堂」所刊《義烈記》，刻線細如髮絲，對人
物衣冠，室內的門窗、地磚以及儀仗用具等，無不花紋繁密而又工整。
尤其是地磚的花紋，形形色色，真是豐富多彩。「浣曲軒」所刊《玉杵
記》（圖 143），其中畫西王母一圖，所畫地磚圖案，富麗堂皇，在畫幅中
幾乎佈滿，因此也就更加突出了這圖中主要人物——西王母和金童玉女
們，其意義在於加強了主要人物所需要的典雅富麗的環境和氣氛。又如黃
一楷刻的《南琵琶記》和《浣紗記》（圖 144），它的背景填滿了花磚地或
是江間的波濤，其目的都是為達到既突出人物又豐富回面。這種表現，正
是使「陪襯」向「主體」、「讓路」又給「主體」儘量「鋪路」。在京劇舞
臺上，常常有這樣的表演。這種作風，到了清代，就逐漸減少了。

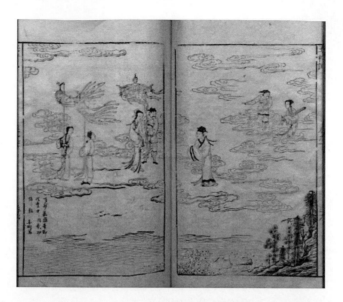

圖 143　《玉杵記》二卷，明萬曆間建陽蕭氏師儉堂刻本。

圖 144　《李卓吾先生批評浣紗記》，明末刊本。

明代戲曲小說的插圖，其圖版形式比之宋元更加多樣[14]：

1. 上圖下文

這是建安的風格。弘治本《奇妙全相西廂》、雙峰堂刊本《全像忠義水滸志傳評林》等刻本就是如此。

2. 一面圖一面文

如明末刊本《喜相逢》等所作插圖，一頁之中，一面作圖，另一面題詩，與《詩餘畫譜》等圖版形式相似。

3. 一折畫一二圖

一種只在戲曲上插繪劇中主要人物一二人，如崇禎刊本《節義鴛鴦塚嬌紅記》，陳老蓮在這本書上只繪嬌娘像四態計四圖（項南洲刊）。還有一種，每一折畫一圖，亦有將所刊插圖都集中在正文的前面。

4. 長卷式

有的一圖以數頁相連，如弘治本《奇妙全相西廂》，其前「錢塘夢景」一圖，竟相連八面（四頁）如畫卷。有的在一面上作圖，取狹長形式，如世德堂所刊大都如此。有的以兩面相連作圖，取橫卷形式，這種形式最普遍，如《西洋記》等，兩邊作對語，因分兩頁裝訂，好似相連的屏畫形式。

5. 自由體

一頁之中，一面繪刻與書本有關的內容，另一面卻作與原書內容毫不相關的山水或花鳥、博古之類，被稱為「補白」。崇禎刊本《二奇緣傳奇》，還有陳老蓮等所繪李卓吾評本《西廂記》等都有這種情況。

6. 圖形多樣化

有方形，長方形，也有圓形。圓形的不少，如《泊巷芙蓉影》、《永團圓傳奇》、《一捧雪傳奇》等都如此，顯得十分別致。

7. 款式

圖中有題字其上者，也有不題一字者。繪刻者的名字，有的刊在顯

---

[14] 王伯敏著《中國版畫通史》，杭州：浙江攝影出版社，2019 年 1 月，頁 178-182。

著位置上，大都刊在畫的邊角或石縫樹隙間。

明代戲曲小說的插圖，有著兩種傾向：一種大刀闊斧，線條粗獷奔放，不免草率粗糙，但有木趣刀味；另一種工整細巧，顯得很精緻。

明代刻工既是世代相傳，又都各逞所長，對於鏤刻是十分講究的。他們的刀刻線條，呈現出一種節奏感，轉折頓挫，點畫起伏以及拂披的刀法，都能得心應手。所謂「千姿百態，遠近離合，具在刀頭之精」，便是這個意思。徽州刻工還有這樣一個特點，因徽州產墨，很多刻工原就是雕刻墨模的工人。墨模之刻，極講究精工細緻，這也就影響徽州刻工在木刻技術上的提高。刻工們如文人治印，編出了一套雕刻刀法的名稱。安徽、蘇州的一些刻印老藝人，至今還能談出一些刀法的名目，而這些名目，與文人治印的刀法名目大體相同，如所謂雙刀平刻、單刀平刻、流雲刀、欹刀、斜刀、整刀、敲刀、臥刀、添刀、旋刀、卷刀、尖刀、轉刀、跪刀、逆刀等。

關於木刻畫的製作，在明代絕大部分都是「畫管畫，刻管刻，印管印」的，如劉素明、黃鋌那樣既能畫又能刻的藝人自然不多。不過，這種風氣也在改變，到了天啟、崇禎間，畫家胡正言與刻工汪楷的合作，又如胡正言自己也參加刷印等，都反映出對木刻畫製作者的關係在逐漸改變，畫家與刻工要求盡可能取得合作的辦法來解決。而事實上，也只有畫家與刻工取得合作，才能迅速提高木刻的創作水準。明代版畫的輝煌，戲曲小說插圖所呈現的光彩是史無前例的。戲曲小說插圖的盛行，對其他一些版畫的形式也發生了影響，對雕刻技術的提高與進步也產生了很大的積極作用。

第四節　胡正言與《十竹齋書畫譜》

《十竹齋書畫譜》是天啟七年（1627）胡正言十竹齋使用彩色套印技術印製的一部書畫譜。

　　胡正言（1582-1672），字曰從，號次公。原籍安徽休寧，從祖上遷居南京。自幼聰穎過人，少從李登（字士龍）學，移居南京雞籠山側。生性愛竹，便在居所旁植翠竹十餘竿，故名其曰「十竹齋」。他博學多才，精於六書，擅長繪畫，並善造好紙佳墨。南明弘光年間以貢生除中書舍人。他刻書頗多，而《十竹齋書畫譜》則是其中最受人稱道的彩色套印的版畫集。

　　《十竹齋書畫譜》大致在萬曆四十七年（1619）輯集鏤版，天啟七年（1627）刊成。所輯刻的作品既有胡氏自己創作的畫圖，也有當世名家如吳彬、倪瑛、魏之光、米萬鐘、文震亨及前代書學大師及畫壇巨匠趙孟頫、唐寅、沈周、文徵明、陸治、陳道復等人的作品，是中國古代所刊最有價值的彩印本畫譜之一。是當時教授人們繪畫和欣賞的教科書。

　　此書內容包括：書畫、墨華、果譜、翎毛、蘭譜、竹譜、梅譜、石譜八種。譜中引、序、紀年，是我們研究書籍刊印過程的重要資料。依「書畫譜」中的「小引」紀年看，在我國的版畫史上，以複雜的彩色套印術印製書畫譜的以胡氏為最早（圖 145-148）。在印製《十竹齋書畫譜》時，胡正言採用了「餖版」印刷技術。所謂「餖版」，就是根據一幅畫作設色的深淺濃淡、陰陽向背的不同，分別刻成多塊印版，多者可達數十版。印刷時色彩由淺到深，由淡到濃，一版一印。由於印版塊小且多，猶如宴席上的餖飣果盤，因此明人稱其為「餖版」。

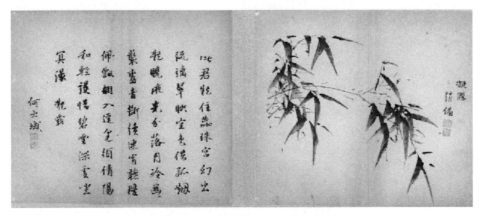

圖 145 《十竹齋竹譜》之《凝露》。

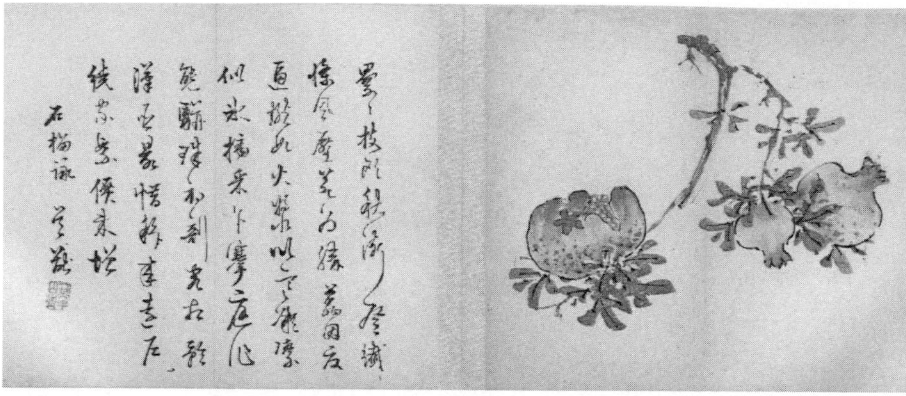

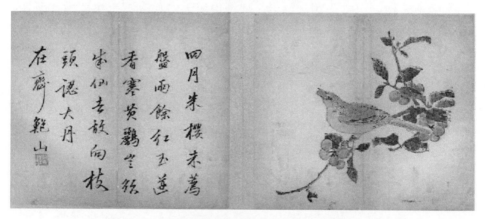

圖 146 《十竹齋果譜》之《石榴詠》。

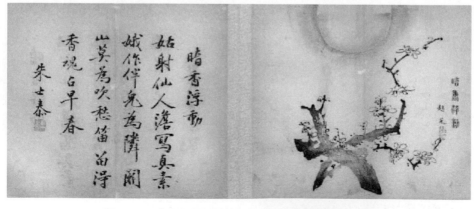

圖 147 《十竹齋書畫譜》之《四月朱櫻》。

圖 148 《十竹齋書梅譜》之《暗香浮動》。

　　《十竹齋書畫譜》作為一部教材性質的書籍，初版之後，產生了極大的影響。在當時很快就出現了多種翻刻本，但翻刻水準高下不等，多為書坊漁利而粗製濫造，盡失原本面目。爾後，為了弘揚中華的傳統文化，北京的榮寶齋、上海的朵雲軒都繼承了「餖版」印刷技術，並改「餖版」之名為「木版浮水印」。榮寶齋、朵雲軒用木版浮水印技術複製了大量的古今畫作精品，為保護、發揚中國古代和近現代的繪畫藝術做出了貢獻。為了使民眾對「餖版」術應用過程有一個初步理性認識，擇其主要步驟，介紹如下：

　　木版浮水印（餖版）主要分以下三道工序：即勾描、刻板和印刷。

一、勾描

　　勾描是根據木版浮水印的特點需要，將複雜的畫面分解開來的一道工藝過程。實際上就是根據畫面線條、顏色的具體情況分擇成若干套版樣，把畫面上的一個個局部都移植到很薄的雁皮紙上，以適雕刻版面的需要。此道工序是木版浮水印過程中能不能省工、能不能將複製品複製得與原畫氣韻面貌一致的關鍵。因此，一般都需要頗具繪畫水準的畫師來擔任。可細分為三道工序：研究分版、勾描、複描。

二、刻板

　　雕刻版面是木版浮水印中的一個重要環節，而且是一項技藝性很強的工作。為使雕鐫的版面能夠複印出原稿的形態和氣韻，達到與原作相比幾可亂真的程度，在雕版過程中必須做到如下幾點：選好合適的版材，進行精細的加工，製備合適的工具，上好版樣，刻出各種線條和皴法的風韻。梨木、杜木、棗木是我國雕印圖籍的傳統版材。它們具有不同程度的硬度和吸水力，根據畫面工細和乾潤的不同情況，參差使用，

有助於通過複印逼真地反映出古典和現代繪畫的風貌和色澤。

雕刻者的工具是非常重要的。斜刀、崩刀、平鑿、圓鑿、三角刀及木槌等,是雕刻版面的常用工具,各具不同的性能。

為了使刻者對於將要雕刻的畫幅有一個深刻的印象,在粘上版樣之前,需要對勾描出的一張張版樣進行仔細審校,以便檢查是否有丟板或勾描不合理的部分,如找出漏洞即與勾者協商解決。這項工作即通常所稱的「校樣」。刻者對原面的用筆及表現形式理解得越深刻,在雕版過程中就越能表現出原畫的精神。從勾描出的版樣來看,大都是一些毫無關聯的筆跡,只有線條多的版樣,才能看出其人形物狀。因此,在審校這些版樣時,往往產生一種繚亂的感覺。長期的工作經驗證明,最好是先從某個局部開始審校,然後一張張地依序套觀。

「上樣」是指將版樣的正面粘貼到加工好的板子上的一個過程。此道工序雖無難度,但要做得十分精心,否則,稍有疏忽,將版樣粘皺,使之變形,在印刷時就無法進行套印。將帖樣用的漿糊以小刷刷之於板,再以手掌揉勻,進而由兩人伸平版樣粘貼,還需另墊一紙以小棕刷逐面排牢。粘貼版樣的用糊必須稀、稠、薄、厚適中,少則貼之不牢,多則易使版樣墨跡暈湮。

待貼於板上的「版樣」近乾時,繼而進行「起樣」的工序。「起樣」又稱「搓樣」,猶如裝裱古舊書畫時揭心的那道工序,以中指或中指和食指並用,將版樣的紙搓掉一些,只剩下薄薄的一層。因為版樣的正面貼在板上,這樣可以便版樣上的墨跡更加清晰地呈現出來,雕刻時更容易看清筆跡的起止和筆墨特點。起樣以後,需待樣紙實乾後再行雕刻。

通過校審版樣,刻者對所要雕刻的版子已經有了一個總的印象,基本上掌握了每套版上的筆跡形態和特徵,待版樣乾後,即可持刀循序雕刻。凡要複製的書畫,大小不同,筆墨有異,色有繁簡,但勾描在版樣上的墨跡,卻基本有兩類:一是各種線條;一是各種皴筆。在進行鎪刻版面的過程中,因所刻的墨跡形態不同,則需採用不同的刻刀和不同的刀法,分而雕之。雕版是一項技術性很強而又極為複雜的工作,為木版

浮水印中的關鍵環節。自有印刷以來，每個時期都很尊敬雕手。畫家是以筆表現形物，刻者則要以刀代筆，一部分一部分地表現出原畫的用筆。

三、印刷

　　如果說勾描分版、雕刻版面是一種分解畫面層次的高超技巧，那麼印刷則是以雕刻好的印版一套套地複印成像原作那樣的形態和氣韻的再現藝術。整個印刷過程，是極其複雜的，印者往往要通過複印幾套甚至幾十套版面才能完成一幅作品，其中每一套版的印刷過程都蘊含著一定的技巧。（1）印刷用的工具，大都由自己製作，工作間的設備也要符合木版浮水印特徵的需要。（2）調製印色是印刷品質優劣的大事，瞭解各種顏色的性質，是十分必要的。運用在木版浮水印中的顏料，大都是中國傳統的礦物色和植物色，或以此調兌所需顏料，使其能夠長久地保持色度和光澤。因此，印者瞭解各色的特點是很有必要的。木版浮水印所用的墨色，猶如繪畫，都是以墨錠研製。墨分松煙、油煙兩種。松煙發烏，油煙發亮。印者多是依原畫墨色情況選用，而且汙髒畫面。（3）在印刷正式開始前，應分析原作、核對、版面、修整印版、考定印版次序等。只有這樣，開始印製後，方能有條不紊地進行套印。印刷複製係指以備好的版面、顏色，依次將原畫移植到印紙上的一種複雜的實踐過程。一般而論，要特別注意解決好悶紙的濕度，把握住諸色的性質和合色的變幻規律，掌握好「撣色的節奏，使之濃淡乾濕適當。」複印過程，先將壓好的印紙放置在右邊的案面上，再將印版固定在印案左邊的案面，待固定好印版以後，即可色複印。印完第一套版後，再換印第二套版。當固定印版時，一定要套準。繼續撣色複印，直至印完全套版數。上述僅屬一般的複印過程。

　　綜上所述，不難看出木版浮水印的技術流程是非常複雜的。由此我們可以瞭解到，數百年前胡正言在刊版套印《十竹齋書畫譜》時所付出

的艱辛。正是他們的努力,把雕版印刷技術推向一個新的高峰,開創了世界雕版印刷技術的新紀元。

第五節　陳洪綬的版畫創作

　　陳洪綬,字章侯,號老蓮,幼名蓮子,晚年號悔遲,或稱老遲。浙江諸暨人[15]。生於明萬曆二十六年（1598）,清順治九年（1652）卒,年僅五十五歲。陳洪綬是明末清初傑出的畫家,在中國版畫史上也作出了不凡的貢獻。他所繪製的《九歌圖》、《水滸葉子》、《博古葉子》等版畫傑作,都顯示出他藝術上的別具一格（圖 149）。

圖 149 陳洪綬像。

---

[15] 裘沙,《陳洪綬研究》,北京:人民美術出版社,2004 年,頁 1。

　　陳洪綬一生遭受不幸的境遇，使他的思想產生了極大的痛苦和矛盾。明亡之後，老蓮懷念故國，心情沉鬱，愈加可以看出這位畫家的氣節及其在政治上的見解。他在其著《寶綸堂集》中題詩道：「外六橋頭楊柳盡，裡六橋頭樹亦稀。真實湖山今始見，老遲行過更依依[16]。」詩句中對亡國寄有無限的傷感。又如他畫《歸去來圖卷》亦稱《陶淵明故事圖》卷，本圖描繪他棄官歸田過清苦生活的幾個特寫鏡頭，每圖都以陶淵明為中心，或配以必要的人物道具，各有題名[17]。也就是為了忠告他的摯友周亮工不要在清廷為官而創作的。這些，都可以窺見老蓮為人忠正的節操。

　　「九歌圖」：起自《東皇太一》，終於《禮魂》，凡十一幅，末附《屈子行吟圖》，為陳洪綬十九歲那年冬天創作，刊於明崇禎十一年（1638）來風季將其所著《楚辭述注》付梓，就採用這套畫稿作插圖[18]。《九歌》原是戰國時楚國民間祭歌，圖由黃建中操刀筆，線紋纖柔與豪放兼得[19]。

　　描繪《九歌》，固非老蓮首創，宋之李公麟，元之張渥及明之仇英等都曾畫過，而老蓮所作卻顯出他的別具匠心。此後，蕭雲從也畫過同一題材，雖然也有他的成就，但卻沒能超過老蓮的精心製作。

　　在《九歌》人物的塑造中，我們可以看陳洪綬對《九歌》的深刻理解。他所畫的人物，沒有借背景或其他道具來陪襯。寫《東皇太一》，他抓住人物在威嚴之中具有的仁慈之態（圖 150）；寫《雲中君》，表現其威武之中流露出的豪邁精神（圖 151）；描繪《湘夫人》，繪其背影，借此傳達出她那沉思的情態（圖 152）。他如寫《大司命》的莊重（圖 153），寫《東君》的可畏又可敬（圖 154），寫《國殤》中老將軍的堅強不屈等（圖 155），筆下人物無不具有鮮明的個性。在明代的版畫作品中，能如此注重每個人物精神狀態描繪的，誠不可多得。

16　（明）陳洪綬著，《寶綸堂集》卷九〈獨步〉，上海市：上海古籍出版社，2010.12。

17　長知史撰，《歸去來圖卷—陳洪綬/畫情詩意》，https://mychistory.com/a001-2/2021-04-06-06-29-17，2021/04/06。

18　周心慧，《徽派、武林、蘇州版畫集》，學苑出版社，2000 年，頁 21。

19　陳傳席，《明末怪傑：陳洪綬的生涯和藝術》，杭州：浙江人民出版社，1989 年，頁 85。

圖 150 《九歌圖》之《東皇太一》。

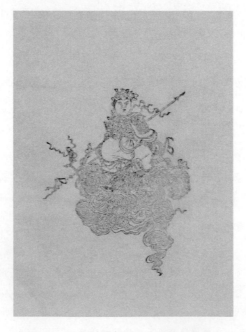

圖 151 《九歌圖》之《雲中君》。

圖 152　《九歌圖》之《湘夫人》。

圖 153　《九歌圖》之《大司命》。

圖 154 《九歌圖》之《東君》。

圖 155 《九歌圖》之《國殤》。

在《屈子行吟圖》中，老蓮成功地刻畫了屈原這位熱愛祖國，獻身民族，奠定兩千多年來詩壇道路的偉大人物的風範（圖 156）。更令人感歎的是，老蓮塑造這個歷史人物之際，尚在弱冠之時，而所作的這件藝術品，三百年來，一直為人們所讚賞。

圖 156 《九歌圖》之《屈子行吟圖》，
明崇禎十一年蕭山氏刊本。

葉子，又稱酒牌，古人市井百姓喝酒行拳時所用。牌面上所繪版畫，基本是人物版畫，還有題名和酒令，製作清致還有寓意。喝酒行令時按牌上題意而飲，不但添了喝酒氣氛，還有了文人流風雅意，酒牌因此甚受市井小人的青睞，古時酒文化其實是遠勝於今人的。

《水滸葉子》：是老蓮在版畫創作上的另一件重要作品。其實，他給《水滸》人物作畫，並不止於此。根據孔尚任《享金簿》中談到的，老蓮所作《水滸》尚有畫在手卷上的和給小說作插圖的兩種。《水滸傳》是民間最流行的富有戰鬥性的章回小說，對於這些英雄好漢，百姓無不敬仰歌頌。老蓮所創作的水滸人物，集中地表現了他對反抗封建統治階級的英雄好漢的敬愛，不僅是老蓮一生最精心的佳構，也是明末清初具有

重大意義的傑作。當時張岱在《陶庵夢憶》中評曰:「章侯自身寫其所學
所問已耳。而輒呼之曰『宋江』,曰『吳用』,而宋江、吳用亦無不應
者,以英雄忠義之氣,鬱鬱芊芊,積於筆墨間也[20]。」

《水滸葉子》,又稱《水滸牌》,是一種酒令牌子,也是現在紙牌的
前身,在明清之際極為風行。趙起士《寄園寄所寄》中曾云:「萬曆末
年,民間的葉子戲,圖宋寇姓名而鬥之,至崇禎大盛[21]。」有關這些,他
如戴名世《憂庵集》、張岱《陶庵夢憶》等都有記述。老蓮所作《水滸葉
子》,有宋江、林沖、呼延灼、盧俊義、魯智深、孫二娘、張順等四十
幅。據張岱所作《水滸葉子》的緣起中得知,這是周孔嘉請張岱促老蓮
所畫,經「四閱月而成[22]」。

《葉子》中所畫水滸英雄四十人,確是個個生動。對《呼保義宋
江》的刻畫,完全出於作者對宋江的愛戴,他表現了英雄人物的寬宏氣
度,也表現了英雄的沉著、威武、勇敢和機智(圖 157)。從表現人物性
格的明朗來看,如畫呼延灼、盧俊義、張順、時遷、吳用、李逵等都是
比較成功的作品。更從《葉子》的題詞中,還可以瞭解到作者對於這些
人物的態度。如題「赤髮鬼劉唐,民脂民膏,我取汝曹,泰山一擲等鴻
毛。」其意義鮮明,一目了然(圖 158)。江念祖在《陳章侯水滸葉子
引》曰:「陳章侯復以畫水面谷妙手,圖寫貫中所演四十人,葉子上頰上
風生,眉尖火出,一毫一髮,憑意撰造,無不令觀者為之駭目損心。昔
東坡先生謂李龍眠作華岩經相,佛菩薩言之,居士畫之,若出一人。章
侯此葉子何以異是[23]?」這恰是對老蓮作品的中肯評價。

---

[20] (明)張岱撰,《陶庵夢憶》卷六〈水滸牌〉,清咸豐二年(1852)南海伍氏刊本。

[21] (清)趙吉士撰,《寄園寄所寄》卷九,民國四年(1915)文盛書局石印本。

[22] (明)張岱撰,《陶庵夢憶》卷六〈水滸牌〉,清咸豐二年(1852)南海伍氏刊本。

[23] (明)陳洪綬繪,《陳章侯水滸葉子·引》,北京:北京圖書館出版社,2001 年 1 月。

圖 157 《水滸葉子》之《呼保義宋江》，明崇禎間武林刊本。

圖 158 《水滸葉子》之《赤髮鬼劉唐》，明崇禎間武林刊本。

　　《水滸葉子》的鏤鐫刻者可能是黃肇初，其人為徽州名手，刀筆渾厚有力，灑脫古拙[24]。此書的雕版與《九歌圖》之刻可謂有昆仲之妙。

　　《博古葉子》：五十四歲時作，或稱《博古牌》。明亡之後，陳洪綬落髮出家於雲門寺。清順治六年（1649）春，他又來到了杭州，就在回到杭州後的第三年（1651），也就是他病歿的前一年，在吳山（城隍山）火德廟的同爽閣，創作了《博古葉子》這部作品。此本亦由黃建中雕鏤[25]。

　　《博古葉子》是根據汪南溟標目題贊而畫的。計四個牌目，分寫陶朱公、石季倫至於陵仲子、陶淵明等四十八人，為四十八幅（圖 159）。其友唐九經在題記中謂：「此牌凡四十八葉，計樹之老挺疏枝，秀出物表者，得二十七。小幾大案之張，漢瓦秦銅之設，其器具，得五十八。衣冠矜飾，備鬚眉，橫姿態，而成人物者，得百四十有九。一切牛、羊、狗、馬之類不計焉[26]。」

圖 159　《博古葉子》之《范丹》、《杜甫》、《董賢》、《陶淵明》，
　　　　（清）陳洪綬繪、黃子立刻，清順治十年刊本。

---

[24] 陳傳席，〈清圓細勁：潤潔高曠明代大畫家陳洪綬的人物畫〉，《藝術家》36、37 卷，1993 年 6-7 月。

[25] 陳傳席，《明末怪傑：陳洪綬的生涯和藝術》，杭州：浙江人民出版社，1989 年，頁 86。

[26] 陳洪綬，《博古葉子》，上海書畫出版社，1981 年，頁 3。

　　從汪光被的跋中得知，此圖於老蓮歿後一年，由趙鳴佩請人鐫刻而成。汪在跋中說：「《博古》與《水滸》異乎？曰：異也。《水滸》之傳也，以人；《博古》之傳也，以事。故曰異也[27]。」就老蓮所畫人物的藝術表現手法來看，《博古葉子》與《水滸葉子》各有特點。《博古葉子》中人物的藝術表現大都通過情節來表達，如畫梁孝王、畫董賢、畫金張許史、畫武安侯、畫虬髯、畫梁鴻等都是如此。但也有通過精神狀態刻畫來表現人物的性格特徵的，如畫范冉這一幅。據記載，范冉為後漢人，辭官之後，曾賣卜於梁沛間，置生活於世事之外，「或寓息客廬，或依宿樹蔭」，後結草屋，也很單陋[28]。於是，畫家便在筆下突出主人公的思想情感和生活面貌，集中表現出這是一位對世事處處作冷淡觀的貧士。老蓮在陶潛、杜甫這些人物的描繪上，更可以見出他對這些古代詩人理解的深切，以及其向身在文學上的修養。

　　對於《博古葉子》的創作成就產生的原因，陳洪綬的好友周亮工云：「崇禎間，召入為舍人，使臨歷代帝王圖像，因得縱觀大內畫，畫乃益講[29]。」所以老蓮在晚年畫《博古牌》的成就，自非偶然。

　　《博古葉子》的刻工黃子立，為徽州名手，原名建中，技藝極高。據董無休記，子立與老蓮尚有這樣一段故事。

　　　　章侯《博古牌》為新安黃子立摹刻，其人能手也。章侯死後，子立晝見章侯至，遂命妻子辦衣斂，曰：陳公畫地獄變相成，呼我摩刻。此姜綺園為餘言者[30]。

27　黃湧泉，《陳洪綬年譜》，北京：北京人民美術出版社，1960 年，頁 87。

28　（南北朝）范曄撰，《後漢書》卷八十一‧獨行列傳第七十一，明嘉靖八至九年（1529-1530）南京國子監刊本。

29　（清）周亮工撰，《讀畫錄》，清道光丁未（二十七年，1847）番禺潘氏海山仙館刊本 https://ctext.org/library.pl?if=gb&file=84673&page=38

30　（明）陳洪綬撰，《寶綸堂集》卷首引，清代詩文集彙編；11，上海市：上海世紀出版公司，上海古籍出版社，2010 年 12。

從而可知這位畫工對老蓮不但情深至篤，對其所畫作品也是熱愛至極。

總之，陳洪綬的畫，取唐宋的傳統，也取民間的優點。他在人物形象的深刻提煉上，既注重形體的誇張，又重視神情表達的含蓄，這使他在版畫起稿上獲得了時人所不及的化境。他的版面創作，正是有《屈子行吟圖》的「少而妙」；有《水滸葉子》的「壯而神」；有《博古葉子》的「老而化」。陳洪綬的這一系列作品，在近古版畫史上煥發出獨樹一幟的光彩。

附：陳洪綬年表[31]

1598 戊戌，萬曆二十六年，生於浙江省諸暨縣楓橋鎮。

1601 辛丑，萬曆二十九年，四歲。過婦翁家，見新堊壁，登案畫關壯繆像，高八九尺。

1606 丙午，萬曆三十四年，九歲，父歿。讓家產與兄，徒步走山陰道上，租一廛僦居。

1607 丁未，萬曆三十五年，十歲。即濡筆作畫，老畫師藍瑛、孫杖輩見而奇之。

1611 辛亥，萬曆三十九年，十四歲。懸畫市中，立致金錢。

1616 丙辰，萬曆四十四年，十九歲。與來欽之學騷於寥石居。

1618 戊午，萬曆四十六年，二十一歲。為諸生。

1620 庚申，泰昌元年，二十三歲，浪跡杭州，遊靈鷲寺。

1623 癸亥，泰昌三年，二十六歲。妻來氏亡。北上京華，遊天津，得詩數百首。

1624 甲子，泰昌四年，二十七歲。南歸。初交周亮工（亮工父官暨陽，因得交章侯）。

1638 戊寅，崇禎十一年，四十一歲。為來欽之所作《楚辭述注》畫

31　郭味蕖著，《中國版畫史略》，上海市：上海書畫出版社，2016 年 8 月，頁 164-166。

插圖十一幅。歙縣黃建中（子立）初刊。

1639 己卯，崇禎十二年，四十二歲。約於此時為孟稱舜作《鴛鴦
　　　家》、《嬌紅記》序，並繪嬌娘小像及插圖四幅；為張深之《正
　　　北西廂記》作插圖六幅。

1641 辛巳，崇禎十四年，四十四歲。是年頃為周孔嘉作《水滸葉
　　　子》（張岱作《水滸葉子緣起》）。

1642 壬午，崇禎十五年，四十五歲。人貲為國子監生。此頃授內廷
　　　供奉不受。

1643 癸未，崇禎十六年，四十六歲。是年末南歸。

1644 甲申，清順治元年，四十七歲。混跡浮屠，浪遊吳越間。

1645 乙酉，順治二年，四十八歲。清兵攻浙東，大將軍從圍城中搜
　　　得之，強迫他作畫，夜遁去。

1646 丙戌，順治三年，四十九歲。是年夏逃命山谷，於多猿鳥處，
　　　薙髮披緇。改號「悔遲」、「弗遲」、「勿遲」。

1649 己丑，順治六年，五十二歲。迫於生活，再回到杭州賣畫。作
　　　《香山四樂圖卷》。

1650 庚寅，順治七年，五十三歲。在杭州，為周亮工作《歸去來圖
　　　卷》（中華書局有影本）。

1651 辛卯，順治八年，五十四歲。為周亮工作大小畫幅四十二件。
　　　作《隱居十六觀冊》（故宮印本）。作花鳥長卷（《南畫大成》
　　　十六冊）。為汪南溟司馬畫《博古葉子》四十八張，刻板印
　　　行，自書銘記。

1652 壬辰，順治九年，五十五歲。歸里，日與故舊流連詩塑造酒。
　　　是年卒。

1653 癸巳，順治十年，是年《博古葉子》由黃建中初刻印行。

第五章　由盛轉衰的清代插圖版畫

　　清代以外族入主中原，在其入關之初，蹂躪壓迫，無所不至。明末遺臣，既痛恨家國的滅亡，又哀傷救國無門，於是發為文辭，每多山河故國之思，處處流露激憤及無奈之情。藝壇名士，自不例外，在作品之中，更常以託物見志的手法，來寄存無限的感慨。所以明清交替之際的版畫，時常可以看見許多遺老名家，竭盡心思地把許多憂時傷情的感懷，表現在畫面之上，使得當時的版畫，在傳神之外，又具獨特的風格。有名的陳老蓮、蕭尺木等人，就是這個時代明顯的代表。

第一節　清期版畫概述

一、清前期的宗教版畫

　　據清康熙年間修《大清會典》等書所記，清代的佛教政策，大體上與明朝相似，這就為佛教版畫的發展，提供了宗教政策上的連續性。清初諸帝，盡皆崇信佛教。世祖順治好參禪，不僅多次召請高僧赴京說法傳道，並尊浙江玉林通綉禪師為國師，以表示對漢地佛教的崇信；聖祖康熙自稱羅漢下凡；世宗雍正號「圓明居士」，並輯選我國古今禪僧、居士及清世宗自身之禪語錄，成《御選語錄》十九卷，儼然以禪門宗匠自居；高宗乾隆對佛事的熱心，更是超越前朝，其時國內建寺造像，達有清一代最高潮。由於統治者的提倡，這一時期內佛教版畫刊梓，數量還是頗為可觀的。在繪鎸技藝方面，亦不乏經典之作。

（一）《大藏經》中的版畫

清順治、康熙二朝（1644-1722）的刻經事業，以補續《嘉興藏》為大宗。當時各地民間、寺院刊行的僧傳、語錄，經版皆集中於嘉興楞嚴寺。1920 年，北京刊行《嘉興藏目錄》，著錄《續藏經》227 種；《又續藏經》189 種，是為刊於清初而附於明版《嘉興藏》的典籍，其中不少本子，如《其白富禪師語錄》、《栗如禪師語錄》、《百愚斯禪師語錄》等，皆冠有禪師圖像；其他如《列祖提綱錄》（圖 160）等，則冠有「寫經圖」一類較複雜的扉畫。

圖 160 《列祖提綱錄》之「寫經圖」。

清代官版大藏經的刊刻，始於雍正朝。雍正十一年（1733）開藏經館，延請博通佛典的大德高僧在北京賢良寺校理群經，十二年（1734）二月開雕，至乾隆三年（1738）畢其功，世稱「龍藏」。據《大清三藏聖教目錄》載：主持其事的為和碩莊親王允祿、和碩和親王弘晝。經卷前冠佛說法圖，繪鎪精細，紙墨上乘，堪稱清前期北方佛教版畫的代表作（圖 161）。但刀刻細緻有餘，柔潤圓轉不足，整體佈局追求莊嚴、肅穆，沒有明刊大藏經扉畫恢宏博大的氣象，曼妙華美的氛圍，是其缺憾。

圖 161 清刻龍藏佛說法變相圖。

（二）經卷扉畫

　　清前期單刻佛典扉畫所遺數量頗多，其中固然不乏佳作，亦多見平庸之作，順治八年（1651）鮑承勛刻圖本《過去莊嚴劫千佛名經》，是單刻佛典扉畫中最突出的傑作（圖 162）。鮑守業（約 1625-1695），字承勛，安徽旌德人，是徽派木刻家群體中最後的巨匠之一，被譽為徽派版畫的「殿軍」。除此本外，還刻過道教版畫《太上感應篇圖說》，以及《雜劇新編》、《揚州夢傳奇》等戲曲版畫，是一位多才多藝的木刻家。此本扉畫繪佛說法情景，但一反靈山法會的傳統樣式，而是將佛置於翠柏祥雲中，跏趺坐於石基的台座上，格調清新別致。鮑承勛的鐫刻，如行雲流水，自然順暢，大至人物造型的刻畫，小至衣紋雲樣、山石草木，皆精雕細琢，畢見功力。鮑承勛主要在蘇州剞劂之業，此本亦應刻於此地，故其雖出自徽派名工之手，亦具有蘇派版畫爽朗清純的特色。

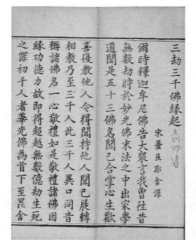

圖 162 《過去莊嚴劫千佛名經》之釋迦牟尼佛圖。

其他如順治九年（1652）盛京響鈴寺刊《慈悲道場懺法》，畫面繁縟，佈局穩妥，鎪刻風格渾厚，但線條運用平直，人物造型亦略顯單調（圖 163），1981 年大理州佛圖寺塔出土，長 722 釐米、寬 24.8 釐米，大理市博物館藏。扉畫左下方刻有「蒼山僧人趙慶刊造」，證明此經卷為大理本地刻本，極為珍貴。

圖 163 《慈悲道場懺法》，1981 年大理州佛圖寺塔出土，
大理市博物館藏。

康熙年間（1661-1722）刊《三教同源錄》，卷首冠孔子、釋迦、老子像，圖繪簡約，線條運用卻略顯粗糙；三十三年（1694）刊《千手千眼大悲心咒行法》（圖 164），卷首圖 16 幅，係自明天啟年間刻《佛說觀無量壽佛經》翻雕，亦精雅，不過眉目、毛髮等細微之處，卻顯力有未逮；四十四年（1705）刊《藥師琉璃光如來本願功德經》（圖 165）、五十四年（1715）刊《妙法蓮華經》、五十七年（1718）刊《往生淨土懺願儀軌》諸本，皆是精雅典麗、鐫刻細緻的佳作，很好地反映了康熙時佛教版畫的雕鐫水準。雍正十三年（1735）刊《勝天王般若波羅蜜經》；乾隆二年（1737）刊《大方便報恩寶懺》、二十二年（1757）刊《金剛經決疑錄》、二十四年（1759）刊《母音咒》等，也都冠有較為精美的扉畫。不過，這些作品也大都存在著只求精細而不求神韻的缺點。

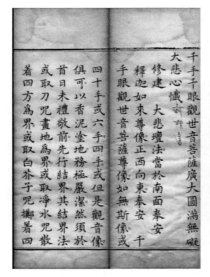
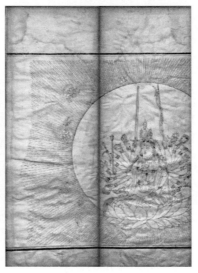

圖 164 《千手千眼大悲心咒行法》，清康熙五十八年刻本。

圖165 《藥師琉璃光如來本願功德經》，清康熙五十一年刻本，卷前有
　　　 如來說法圖，卷末有韋陀圖，刻印精細。全文楷書娟秀。

（三）佛教版畫圖集

　　清前期所刊佛教版畫圖集，是其間佛教版畫藝苑成就最突出的一
種，無論繪、鎸，皆能代表清刊佛畫的最高水準。

　　《觀無量壽佛經圖頌》，清順治十二年（1655）雙桂堂刊本（圖
166）。當時四川梁平修建雙桂堂佛寺，並刻此圖頌，以弘揚蓮宗。此經
述阿闍世王子與其父結怨故事，講述觀想佛國的莊嚴曼妙，共有日觀
想、水觀想、觀世音菩薩觀想、大勢至菩薩觀想等十六觀想，提倡真心
修善戒持，以滅罪消災，往生淨土。由於經卷內容豐富，情節具體，很
適合以圖解經。此本所繪，即為本經經變。圖版線條的運用舒展纖細，
綿密清勁，人物刻繪栩栩如生，又通過飛天祥雲、七寶蓮池、樓臺水
榭、綠葉修竹，描繪出佛國世界的無限美好，把信徒的觀想，成功地再
現出於圖畫中；諸生善惡因果，亦昭然揭示於有形，堪稱是清初所刊圖
解經卷的典範之作。

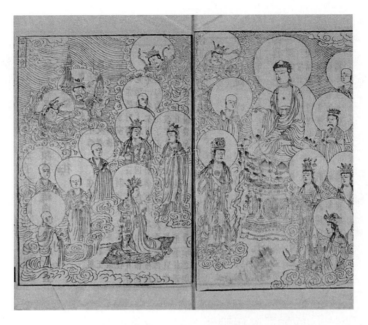

圖 166 《觀無量壽佛經圖頌》經卷內容豐富，情節具體，很適合
以圖解經。是清初所刊圖解經卷的典範之作。

　　《妙法蓮華經觀世音普門品》，清初所刊此經變相，大約有四、五種
之多（圖 167）。其中較著名的本子有二：一是南京仿明洪武年間應天府
沙福智施刊、陳聲刻圖本，繪鑴線條僵硬平直，人物造型粗簡，表情呆
板乏味，與明刊本相比，氣韻全無。其二為康熙十九年（1680）陳延
齡、周介庵施刊本。據稱二人偶得元至順二年（1331）刊本，因殊印磨
損，圖亦漫漶，故施資重梓。圖繪用筆遒勁，起落嚴密，而又自然流
暢、一氣呵成，觀音尊像古樸秀雅，多以梳寶髻，飾纓絡，慧髮垂肩，
腕戴金釧的形象出現，在情節刻畫上，注重揭示得度者、遇難者與觀音
的情感溝通與交流，面目表情繪寫亦極豐富，至於舟船宮殿、水榭樓
臺、山石林木、瑤草瓊花、雲紋水波，乃至一几一案、寶樹瓶花，無不
精心勾勒，務使情景交融，融為一體，是清刊佛教版畫中難得一見的佳
作。元至順本今已不復見，故此本雖為翻刻，亦顯十分珍貴。

圖 167 《妙法蓮華經觀世音普門品》，姚秦釋鳩摩羅什譯、
隋釋闍那笈多譯重頌，明泥金寫本。

　　《觀世音菩薩慈容五十三現》，清康熙年間戴王瀛翻刻晚明本，刀刻
一絲不苟，基本能保存原作神韻，但在線條的運用上，終究不若明版活
脫、輕靈（圖 168-169）。這部作品，在中國佛教版畫史上影響頗大，除
此本外，另有民國翻刻本及 1957 年金陵刻經處翻刻本。諸本中，以原刻
初刊為最佳，此本較之後世翻刻本，則猶勝一籌。

圖 168 《觀世音菩薩慈容五十三現》，第五十三現上題／佛弟子
戴王瀛家藏。

圖 169 《觀世音菩薩慈容五十三現》之慈容一。

《造像量度經》，清工布查布編譯，清乾隆七年（1742）刊本。（圖170）所謂量度，即指佛教造像藝術中最基本的體位分配比例尺度。此經總結了西藏，主要是密宗的造像標準，對佛像的姿態、服飾、座子的比例、尺寸都有則例，並附圖釋，且繪鎪俱精審，不僅是一部佛教造像的工具書，也是一部優秀的版刻佛像圖集。

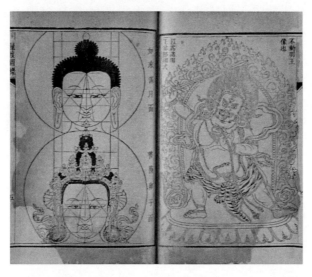

圖 170 清乾隆間王府刻本《造像量度經》一卷、續補一卷。

（四）獨幅雕版佛畫

清前期所刊獨幅雕版佛畫品種豐富，題材多樣，數量亦不少。僅據《湧泉寺經板目錄》著錄，就有《三接引佛像》、《釋迦文佛像》等二十餘幅。但因這類作品多為施與信徒作供奉禮拜誦念之用，隨印隨施，長久流傳不易；圖書館、博物館等收藏機構入藏更少，搜集起來極為不易。

《華藏莊嚴世界海圖》是一幅規制宏大的獨幅木刻佛畫，長、寬皆在一米以上，據稱原懸於鎮江金山寺（圖 171）。「華藏世界」為佛教用語，即「蓮華藏世界」的簡稱，意指極樂世界，為大乘佛教所信仰。圖版繪刻繁密而層次分明，在莊嚴、曼妙的氛圍中，150 餘尊佛、菩薩及諸天集於一堂，佛國的安樂與祥和被表現得淋漓盡致。圖版左下角有「旌邑鮑守業」刊署；刊刻時間署「丁未」，或為康熙六年（1667），或為雍正五年（1727）。在中國古代所遺獨幅佛畫中，當以此圖所繪人物最多，場景亦最為輝煌富麗。刻工鮑守業，或以為與明末清初版刻巨匠鮑承勛同族，惜無確證，有待考證。

（五）佛教人物與山水版畫

清初版畫藝苑中，以山水、人物版畫成就最為突出。這一特點，在佛教版畫中也有充分反映。

康熙十五年（1676）刊《佛祖正宗道影》，是清代佛教人物版畫中最重要的作品之一。此本據明崇禎本《諸祖道影傳贊》補繪，自 130 餘尊增至 160 餘尊。人物刻畫皆具動態，筆力傳神而富於變化，如「龍樹菩薩」一幅，通體衣紋皆用粗墨線條勾勒，厚重雄渾，幾有飛動之勢（圖 172）。其他作品，也都是個性鮮明，氣定神閒的佳作。補繪者為禹航雲福院釋淨一。清道光年間，釋守一又補人教、律、蓮及旁支高僧像 70 餘圖，成 240 幅，每圖皆附傳贊。三本風格劃一，珠聯璧合，堪稱佛教人物版畫巨製。

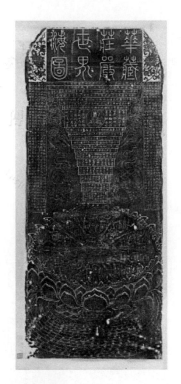

圖 171 《華藏莊嚴世界海圖》上石拓片，元仁宗延祐六年正月。

圖 172 康熙十五年（1676）刊《佛祖正宗道影》，
是清代佛教人物版畫中最重要的作品之一。

　　非佛教題材的人物版畫圖集，也有附刻佛、菩薩尊像的本子。康熙八年（1669）刊《凌煙閣功臣圖》，前繪唐開國 24 功臣像，後附刻觀音大士像 3 幅（圖 173）。圖為著名畫家劉源繪稿，鑴刻名家朱圭操刀。此類作品，為畫家遊戲翰墨之作，信手拈來，隨心所欲，不受宗教教義、規矩的束縛，反而顯得自然、生動。如其中觀音倚石小憩的一圖，神態自然、灑脫，令人覺得親切。袁鈵為本書作序稱：「伴阮（劉源字伴阮）之畫，無不各臻於化境，而凌煙一圖，尤為工巧絕倫[1]。」此評對這三幅觀音像而言，同樣是適用的。

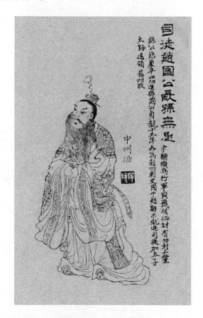

圖 173　美國沃爾特斯藝術博物館藏清代《凌煙閣功臣圖》，
　　　　趙公長孫無忌第一。

1　（清）劉源繪，《凌煙閣功臣圖》袁鈵序，台北市：廣文，1982 年。

二、清前期山水人物版畫

清順治至乾隆間的山水、人物版畫,是清代版刻藝苑中一株耀眼的奇葩,相比於明萬曆、天啟、崇禎而言,清代山水畫雖有佳作,數量卻不是很多。清前期所刊不僅佳本如雲,繪鐫亦精,標誌著中國古代山水、人物版畫進入了一個盛況空前的時代。

(一)山水版畫

我國志書的修纂,為時甚早,數量也極為豐富,據民國二十四年(1935)朱士嘉在《中國地方誌綜錄》一書中的統計,我國各種志書,存世可稽的有五千八百三十二種。其中清代一朝的方志就錄有四千六百五十五種,這個數字不難考知我國地方文獻的豐富情況了[2]。志書中為了充分表現它的功能,常在書中或書前附有木刻插圖。這些插圖通常以輿圖式的作品為多,但有些志書更插入一些當地的山川景物風景圖或鄉土人情的版畫,例如乾隆時刊行的《西湖志》中就有《行宮八景》(圖 174)、《湖心平眺》(圖 175)等圖,光緒間刊印的《雲南通志》中,則收有大量的苗、傜等邊疆民族人物圖。有些插圖雖然很平凡,但別出心裁的創作與精美的鐫刻也往往而在,值得珍視。何況志書中的插圖,不但提供研究古代各地鄉土人情或山川勝跡的資料,而且還可以從而得知各地木刻版畫的不同風格與特點,所以在研究版畫方面,是極為珍貴的資產。

---

2 朱士嘉編,《中國地方誌綜錄》,1935 年商務印書館出版。《中國地方誌綜錄》主要內容簡介及賞析參見 https://www.vrrw.net/wx/32623.html

圖 174　乾隆時刊行的《西湖志》之《行宮八景》。

圖 175　乾隆時刊行的《西湖志》之《湖心平眺》。

　　清前期山水版畫，以方志所刊插圖為最大遺存。是時國力強盛，朝廷重組修志，雍正七年（1729），即詔令各省修通志，以備一統志探擇，各省府、州、廳、縣幾無不有志，在這種風氣的影響下，山志、水志、

遊覽志等專志大量湧現，其中不乏繪鐫俱稱上乘的佳作。清康熙、乾隆帝喜巡遊，並刊有《南巡盛典》等書以記其盛（圖 176）。刻畫婉麗繁複而不失明淨挺拔，是清代殿版畫中的上乘之作。並對山水版畫的創作起到了推動和示範作用。

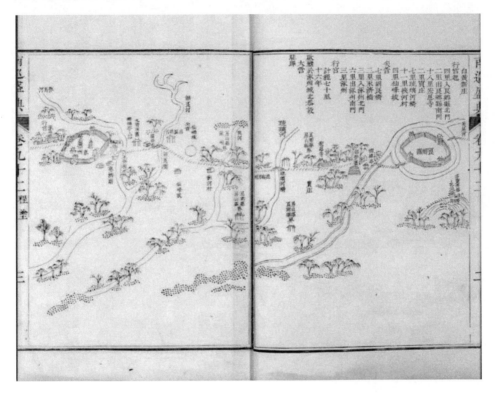

圖 176 《南巡盛典》，一百二十卷，（清）高晉等纂，
清乾隆三十六年（1771 年）刻進呈本。

　　順治時國事稍定，百廢待興，版畫事業處於明末清初大動亂之後的恢復期，山水版畫尚不多見。其間著名畫家蕭雲從繪、名工劉榮鐫圖的《太平山水圖》，則堪稱有清一代山水版畫中首屈一指的傑作（圖 177）。

圖 177 《太平山水圖》，是「姑孰畫派」的經典代表作品，
也是蕭雲從最值得稱道的作品之一。

康熙、雍正時清王朝的統治日趨鞏固，社會安定，經濟發達，官刻
殿版畫《萬壽盛典圖》（圖 178）、《御制避暑山莊三十六景詩圖》（圖
179）、以類書《古今圖書集成》（圖 180）等，都刊有大量園林、山水版
畫；名勝古跡專志中的版畫，亦呈方興未艾之勢，是清代山水版畫最為
興盛、繁榮的時期。

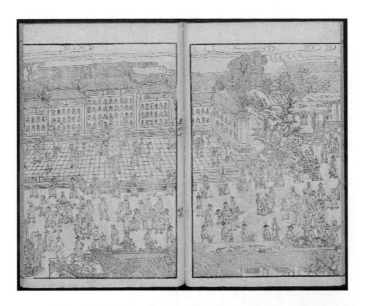

圖 178 《萬壽盛典圖》係著名刻工朱圭所版刻,構圖嚴謹,
人物精緻,景物繁複,是清朝前期版畫的代表作。
並詳細紀錄清聖祖六十歲的慶典活動。

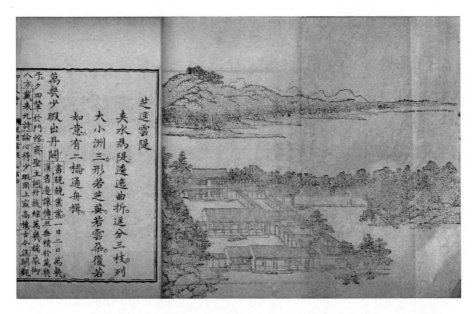

圖 179 《御制避暑山莊三十六景詩》又稱《避暑山莊詩》,是描繪
清代皇家園囿避暑山莊之建築風貌和景致的詩文圖畫集。

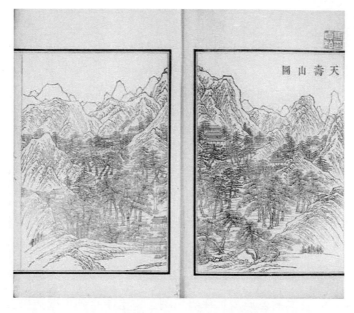

圖 180 《古今圖書集成·山川典山圖》不分卷，
清雍正間（1723-1735）內府刊單行本。

　　黃山勝景名聞天下，歷來有「五嶽歸來不看山，黃山歸來不看嶽[3]」
的美譽。康熙時所修《黃山志》版本甚多，且多附圖以記其勝境。黃山
位於徽派版畫發源地的安徽歙縣，有優良的木刻畫傳統，於是使繪寫黃
山的版畫成為清刊山水版畫中頗具代表性的、重要的組成部分。

　　程弘志輯本《黃山志》，康熙年間刊本，卷首冠黃山圖一幅，十四頁
首尾相連，序稱汪晉谷依圖經所繪，黃山三十六峰及岩洞、僧舍、寺
觀、村落皆入畫圖，有「黃際之刻」、「黃松如鐫」刊署。黃松如（1644-
1692），名藏中，除此本外，尚為歙縣志刻過插圖；黃際之（1629-
1695）所鐫版畫僅見此一種，兩人都是虯村黃氏入清之後的名工。這套
版畫是對黃山名蹤勝跡作全景式描繪的，規制宏大的罕見之作。

3　徐霞客曾兩次登上黃山，並留下「薄海內外之名山，無如徽之黃山。登黃山，天下無山，
　觀止矣！」的讚嘆。這句話被後人引申為「五嶽歸來不看山，黃山歸來不看嶽」，成為宣
　傳黃山最有力的標語。

　　《黃山志定本》七卷，清釋弘濟閱定，閔麟嗣纂輯，康熙十八年（1679）刊本，蕭晨摹舊志成圖，旌德湯能臣、上元柏青芝刻。蕭晨工山水，擅人物，尤以畫雪稱絕（圖181）。

圖181　《黃山志定本》卷首山圖。

　　閔麟嗣稱得明萬曆時插圖名家鄭千里所繪黃山圖，因囑蕭晨摹繪，梓之簡端。首冊雙面連式圖十六幅，給鐫秀雋清逸，不掩天然秀韻。康熙二十一年（1682）黃身先修《黃山志略》，圖十二幅，即多據《定本》圖摹刻。

　　在清代以黃山為題材的山水版畫中，以清釋雪莊繪《黃山圖》最為出色。雪莊，淮安人，名道悟，晚年隱居黃山。繪山形水態而得其神，去著意點染天地自然的「靈性」，正是中國山水畫的真諦。

　　吳荃見雪莊所繪，大為讚賞，乃「亟聯同志，梓而行之」，與吳瞻泰、汪士鋐等通力合作，付之棗梨。汪士鋐於康熙十五年（1676）輯錄黃山詩文，成《黃山志續集》，就用這套版畫作了《續集》的插圖（圖182）。吳瞻泰跋語盛譽這套版畫說：「其（指雪莊）性情與山水合一，故

其筆墨與天工俱化也[4]」，寄情於山水之間，用身、心去體會天地自然的神韻靈逸，點翰於尺幅，當然比那類但求形似而以寫真自詡的作品要高明得多。

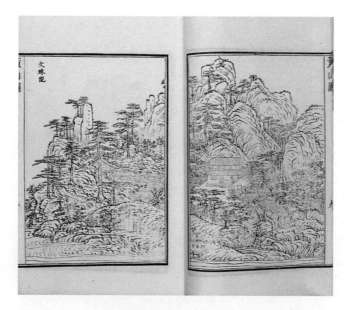

圖 182　汪士鋐於康熙十五年（1676）輯錄黃山詩文，
成《黃山志續集》。

　　康熙三十九年（1700）刊《黃山續志定本》，八卷，係據汪士鋐《黃山志續集》增補添益而成，插圖筆致高古清逸，有絕塵出俗之姿，也是清代山水版畫中的上上之選。此本與雪莊所繪《黃山圖》，堪稱以黃山為題材版畫中的雙璧。

　　康熙年間所刊其他地方志及山水地理類書，也有不少本子刊有版刻圖畫，論其精工典麗，較之黃山圖諸本或有未逮，但亦不乏上乘之作。康熙三十二年（1693）刊《休寧縣志》，陳霞、陳邦華繪圖，黃方中（正如）、程波鐫刻。圖雙面連式，休寧勝境多加探錄（圖 183）。二十九年刊《九

4　（清）汪士鋐等纂修，《黃山志續集》〈吳瞻泰跋語〉，清康熙年間刻本。

華山志》，九華山為道教勝地，亦在休寧境內（圖 184）；同年靳治修《歙
縣志》，卷首冠圖，清吳逸繪，逸字蹤林，休寧人，善山水（圖 185）。刻
工黃松如、黃正如，都是虯村黃氏刻工中的名手。上述諸本，皆誕於徽
州，足證此時徽州的山水版畫，在全國還是佔有很重要的地位的。

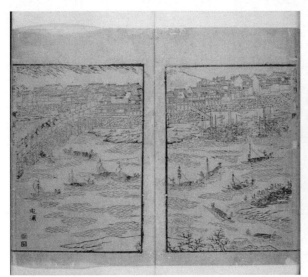

圖 183 《休寧縣志》八卷，汪晉徵等纂、廖騰煒修，康熙 32 年刊本。

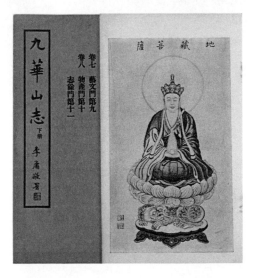

圖 184 《九華山志》之地藏菩薩。

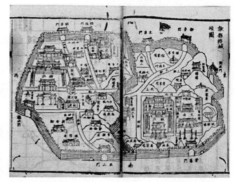

圖 185　清康熙年間刻本《歙縣志》，卷首圖說。

　　其他地區修撰的志書，附刻版畫之精工，很有一些是可以和徽州所刻並駕爭先的。康熙二十四年（1685）聚星樓刊《池州杏花村志》十二卷，貴池郎遂編輯。此本繪「杏花村」十二景，有「白浦風荷」、「杜塢漁歌」、「齊山洞天」、「三台夕照」等名目，畫風清麗，景致幽然，與徽州所刻相比絕無遜色。五十一年（1712）篛軒章氏刊《墟中十八圖詠》，署章標繪圖，周明風、張大楫、蔡柱成刻，繪寫浙江四明風光，亦精緻。五十九年（1720）刊《西江志》，白潢、查慎行等纂修，圖版很有特色（圖 186）。滕王閣一圖煙波浩渺，千帆競渡，氣勢恢宏。其他如康熙間刊《徽州府志》、《靈隱寺志》、《天台山志》、《西湖志》、《閩頌彙編》、《虎丘山志》等，都刊有精美的版畫。

　　康熙年間所刊文集、譜錄類書，也有精鐫山水版畫的本子。康熙二十四年（1685），刊《懷嵩堂贈言》四卷，清耿介定編，汪璉繪，鮑承勛刻。汪璉，字汝陽，江蘇吳縣人，其自題云：「嵩山名勝甲天下，然非身履其地，莫由識此山真面目也。康熙二十年余訪張明府于登封，得探二室之奇，往來寤寐間。今耿太史逸庵先生命余繪圖，以答明府懷嵩之意[5]。」可見這幅版畫，是汪璉親歷嵩山的寫真之作。鮑承勛所刊，精整婉麗，此圖也是這位木刻藝術家留下的唯一一套山水版畫名作。

5　（清）耿介輯，《懷嵩堂贈言》，懷嵩堂清康熙二十四年（1685）刊本。

圖186 《西江志》之《滕王閣圖》。

　　康熙五十三年（1714）刊《白嶽凝煙》，又稱《白嶽全圖墨譜》，是一部應該給予充分重視的木刻山水版畫集（圖187）。白嶽位於安徽休寧縣西三十里的齊雲山，盛產松煙，多有以製墨為業者，此本就是一部墨譜。白嶽與黃山相對，為安徽勝境，自古以黃山白嶽並稱。

　　書前汪濚序稱：「吾邑交萬山之中，山如清麗，白嶽為最。然物產獨寡，惟制墨擅名，由來舊矣。……吾家次侯，動靜食息，咸與白嶽相晤對，因繪其全圖，選擇上煙，匯為一函[6]」，似圖出自汪次侯之手。然而末圖「登封橋」署「吳鎔繪」，鎔字孔章，篆圖人，諸圖妙寫天然，法度謹嚴，風格劃一，以此而言，吳鎔才是真正的繪圖者。鐫手刊署劉功臣，刀法嚴竣謹潔，趣盡畫圖之妙。各圖題跋皆由海內名家點翰，篆、隸、行、草、楷諸體書具見功力，故本書雖為墨譜，也是一部以圖配文，以文解圖的山水版畫精品。曾為鄭振鐸（1898-1958）舊藏。

---

[6]　清汪濚編，清篆圖吳鎔繪，海陽劉功臣刻，《白嶽凝煙》序，清康熙五十三年（1714）刊本。

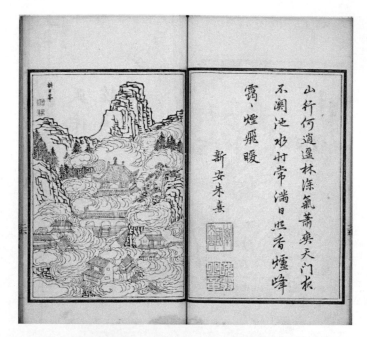

圖 187 《白嶽凝煙》，又稱《白嶽全圖墨譜》，是一部
應該給予充分重視的木刻山水版畫集。

　　雍正時所刊山水版畫，有九年（1731）刊《西湖志纂》，清李衛編，
書內插圖，雙面連式，除傳統的西湖十景外，另有《南屏曉鐘》等版畫
多幅（圖 188）。此本係官修志書，圖版明顯受殿版畫風格影響，畫面雖
細微雅潔，但顯板滯，采人景觀，已是康熙南巡後的西湖風光，人工化
色彩極濃，缺少天然情趣，故圖畫雖工，卻遠不如《黃山志》等志書版
畫來得真切、自然。

圖 188　《西湖志纂》，清乾隆乙亥（二十年，1755）刊本，
　　　　此圖為《南屏曉鐘》。

　　乾隆年間的山水版畫頗為興盛，以數量而言，在清前期四朝中是比較多的，亦不乏繪鐫俱稱上乘的本子。乾隆三十年（1765）刊《平山堂圖志》，清趙璧編纂（圖 189）。平山堂為江蘇揚州名勝，位於瘦西湖畔，宋歐陽修所始建。本書圖版前後相連，若展開來看，就是一長卷，湖光山色，殿閣樓臺盡收眼底，對研究清代平山堂的歷史風貌有重要參考價值。

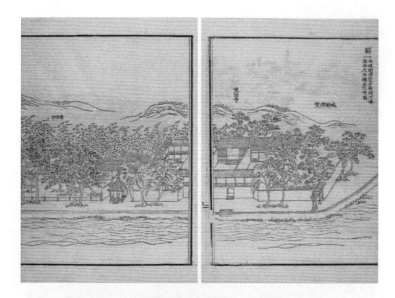

圖 189 《平山堂圖志》，（清）趙璧編纂修，乾隆三十年（1765）刊本。

　　《古歙山川圖》一卷（圖 190），清乾隆年間（約 1757）阮溪水香園刊本，吳逸繪。清康熙時《歙縣志》，此本即將《歙縣志》中的版畫別刊成冊。構圖或清麗典雅，或氣勢磅礴，具有較高的藝術性。

圖 190 《古歙山川圖》一卷，（清）吳逸繪，清乾隆阮溪水香園刻本，
　　　　現藏中國國家圖書館。

　　據《歙縣志》卷二十八載：「吳逸，工山水，康熙縣志諸圖，皆其手繪[7]。」又民國間石國柱修《歙縣志》卷十載：「吳逸字疏林，向呆人。工山水，仿各家皆妙，善仕女。康熙邑志諸圖，皆其手繪[8]。」《古歙山川圖》繪鐫雖精雅，與蕭氏所繪《太平山水圖畫》相比，自然清逸的韻味終遜一籌。

　　乾隆時所刊山水版畫，較著名的尚有十一年（1746）刊《揚州東園題詠》四卷，清賀君召編錄，錄《東園圖》十二幅，袁耀繪圖。《聽松庵竹爐圖詠》四集（圖 191、192），首冠乾隆帝「駐蹕惠山詩」，圖版多出自名家，明九龍山人汪紱、明永樂時畫家履齋、明成化時畫家吳珵，清畫家張宗蒼的作品，皆輯錄其中。乾隆三十二年（1767）刊《天台十六景圖》，附於《天台山方外志》之末，筆調蒼勁渾厚，每圖題古人詩句，與蕭雲從《太平山水圖畫》頗相類，由鮑汀鐫圖，刀刻純熟老到，可與《太平山水圖畫》媲美（圖 193、194、195）。

圖 191　吳珵於成化十三年（1477）所繪《聽松庵品茗圖》。

7　（清）靳治荊修，《歙縣志》卷二十八，清康熙間（1662-1722）刻本。

8　石國柱修；許承堯纂，《歙縣志》卷十，民國二十六年（1937）排印本。

圖 192　清代畫家張宗蒼奉乾隆之命補繪的《聽松庵品茗圖》。

圖 193　清乾隆三十二年（1767）刊《天台山方外志》之
《天台山十六景圖》。

圖 194 清乾隆三十二年（1767）刊《天台山方外志》之
《天台十六景圖・赤城棲霞》。

圖 195 清乾隆三十二年（1767）刊《天台山方外志》之
《天台十六景圖・桃源春曉》。

　　《蓮池書院圖》一卷（圖 196），清方觀承、王敘所撰，書院位於今河北保定市，始建於元太祖二十二年（1227），明清間屢有擴建，成為北方的著名學術中心。圖版繪刻精整，是北方山水版畫的傑作。

圖 196　張若澄《蓮池書院圖》35.6×215.5 cm。

　　乾隆時所刊其他山水地志，如《焦山志》、《攝山志》、《浙江名勝圖說》、《西湖志纂》、《蘇州名園圖詠》、《江南名勝圖說》、《揚州東園圖詠》、《揚州二十四景詩畫圖》等，也都附刻有精美的版刻圖畫，但比起上述兩種，多少有稍遜一籌的感覺。

（二）人物版畫

　　在清前期版畫藝苑中，人物版畫所取得的成就，足以和山水版畫媲美。清廷入主中原後，人心思漢，痛恨明王朝官吏的腐敗無能，不能守土衛國，鐫刻古聖賢名將，期望有如斯英雄出世扭轉乾坤，恢復漢家江山，也是此類版畫得以盛行的原因之一。

　　《凌煙閣功臣圖》不分卷，清康熙八年吳門柱笏堂刊（鈐印）本，清劉源繪。劉源，字伴源，號猿仙，河南祥符人。寄居於江蘇蘇州。康熙間供奉內廷，官至刑部主事。工書畫、精鑑賞製作等都精彩絕倫。時人有比之於王維者。劉氏《凌煙閣功臣圖》與同時的金古良《無雙譜》齊名，代表康熙時期人物版畫的風格。

　　據《國朝書畫家筆錄》，作劉阮，稱其為河南駐防漢軍旗鑲紅旗人，天分超詣，工書擅繪事，山水人物皆著稱當時，謂其奇人有奇氣，當也

是超凡脫塵、磊落不羈的人物[9]。他在《凌煙閣功臣圖》自序中說，他因慕明陳洪綬《水滸葉子》「古法謹嚴、姿神奇秀，輒深嚮往，而別為《凌煙閣功臣圖》[10]」。他對陳洪綬以精妙墨筆為綠林之豪客繪像，是做了一番大大的詰難的，所以他所繪的《功臣圖》，皆為勛業卓著、忠烈傳於千秋的能臣名將。陳洪緩所處的時代，正是明王朝大廈將傾的末世，而劉源則生活在康熙「盛世」兩人對「強盜」的理解肯定是不同的。到底用精妙墨筆「表彰」誰人，其實是藝術家處於不同時代不同心態的反映。

《凌煙閣功臣圖》凡三十圖，繪刻唐代開國功臣杜如晦、魏徵、房玄齡（圖 197）、尉遲敬德（圖 198）、秦叔寶（圖 199）、虞世南（圖 200）等二十四人像，前有佟彭年、蕭震、沈白、袁鈁等人序，圖繪人物表情動態迥出常畦，生動自然而又卓有新意，服飾器物，匠意剪裁，衣紋筆法，精密簡練，每一幅都是匠心獨具的佳作。蕭震謂：「予技圖但見所謂二十四公者，不言笑而具鬚眉，無血肉而有生氣。並劉子心目，無一不歷歷焉，呼之欲出[11]。」從中也可以看出時人對這套版畫推崇的程度。

---

9 （清）竇鎮輯，《國朝書畫家筆錄》，南京市：鳳凰出版社，2011.08 據清宣統三年（1911）文學山房木活字本影印，並收錄於無錫文庫，第四輯，無錫文存 28 冊，第 23 冊頁 514-636。

10 （清）劉源繪，《凌煙閣功臣圖．自序》上海市：復旦大學圖書館，2010.10 據清康熙七年（1668）吳門柱笏堂刻本影印。

11 （清）劉源繪，《凌煙閣功臣圖．蕭震序》，清康熙八年吳門柱笏堂刊本。https://new.shuge.org/view/ling_yan_ge_gong_chen_tu/

圖 197 《凌煙閣功臣圖》之司空梁國公房玄齡。

圖 198 《凌煙閣功臣圖》之開府儀同三司鄂國公尉遲敬德。

圖 199 《凌煙閣功臣圖》之左武衛大將軍胡國公秦叔寶。

圖 200 《凌煙閣功臣圖》之禮部尚書永興郡公虞世南。

　　《凌煙閣功臣圖》由名工朱圭鐫刻，奏刀挺拔，鋒刃傳神。他在書中鐫有題記稱：「圭世儒業，家貧未就，苦心剞劂，將托於當代之善書畫者，以售其末技。戊申秋，伴翁劉先生以凌煙閣圖授梓，圭竊幸得附先生之後，庶幾驥尾青雲，榮施簡末，以近當世，知者其毋曬焉[12]。」（圖201）從這段題記中，對朱圭這位一代名工的身世，使人多少有一些瞭解，從中也不難看出，朱圭本人對這套版畫也是很自詡的。

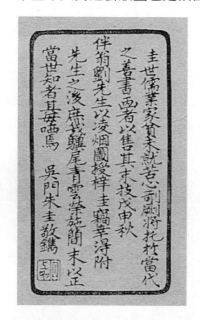

圖201　《凌煙閣功臣圖》由名工朱圭鐫刻牌記。

　　《息影軒畫譜》一卷，清梁清標輯，明崔子忠繪，清康熙十二年（1673）梁清標刊本。繪有自上古許由至明海瑞歷代人物全身像四十三幅，前像，後書傳，故雖名為畫譜，實為人物像傳類書（圖202）。

12　（清）劉源繪，《凌煙閣功臣圖・朱圭牌記》，清康熙八年吳門柱笏堂刊本。https://new.shuge.org/view/ling_yan_ge_gong_chen_tu/

圖 202 《息影軒畫譜》之杜甫像。

崔子忠（約 1574-1644），初名丹，字開予。後改名子忠，字道母，號北海，又號青蚓，原籍北海（山東萊陽）人，後移居順天（即北京）。與陳洪綬齊名，世稱「南陳北崔」，明甲申之變後，藏匿在自己的密室當中，後因缺少糧食而餓死[13]。崔子忠善畫人物、仕女，題材多佛畫即傳說故事，取法唐宋，頗具古意，是一位很有氣節的畫家。此本鐫刻精到，人物表情豐富，動感極強，有極高的藝術價值。

《南陵無雙譜》不分卷，清金古良繪圖幷撰文，朱圭刻。古良名史，別號南陵，山陰（今浙江紹興）人，或南陵人，乾隆《紹興府志》載其事蹟甚詳。此本前有宋俊琴序，署康熙庚午，即康熙二十九年（1690），另毛奇齡所撰引言，署「七十七老人奇齡」，毛奇齡生於明天啟三年，由此下推，撰引言時當為康熙三十八年（1699），金古良繪此本，當即在此期間。

13　參見《崔子忠-明末畫壇高士崔子忠藝術特點和代表作品》，http://www.365halo.com/artist/lidai/2019/0103/6739.html

　　《無雙譜》博採西漢至南宋名人繪以成圖，凡四十幅，其中既有如張良、諸葛亮、岳飛、文天祥等功業震爍古今、世不二出的英才；也有如司馬遷、班昭、陶潛、蘇蕙、李白等著名的文學家、史學家；董賢、武則天一類言行殊異、或為時流所不許的人物，也予擇寫（圖 203）。人物造型生動，且極為注意揭示其性情、人格和心理活動，如長樂老馮道一幅，繪馮道錦衣玉帶，前恭持揖，凸鼻吊眉斜目，老奸巨猾，善於逢迎巴結以保富貴的醜態躍然紙上（圖 204）。古代木刻畫中繪製的此等人物，就形象塑造而言，當以此圖為最。每像後附花卉、建築、鐘鼎彝器、璽印等各形圖案，饒有風趣。圖案內鐫有金古良所撰樂府歌詞，詞旨隱晦，論者多以為古良為明季遺黎，痛感民族壓迫，其意自有在也。陶式玉撰《無雙譜序》亦言：「士不幸而不得志，無所知遇，亦幸而窮苦，能托之文詞，盡發其幽擾感憤以鳴其不平[14]」，又轉述金古良的話說：「畫亦可為史，吾且為人所未然者，無雙譜右圖左詩，十七史主人音容若睹，蓋取千百年之不平而鳴者也[15]」。金古良繪寫此譜的深意，從中不難揣測一二。

　　《有明於越先賢三不朽圖贊》不分卷，清張岱撰，清乾隆五年（1740）風嬉堂刊本，也是一部大型的人物圖像集，繪浙江一地明代先賢往哲、名臣能將，山林高隱等「立言、立德、立信」皆無愧於世，足以堪為人典範者，故名三不朽（圖 205）。線刻給人以力透紙背的感覺，人物造型亦各具特色。張岱為明遺黎，明代先賢「不朽」，則大明王朝亦「不朽」，其撰繪此書以寄託對前朝的追思，拳拳之心，躍然紙上。

---

[14] （清）金古良繪，朱圭刻，《南陵無雙譜·陶式玉序》，清康熙三十三年（1694）刊本。
https://twgreatdaily.com/gZK59G8B3uTiws8KZH4n.html

[15] （清）金古良繪，朱圭刻，《南陵無雙譜·陶式玉序》，清康熙三十三年（1694）刊本。
https://twgreatdaily.com/gZK59G8B3uTiws8KZH4n.html

圖 203 《南陵無雙譜》之偽周皇帝武曌。

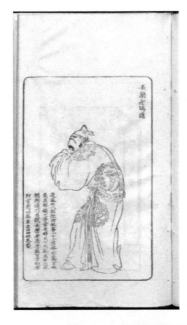

圖 204 《南陵無雙譜》之長樂老馮道。

圖 205 《有明於越先賢三不朽圖贊》之王陽明公。

　　《晚笑堂畫傳》不分卷，清上官周撰繪，清乾隆八年（1743）刊本
（圖 206）。是明清以來重要的人物畫譜之一。此書內收歷代聖賢、名
臣、名將、名媛之像，並附有小傳，一圖一文對應，版刻線條清晰，末
附《明太祖功臣圖》，是清代中期版畫之代表作（圖 207）。

圖 206 《晚笑堂畫傳》之漢高祖像。

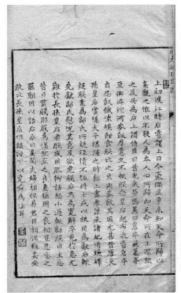
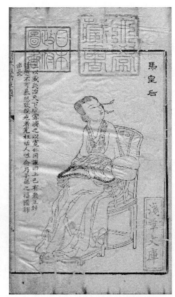

圖 207 《晚笑堂畫傳》末附之〈明太祖功臣圖〉之馬皇后。

上官周（1665-1749 後），字文佐，號竹莊，長汀（今福建長汀）
人。據《國朝畫徵錄》載：「上官周，字竹莊，福建人。其人一生不仕，
善詩山水。晚年薄遊粵東，畫山水煙雲瀰漫[16]。」繪人物神情瀟灑，於唐
寅、仇英之外，別樹一幟，是清初頗有名望的畫家。晚笑堂即其齋名。
此本採漢至明「明君哲後，將相名臣，以迄忠孝節烈、文人學士，山林
高隱、閨媛仙釋之流[17]」凡百二十人，上官周於 79 歲高齡時重遊奧嶠訪
得名工，將諸圖付梓，所繪人物「凡有契於心者，輒繪之於冊，或考求
古本而得其形似，或存之意想而把之豐神[18]」，用筆灑脫，神態各異，與
《凌煙閣功臣圖》、《無雙譜》同為清前期人物版畫巨製。秦祖永《桐蔭
畫論》評上官周的人物畫「功夫老到，運墨設色，停勻妥帖」的同時，

16 （清）張庚撰，《國朝畫徵錄》〈上官周〉，百家諸子中國哲學書電子化計劃 https://ctext.
   org/library.pl?if=gb&file=33058&page=81

17 （清）上官周繪並撰，《晚笑堂畫傳・自序》，清乾隆八年（1743）刻本。

18 （清）上官周繪並撰，《晚笑堂畫傳・楊于位序》，清乾隆八年（1743）刻本。

批評說：「惟毫尖無離奇超逸之致，終覺失之板滯[19]」；清張庚謂其有筆無墨，尚未脫閩習，人物功夫老到，亦未超越[20]。從《晚笑堂畫傳》諸圖看，此論恐非確當。

《百美新詠》四卷，清顏鑑塘撰，王翽繪，成書約在乾隆嘉慶年間，目前所見有清乾隆五十七年（1792）刊本、清嘉慶十年（1805）刊本，後世重新印刷多次，如在同治庚午年（1870）所鐫的版本[21]。時隔多年，可見其風行程度，也因此《百美新詠》亦奠定了左圖右史的敘事模式。

王翽字鉢池，壽春人，曾供奉內延，繪山川、草木、鳥獸，無不酷肖。此本繪歷代美女圖像，繪鐫皆工整婉秀。其內容以歷史和傳說中的百名女子為題材，收錄歷代名媛佳麗，如：西施、王昭君、趙飛燕、楊貴妃、嫦娥、織女等小傳百篇，配以圖百幅及文人詠詞二百餘首，集圖像、傳記、詩詞於一體（圖 208、209）。

---

19 （清）秦祖永撰，《桐陰論畫三編上卷》〈上官周能品〉，百家諸子中國哲學書電子化計劃 https://ctext.org/library.pl?if=gb&file=104751&page=482

20 （清）張庚撰，《國朝畫徵錄》〈上官周〉，百家諸子中國哲學書電子化計劃 https://ctext.org/library.pl?if=gb&file=33058&page=81

21 參見國家圖書館之古籍與特藏文獻資源，https://rbook.ncl.edu.tw/NCLSearch/Search/SearchResult/1 現存於美國哈佛大學燕京圖書館，為同治庚午年，義盛堂梓所出版印刷。Hathi Trust Digital Library： <https://babel.hathitrust.org/cgi/pt?id=hvd.32044067566372;view=1up;seq=11;size=125>

圖 208 《百美新詠》之嫦娥。

圖 209 《百美新詠》之王昭君。

　　顏鑑塘曾得到五十首的詠美人詩，然而無編列雜亂無章，故寫詩重編，詩成後，請友人羅橙塘（生卒年不詳）、江片石（1739-1821）共相校字，刪重複之句，遂成《百美新詠圖傳》。而顏鑑塘也以潤古雕今之筆，寫芬芳悱惻之德，考訂史書。後因觀者眾多，不能悉之其原委，觀者皆想像昔日芳姿，感慨當年之軼事，於是請王翽畫。王翽所畫的各個肖像，對於觀者與顏鑑塘看完皆十分滿意，各人物非常傳神，如顏希源所言：「若為紅顏惜此身，我恐姍姍呼欲起，披圖不敢喚真真[22]。」只是在此圖傳中並未有王翽自題，序言中也甚少提及關於圖像方面的呈述，多為推崇顏鑑塘與此書的編撰，較為可惜。

　　本書曾是中國版畫史上一顆璀璨的明珠，是一部輯圖像、傳記、詩詞及書法於一體文學瑰寶。其內原畫出自當時宮廷著名畫師王翽之手，人物篆刻清晰雋雅，形象栩栩如生，在版畫史上地位頗高。

　　清前期所刊人物版畫，在文集、雜纂等類書中也能看到，如乾隆年間刊《三博古圖》、《古玉圖譜》（圖 210），所附人像頗精雅，但比起上述以人物為專題，出自名家手筆，由名手鐫刻的版畫集來，是難以同日而語的。

　　明萬曆、崇禎時，人物版畫成就斐然，如《寂光鏡》、《仙佛奇蹤》、《聖賢像贊》以及《三才圖會》等類書，都是其中的上乘之作。這些作品和清前期所刊相比，鐫刻之精良固然猶有勝之，構圖造意卻略顯平淡，人物個性亦不甚鮮明。因此，僅就人物版畫而言，清前期所刊，是達到了一個新高度的，就為歷史名人寫真而言，更是如此。

---

[22]　（清）顏希源編，《百美新詠圖傳》圖傳詩序一，清乾隆五十七年（1792）刊本。

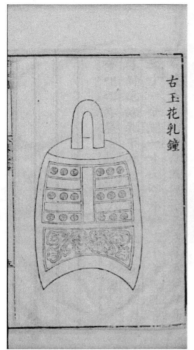
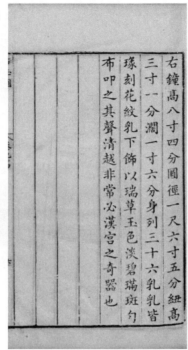

圖 210 《古玉圖譜》之古玉花乳鐘。

第二節　清內府刊本，獨具成績

　　任何一種文化的發展，多少要受到時代及其社會環境的影響。版畫也不例外，在清朝就受到當時文化政策的打擊。

　　眾所周知，清朝以滿人主政，滿洲人不管在人數或文化上，都遠遠落在大漢民族之後。要以少數民族統治多數民族，以文化低落者領導文化高深者，其艱難可以想像得出。所以清人起初採溫和政策，對降臣取利用手法，對漢人則採懷柔方式，順治時，文臣衣冠仍從明制，而民間薙髮與否，悉聽自便。到了康、雍、乾三朝，國基鞏固，於是便以利誘及高壓政策，交互運用，一方面詔開博學鴻儒等科，對文人假以俸祿，給以虛名；一方面大興文字獄，查禁違礙書刊，以殘酷手段，收箝錮文

人思想及消弭反抗的目的。在這種環境之下，學術的發展，當然受到了影響。當時的版畫，也受到了牽連，這是因為清朝帝室以誨淫誨盜為藉口，對許多小說加以銷燬。康熙五十三年上諭：「治天下必先正人心，厚風俗，要正人心，厚風俗，必需崇尚經學，所有小說淫詞，應嚴禁銷燬。」而朝臣也擬定了具體的施行辦法：「凡書坊一切小說淫詞，嚴查禁絕，著將板片書籍，一併盡令銷燬。違者治罪[23]。」就在這項諭旨之下，既摧殘了不少小說戲曲，也阻礙了小說等通俗書刊的發展。大家都知道，通俗書刊受到社會大眾的歡迎，是版畫興盛的主因之一。清初對小說戲曲的禁令，無疑的使木刻版畫間接受到波及，因此步向衰微的途徑，這恐怕是清代版畫不及明代輝煌絢燦的重要原因吧！

不過清朝對於小說並不是全禁，尤其是清朝初年之時。所以在某些通俗小說戲曲書中，還存在著極好的插圖。因此大體說來，清代木刻版畫有走向衰微的情勢，抵不上明代的成績，但亦有其特色。例如早期的像順治元年（1644）崇山書屋刊本《繪像三國志》（圖 211、212）、康熙間新安鮑承勳所刻的《揚州夢》等戲曲圖、四草堂所刊的《隋唐演義》、《封神榜》等插圖，處處可以看出清初版畫的規模。此外，如《笠翁十種曲》、《桃花扇》、《長生殿》、《雙忠廟》、《紅樓夢》、《鏡花緣》等書，也或多或少有插圖存在，作品也相當的精緻，富有成績。但是到了道光以後，情形一變，插圖的書籍，日漸式微，若干版畫，也顯得粗糙平淡，欲振乏力。光緒之後，由於石印本的出現，許多插圖雖然精緻，但究竟不是木刻，而別具一種風格了。

---

[23] 范文瀾著，《中國通史簡編》，石家莊：河北教育出版社，2000 年，頁 752。原文網址：
https://kknews.cc/culture/5jy5xq2.html

圖 211 　《繪像三國志》插圖，此本大致為明末新安（今安徽歙縣）
　　　　黃誠之、黃士衡等刻本，現藏於美國國會圖書館。

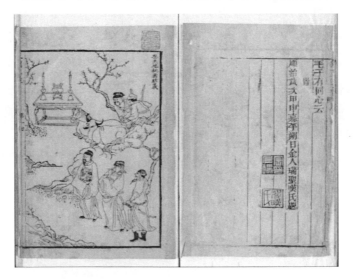

圖 212 　《繪像三國志》插圖，毛聲山評點、金聖歎序、
　　　　大魁堂藏版，清初刊本。

　　在小說戲曲上，清代的版畫，雖然有沈寂的趨勢。但是清代帝王，為了誇耀文治武功以及帝業帝德的偉大，會編繪了不少歌頌豐功偉績的版畫。這些版畫的出版目的固然在增加權威，然而也成了清代版畫的一項特色。清朝版畫在這一方面的成績，相當可觀。國立故宮博物院以收藏清代內府刊本圖片最著名，其中有關清室這方面的版畫有《避暑山莊詩圖》、《耕織圖詩》、《萬壽盛典》、《授時通考》、《圓明園四十景詩》、《盤山志》、《八旬萬壽盛典》、《南巡盛典》、《墨法集要》、《職貢圖》、《授衣廣訓》、《大清會典圖》、《養正圖解》、《欽定元王惲承華事略補圖》等。數量相當可觀，當時主持刻書的機構是「武英殿修書處」。武英殿修書處設立於康熙年間，自此以後，內府刊刻圖書，都由武英殿負責，所以清內府刊本，又被簡稱為殿本。殿本圖書紙白墨潤，尤其校對精審，鑴刻嚴謹，故歷來很受好評，所刻的版畫書籍或書中插圖，則具特色與成績，茲從國立故宮博物院或臺北國家圖書館幾部藏品中舉例說明。

　　《耕織圖詩》，此書刻於康熙三十五年（1696）（圖 213、214）。原本為宋樓璹所撰，以後圖亡詩存，康熙於二十八年（1689）南巡時，得其書，為鼓勵臣民勤於耕織，乃令欽天監五官正焦秉貞據原詩重為繪圖，全書分「耕」、「織」各二十三圖。《耕織圖》以江南農村生產為題材，系統地描繪了糧食生產從浸種到入倉，蠶桑生產從浴蠶到剪帛的具體操作過程，每圖配有康熙皇帝御題七言詩一首，以表述其對農夫織女寒苦生活的感念。因焦氏曾受當時畫院西洋繪師的影響，故所作各圖，多吸收西洋繪畫的透視方法來處理版面，這是此書的一大特色。負責鑴刻的好手是當日名振一時的刻工朱圭及梅裕鳳。《耕織圖》成為後人研究宋代農業生產技術最珍貴的形象資料。

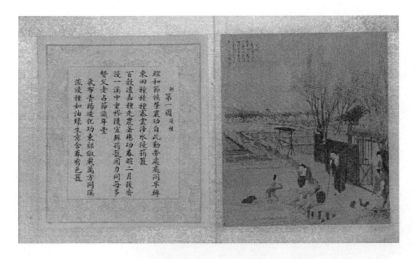

圖 213 　《耕織圖詩》之「耕」第一圖。

圖 214 　《耕織圖詩》之「織」第一圖。

　　《萬壽盛典圖》為清康熙五十四年（1715）內府刻《萬壽盛典初集》插圖，圖中描繪了康熙六十歲壽辰（康熙五十二年三月十八日）北京西郊暢春園至皇宮神武門臣民迎鑾呼祝的盛大場面（圖 215）。此圖的畫稿最初由兵部侍郎宋駿業恭請繪製，實際參加者有冷枚等宮廷畫師。康熙五十年（1711）又詔王原祁補成，其中人物，頗多冷枚手筆，山水則由王原祁總其成。

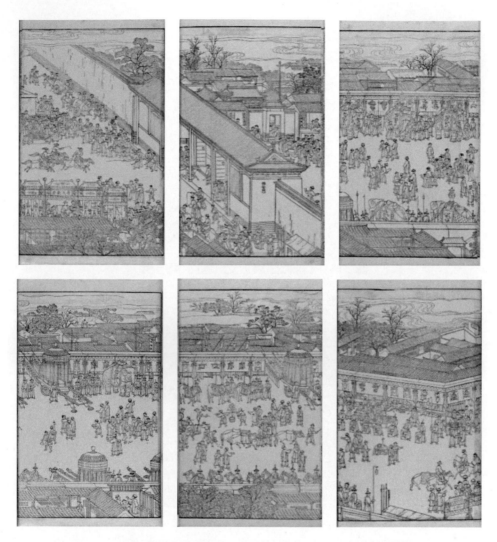

圖 215 《萬壽盛典初集》一百二十卷，（清）王原祁等纂，
清康熙五十六年（1717 年）武英殿刻本。

　　《萬壽盛典圖》，是康熙時代皇家版畫的巨製，全書共一二〇卷，卷
四十一及卷四十二都是版畫，版畫計一四八頁（圖 216）。書中所記悉考
各衙門檔案章奏，據實編纂，仿照紀事本末體式，分爲宸藻、聖德、典
禮、恩賚、慶祝、歌頌六門，該圖所繪江南十三府戲臺，福建等六省燈
樓諸圖，人物細緻，點綴繁複、寫盡天下昇平康樂的情景。鐫刻者為朱

圭，至康熙五十二年（1713）始完成。是書出版之後，對後世頗有影
響，乾隆皇帝八十壽誕時，命人仿此刊刻了《八旬萬壽盛典圖》，但較之
《萬壽盛典圖》已遜色不少。

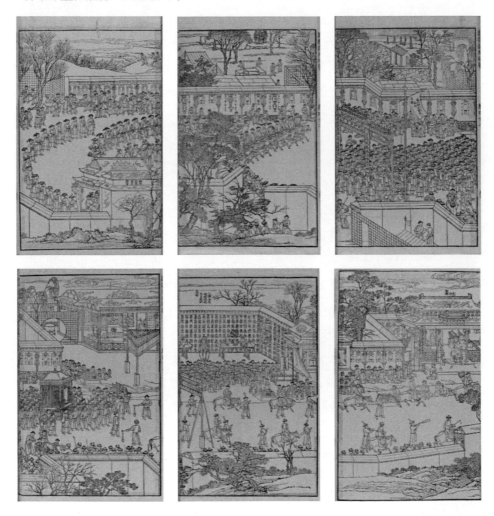

圖 216 《萬壽盛典圖》，由著名刻工朱圭刻成版畫，對考察清代慶典活動和
　　　　市民風情，是難得的圖像資料。

　　《南巡盛典圖》，一百二十卷，清高晉等纂，清乾隆三十六年（1771）刻進呈本（圖 217）。《南巡盛典》記清乾隆十六年（1751）、二十二年（1757）、二十七年（1762）、三十年（1765）高宗弘曆途經直隸、山東四次南巡兩江兩浙的情況。清乾隆三十一年（1766）七月兩江總督高晉請旨纂輯此書，三十三年初稿成。高宗命大學士傅恒校閱初稿，傅恒閱後上表，認為條例詳備，但內容只限於巡視兩江，應將巡視兩浙及途經直隸、山東的情況一併載入。高宗同意，令直隸、山東、浙江將所輯材料都送交高晉，令其總攬。高晉重新纂輯並於乾隆三十六年修成全書。可說是清代方志插圖的濫觴本。

　　此書分為十二部分：卷一至卷四為恩綸，記錄高宗南巡期間的恩詔、恩宴、賞賚等（圖 218）；卷五至卷三十六為天章，收錄高宗巡行過程中的御製紀念詩、文；卷三十七至卷四十二為蠲除，記錄高宗在巡行期間蠲通省之賦，免所過之租，豁積歲之逋，除耗羨之額，軫恤萬民；卷四十三至卷五十三為河防，記錄高宗南巡期間普幸水利、敷土惠民；卷五十四至卷五十九為海塘，記錄高宗巡視海塘工程；卷六十至卷六十七為祀典，記南巡過程中的朝會、祭告、鑾儀、樂章等；卷六十八至卷七十五為褒賞，記錄高宗南巡期間對隨從人員、地方文武官員、兵丁等的加恩賞賜；卷七十六至卷八十四為籲俊，記錄高宗南巡期間選拔人才的情況；卷八十五至卷八十八為閱武，記載皇帝出巡時的官兵接駕事宜、視察兵營陣地、檢閱戰陣演練等；卷八十九至卷九十三為程途，記載巡視途經地區的風土人情；卷九十四至卷一百零五為名勝；卷一百零六至卷一百二十為奏請。

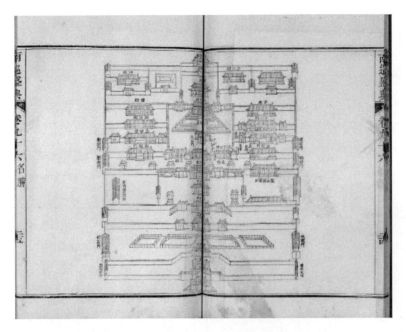

圖 217 《南巡盛典圖》之名勝一。

圖 218 《南巡盛典圖》之名勝二。

　　是書為一部享譽中外的典禮文獻，其中河防、閱武、名勝三部分各附圖版。特別值得一提的是書中「名勝」部分自河北盧溝橋起，至浙江紹興蘭亭，附有著名畫家上官周繪寫的插圖 160 幅，可謂洋洋大觀。關山、寺鎮披圖細覽，一一可指（圖 219）。刻畫婉麗繁複而不失明淨挺拔，是清代殿版畫中的上乘之作。該書不僅具有較高的藝術價值，且對研究清代江南政治、經濟、文化也具有較高的史料價值。

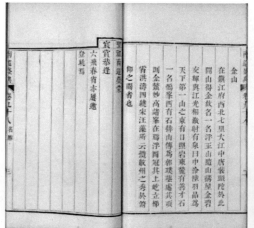 

圖 219 《南巡盛典圖》之金山名勝圖暨文字解說。

　　《皇清職貢圖》，清傅恒、董誥等纂，門慶安等繪，清乾隆年武英殿刻嘉慶十年（1805）增補本。卷前有乾隆十六年（1751）命繪此圖的上諭，乾隆二十六年（1761）御製詩，劉統勳、梁詩正等 41 人恭和詩，卷末有傅恒、來保等 9 人跋文一篇及校刊職名（圖 220、221）。

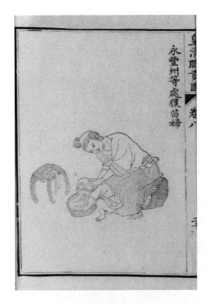

圖 220　《皇清職貢圖》漳臘營
轄口外三郭羅克番民。

圖 221　《皇清職貢圖》永豐
州等處儂苗婦。

　　此書為風土地理類著作。清前期經順治、康熙、雍正三朝的治理，至乾隆朝已是全盛時期，經濟繁榮，社會安定，幅員遼闊，屬國及其他一些國家紛紛來朝，呈現出一派太平氣象。乾隆十六年（1751），乾隆皇帝命沿邊總督、巡撫將所轄境內不同民族及與清王朝有交往的國家的民族衣冠狀貌，繪其圖像。

　　全書共繪製 300 種不同民族和地區的人物圖像，每種皆繪男女圖像 2 幅，共 600 幅。圖後皆附說明文字，措詞用語淺顯明瞭，簡要介紹該民族與清王朝的關係及當地的風土民情。嘉慶年間卷九末又增補安南官人像 4 幅。所繪圖像以描寫外形為主，並注重對人物表情的刻畫。由於書中所記均為作者目睹親見，故較為真實可信，為我們研究歷史提供了寶貴的形象資料。

　　清代內府插圖版畫書籍，數量相當豐富，成績也極為可觀，不過對於清宮版畫，還有一項不能不加以提及的是，清廷為宣揚戰果，繪編了許多戰圖，然後送到歐洲鏤版的銅版戰圖，茲以《平定準噶爾回部得勝

圖》兩圖為例（圖 222、223），此戰圖由當時在清朝宮中的畫師郎世寧等繪製，郎世寧原為義大利籍，當此書繪成時，建議送至英國鏤版。其後因廣東教主羅‧帆波爾推薦，認為法國美術冠於歐陸，並竭力宣揚法國銅版鐫刻精緻異常，於是清高宗遂改變主意，便由法國銅版鐫刻，全書十六幅，於乾隆二十九年（1764）開始繪稿，參與者為在京師的外國畫家耶穌會修士，除郎世寧外，還有艾啟蒙、王致和、安德義等人。乾隆三十年（1765）先繪好四幅，由廣東送至法國，聘請良工以銅版鐫刻，乾隆三十一年（1766）又繪十二幅，也寄送至法國，迄乾隆三十四年（1769）全部鐫刻印製完成。同年十二月由法國派專人送回。據總負責鐫刻的是法國名手波勒佛、勞奈等人。此書由於繪刻均為歐西人氏負責，故無論構圖、人物、景色等表現及風格，都充滿了濃厚的西歐作風。乾隆時期這種銅版畫，存世的種類還不少，如國立故宮所藏《平定伊犁受降圖》、《鄂壘扎拉圖之戰》銅版畫（圖 224、225），不過這類宮廷版畫，自乾隆以後便沈寂了，沒有引起多大的影響，只是在民間泛起一點波紋而已，像年畫中的「西洋劇場圖」中的佈景和構思，多少仿照了此銅版畫的手法。

圖 222 平定準噶爾回部得勝圖——格登山斫營圖（正式本）。

圖 223 平定準噶爾回部得勝圖——黑水圍解圖（正式本）。

圖 224 《平定伊犁受降圖》銅版畫。

圖 225 《鄂壘扎拉圖之戰》銅版畫。

第三節　彩色木版畫專書──《芥子園畫傳》

談到清初的版畫，便會想起《芥子園畫傳》這部書。自《芥子園畫傳》出版之後，250 多年來，無論在版畫史上或繪畫史上，產生了很大的影響。它在美術界裡幾乎無人不曉，作為版畫發展，它在彩色套印方面，更有其重要的地位。

一、作者與內容

在我國版畫史上，《芥子園畫傳》是繼明末《十竹齋書畫譜》之後，一部最值得稱述的套色浮水印木版畫譜。《芥子園畫傳》的成書，與著名的戲劇家、理論家李漁有直接的關係。李漁字笠翁，在明末由杭州遷居江寧（今南京），建起了一座號為「芥子園」的園林式宅院。在李漁所著《一家言全集》卷四提到「金陵別業，地止一丘，故名芥子，狀其微也[24]。」他在「芥子園」中，收集了大量文學、戲劇、書法、繪畫方面的書籍，並開始嘗試自

---

[24] 李漁著、沈心友等訂，《笠翁一家言全集》卷四〈芥子園雜聯〉，清雍正 8 年世德堂刊本。

己刻書。在清康熙初，李漁與女婿沈心友討論畫理時，偶然想到了要編刻一部可供自學山水畫的繪畫技法教材。李氏原書僅四十三頁，經過王氏花了三年時間，增輯為一百三十三頁[25]，康熙十八年（1679），在李漁的幫助下以「芥子園」的名義出版了第一集，這便是芥子園畫傳的發端。

　　《芥子園畫傳》共分四集。前有戲曲家李漁序，初集分五卷。第一卷為「畫學淺說」（論畫十八則）與「設色各法」，沒有圖畫，全為文字。第二卷為「樹譜」，即以圖畫為主，並附以文字來論述畫樹的各種方法。第三卷為「山石譜」，以圖畫並附以文字來論述畫山畫石及畫水諸法。第四卷為「人物屋宇譜」，亦以圖畫為主，以文字來論述畫「點景人物」、「點景鳥獸」及「界畫樓閣」等諸法。第五卷為「摹仿各家畫譜」，即摹仿古代諸家「橫長」、「宮紈」及「摺扇」諸式的作品，作為示範之例，如仿巨然橫山圖，仿唐寅的畫宮紈山水，仿王叔明的畫摺扇山水等[26]（圖 226）。

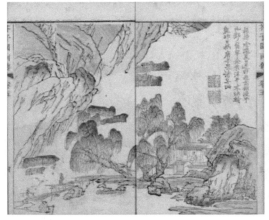

圖 226 《芥子園畫傳》，此內含青在堂畫學淺說、樹譜、山石譜、人物屋宇譜、摹彷諸家畫譜。描摹傳神，鐫刻精工，刷印神巧，完全地保留了原畫作的神韻，每一幅畫都是窮極人事、巧奪天工的佳作。

---

[25] 李致忠，《古代版印通論》（北京：紫禁城出版社，1999），頁 347-349。

[26] 李楠編著，《中國古代版畫》，北京：中國商業出版社，2015 年 11 月，頁 120。

　　《芥子園畫傳》初集行世之後，接說爭相競購，由於極為暢銷，所以在康熙四十年（1701）沈因伯又鼓勵王概繪編續集。畫傳第二集，刊行於康熙四十年（1701），距初集的刊行，先後有 22 年之久。

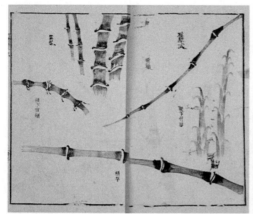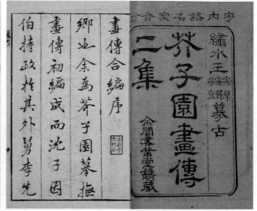

圖 227　（清）王概等繪《芥子園畫傳》二集，此內含蘭、竹、梅、菊 4 譜。
　　　　由諸升、王質繪，王概與兄王蓍、弟王臬論訂，共四冊。

　　王概與他的兩個弟弟——王蓍與王臬合力，出版了第二集。第二集計分八卷。卷一、卷二為蘭譜。卷三、卷四為竹譜，卷五、卷六為梅譜，卷七、卷八為菊譜。每譜之前，都有畫法淺說，此後即以圖畫為主，分別演示各種畫法與程序[27]（圖 227）。

　　第二集之編，主要工作是王概兄弟三人之力，而在每譜之中，又請了錢塘（杭州）畫家協助。其中蘭竹部分，是請諸升（曦庵）所作，梅菊部分，請王質（蘊庵）所作。沈因伯在例言中說：「王蘊庵、諸曦庵，武林名宿也。聞畫傳二集之請，兩先生白髮蕭蕭，欣然任事，三年乃成[28]。」足見《芥子園畫傳》之成，是由於各方讀者的催促與多方設法鼓勵支持，得以順利地完成此譜的印行。

---

[27]　李楠編著，《中國古代版畫》，頁 121。

[28]　（清）王概摹繪，《芥子園畫傳二集蘭譜》〈例言〉，清康熙 40 年芥子園甥館鐫藏本。

　　《芥子園畫傳》第三集的編印與第二集的編印是同時進行的，不過
這是繼蘭竹梅菊譜之後才著手的。大約在康熙四十一年（1702）刊成出
版。第三集前有王澤弘及王著序，計分四卷。卷一、卷二為花卉草蟲
譜，有「畫花卉淺說」，也有「畫草蟲淺說」，以及圖示畫花卉及畫草蟲
的方法。卷三、卷四為花卉翎毛譜，有「畫花卉淺說」。但此花卉淺說與
卷一的「畫花卉淺說」不同。前者所說的是草本花卉，後者所說的是木
本花卉。在淺說之後，附以圖示畫花卉及畫翎毛諸法。又卷末附有沈因
伯的「設色諸法」，詳述石青、石綠、朱砂、泥金、雄黃諸色的性質及使
用方法[29]（圖 228）。

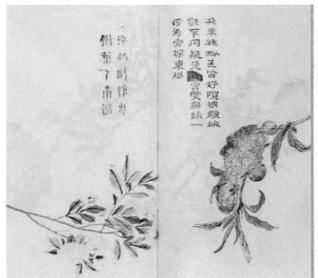

圖 228　《芥子園畫傳三集》採用的是蝴蝶裝。

　　《芥子園畫傳》的主編者王概，浙江秀水（嘉興）人，字安節，隨
父僑居金陵（南京）。王概兄弟三人皆為名震一時的畫家。王概好交達
官，當時即有人帶有幾分諷刺之意，稱他為「天下熱客」。對於繪事，王

---

[29]　李楠編著，《中國古代版畫》，頁 121。

概仍然專心，畢生之力，主要花於筆墨。所畫山水，雄健而又輕快。王概曾學畫於龔賢，這與他的編繪畫傳有極其密切的關係[30]。就畫傳初集中的山水樹石畫法的示意圖來看，與龔賢畫訣中所示諸圖，都有極其相似的地方。所以對《芥子園畫傳》的編繪，若廣其源，一是根據李流芳的原本，二是參考十竹齋的畫譜，三是受龔賢畫訣的影響。

　　三集出版之後，因為都很暢銷，利之所在，第四集刊於嘉慶二十三年（1818），距《芥子園畫傳》第二、三集的刊行有 83 年之久。由江蘇小酉山房鐫板印行的。前有大雷居士倪模的序文。其首卷「寫真秘傳」為丹陽丁泉所著，耿瑋與於震校訂。論述肖像畫的方法，對人物面部的部位，也作了剖解與分析。卷二為「仙佛圖」，卷三為「賢主圖」，卷四為「美人圖」，書末附「圖章會纂」，論述治印的方法頗詳[31]（圖 229）。

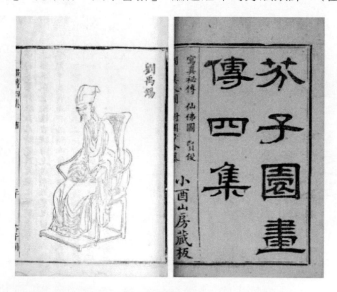

圖 229　是書為《芥子園畫傳》第四集首刻，前有嘉慶二十三年倪模序。全書共收版畫百又六幅，描摹傳神，鐫刻精工。

---

[30] 參見中文百科 https://www.zwbk2009.com/index.php?title=%E7%8E%8B%E6%A6%82

[31] 李楠編著，《中國古代版畫》，頁 122。

　　第四集所輯，雖與前三集不是出於同一人所編，但也有它增輯的道理，《芥子園畫傳》的前三集，未有專門編印人物譜，所以此輯所增，從取材來說，自無衝突。此集所輯，首卷多有創見，其餘各卷的有些人物畫，與乾隆時刊刻的《晚笑堂畫傳》中的人物頗有雷同之處，有的畫像，無論從構圖或線條的組織來看，或許同出一個範本。至於光緒十年為巢勛所補輯的《芥子園四集續畫傳》，透過張熊所藏之《芥子園畫傳》珍本著手進行翻印。巢勛增訂第四集的原因實為其不滿意原書第四集的拼湊內容，因而決定重新編輯人物畫法。雖說重新編輯，但也僅抄錄《佩文齋書畫譜》，並且將丁鶴州的《寫真秘傳》與自己臨摹古人的稿本彙整介紹[32]。但就內容上分析也有其增加編輯的道理所在，取材方面也並無衝突，至於光緒期間巢勛所作的版本，在藝術成就上價值並沒有前三集來的精彩，不過也因時間較為晚期是後世較易取得的版本。

二、藝術成就

　　《芥子園畫傳》在繪、刻、印三者都達到了卓越的成就。它吸收了十竹齋浮水印木刻的傳統方法，在某些地方，又提高了十竹齋浮水印的技術，作為版畫的發展來說，《芥子園畫傳》在繪畫史上的貢獻是不可磨滅的。

　　沈因伯在畫傳合集例言上說：

　　　　畫中渲染精微，全在輕清淡遠，得其神妙。可以筆臨於紙者，自不可刀鑴於版；可以刀鑴於板者，自不能必其渲染之輕清淡遠於紙。……必須鑴者能以刀代筆，得其飛揚筆法，印者能以帚作染，得其輕清染法，則筆墨之趣傳矣。遂博仿善手，十有八年，始得其人。加意鑴鏤，覃心渲染，間有把管所未及者，提刀

32　王概等編，《芥子園畫傳》（北京：中國書坊，2011），簡介。

者及之。提刀所未及者，提帚者及之。以致一幅之色，分別後
先，凡數十板，有積至踰尺者。一板之上，分別輕重，凡數十
次，有印至移時者。每一圖出，不但嗜好者見之擊節稱賞，即善
畫者之，莫不漬漬許可。

又說：

　　每冊將成，折衷于安節，品隲編定。是集也，友不憚寒暑，
凡一花一草，一字一句，雖揮汗如雨，指凍如鎚，必就宓草摹今
證古，斟酌盡善，始付剞劂……[33]。

可見《芥子園畫傳》在當時條件下，能達到繪畫、雕板、套印上的
高度水準，是沈因伯、王安節兄弟和刻印工人精心竭力合作的結果。

芥子園飯版的刻印方法與十竹齋的刻印方法是相同的。沈因伯在例
言中還有詳盡的記述。他說，有些作品，必須鐫者，便得以刀代筆。如
果要刻印出來的作品能「飛揚筆法」，刷印在印版之上，必須「以帚作
染」只要能「得其輕清染法」，那麼對「筆墨之秘」，自然會得到自然的
表現。

在繪、刻、印三者的關係上，沈因伯在例言裡還有更重要的記述。
他說，有些作品，對「握管所示及者」，可以由鐫刻者辦到，有的如果鐫
刻者還未能及到的，那麼便可以由刷印者來辦到。因此之故，所以也就
如十竹齋的浮水印木刻一樣，「以致一幅之色，分別先後凡數十板，有積
至逾尺者。一板之工，分別輕重凡數十次，有印之移時者」。

《芥子園畫傳》在刻印的過程中，不全是由刻工負責，王氏兄弟三
人及沈因伯都是分工來參與其事的。他們的分工是這樣的：（1）「摹今證
古，斟酌盡善」一事，由王蓍（宓草）擔任。（2）「鈎勒影摹各色，上之

---

[33]　（清）王概摹繪，《芥子園畫傳二集蘭譜》〈例言〉，清康熙四十年芥子園甥館鐫藏本。

棗梨」一事，由王臬（司直）綜理；（3）至於「每冊將成，品隙編定」
一事，便折衷於安節（王概）」。（4）支助此譜之成的沈因伯（心友），則
是「不憚寒暑，凡一花一草，一字一句，雖揮汗如雨，指凍如槌，必就
于苾草（王蓍）摹今證古，斟酌盡善，始付剞劂」。

　　對於這樣認真嚴肅而印行的作品，無論是單色的雙刀平刻，或者是
浮水印的版套色，都顯示出這一清初的版畫，比之明末十竹齋的木刻，
絲毫不遜色，至於繪圖之精，正如雄州餘椿所談，更足以瞭解當時人們
對於王概兄弟的賞識了。他說「筆墨之重，不重於名冠一時，而重於神
留千古，猶人之不貴於邀譽一朝，而貴於範圍奕世也。自有圖畫以來，
代有名家，世多奇筆，然不過擅一長，精一技而已，未有如秀水王先生
三昆季，抱筆墨之絕技有如也者。」

　　在這初、第二、第三集的畫傳中，浮水印套色的作品是不少的，有
彩色套印，也有水墨套印的，其中初集卷五的山水套色，以及花鳥、草
蟲和蘭竹梅菊中的部分套色，都顯得它的新穎而不落俗套。如細毛花卉
譜中某些作品的套色，比之十竹齋翎毛譜中的彩色，似乎還要來得豐富
而有變化。至於在刷印上所表現的，在一些花卉作品的套色上，更看出
它的特長。誠如沈因伯所說：「每一圖出，不但嗜好者見之擊節稱賞，即
善畫者見之，莫不嘖嘖許可。」所以這部畫傳在這方面的成功，那是毋
庸置疑的。

　　其次，這部畫傳的成就，還在於它是一部比較有系統的繪畫教科
書。編印者說得很清楚，對於這部畫傳，不能一味「作刻本觀，更不宜
僅作畫譜觀也」。所以在畫傳第二集的例言中，也就明確地寫道：「從來
繪事，非箕裘遞傳，即青藍授受。自畫傳初集行世，寰區以內，盡知圖
寫山水，人人可學而至。」陳扶搖亦以為這個畫傳是「畫學之金針」。

　　從畫傳的編輯體例來看，我們更可以瞭解到它的性質。就初集而
言，五卷之中，除卷五「摹仿各家畫譜」之外，其餘四卷，全是談畫理
畫法，分門別類，講解至為詳盡，第一卷的第一節，猶如畫學講義，談
六法，談六要，談用筆用墨，也談天地位置和皴法。蘭竹梅菊一集，更

以絕大篇幅揭示畫法的入門步驟，且編四言、五言的畫訣於其上。花卉翎毛草蟲一集亦是如此，不僅示畫法，並且各敘畫法的源流。所以《芥子園畫傳》不只是以版畫兼長取勝，其實是我國繪畫史上一部樸素的、用比較科學的方法加以系統整理出來的畫法教科書。從此書出版以後，200 多年來，多少青年學畫者抱著此書作為入門教材。也有不少名畫家，他們都曾說過自己在初學時受過此書的教益。近人如陳半丁、顏文樑、劉海粟、潘天壽等都曾提到《芥子園畫傳》為其啟蒙讀物。固然，此書的畫理畫法，尚有待作進一步的研究與整理，但不能否認，在歷史上這是一部有價值的著作。

三、影響及其他

從歷史上的版畫畫譜來看，像《芥子園畫傳》那樣在廣大的讀者中所起的影響，是史無前例的。肯定地說，《十竹齋畫譜》在當時雖然「銷於大江南北」，為時人所爭購，但不能與《芥子園畫傳》相提並論。《芥子園畫傳》之所以有那樣大的影響，而且銷路竟有那樣大，在清代中葉以後，一翻再翻，始終受到讀者的歡迎，有幾個原因：第一，這是一部繪畫的教科書。在清代，文人於詩文之餘，都喜歡畫幾筆。這部畫傳既講畫理畫法，畫的又大都是畫法的示意圖，年輕的學畫者，除了得老師的傳授之外，參考一下這部書，多少會有得益。再說，清初自康熙、乾隆之後，大力支持四王的山水，以為畫學四王才是正途。而這部畫傳，雖然沒有直接宣傳四王的畫法，但從其編輯體系來看，與統治者的審美要求相一致，所以仍被看作「正統派」教本。第二，當時沒有照相機，又無玻璃版的影印，一般學畫者，要想看到古代名家的作品確實不容易，即便家傳所有，亦不過極少數的一部分，收藏家所儲的，他們都視作珍寶，也不輕意示人。因此，學畫者便有迫切想看到各家作品的要求。《芥子園畫傳》既摹繪了古代各家的畫法於一冊，正合一般學畫者之所需。第三，「畫傳」不只是繪畫的教科書，也是一部詩畫譜，其中有許

多作品，錄古人詩詞於其上，這也迎合了好多文人雅士，置書一冊，放在案頭，偶然翻閱，既作為「臥遊」，亦作為輔助吟詠之興。第四，「畫傳」在繪、刻、印三者的精美巧麗，引起了一般讀者的興趣，以至博得眾多人士的矚目。

正因為《芥子園畫傳》有如上述這樣的特點，所以它的影響很大。當初集印行之後，便有人紛紛諮詢並關心第二集的出版。因為印數不多，有的人竟相轉借摹錄。又因為這部畫集受到了廣大讀者的喜愛和支持，所以當第二集出版之際，編輯者為了再版時能對此書修補得更豐富，使內容得以更充實起見，在例言之末，還擬了一則徵稿啟事，文中謂：「是書成後，本坊嗣刻當更多，祈宇內文士，不惜染翰揮毫，藉光梨棗。或寄金陵（南京）芥子園甥館，或寄武林（杭州）抱青閣書坊。當次第集腋成裘，珍如拱璧[34]。」

關於《芥子園畫傳》的本子，自康熙至光緒近 200 多年間，竟有十餘種之多。有的同是一種版本，由於經過幾次刷印，就產生幾種不同的本子。有的同一個版子，由於印刷者中途易人，手法不同，又產生不同本子的效果。如乾隆壬寅（1782）春三月初印時是一個樣子，到了乾隆乙巳（1785）第三次印刷時又是一個樣子，而且出版的機構同是一個金閶書業堂，所以後人翻閱這些本子，稍一疏忽，就被弄得不知所據。何況這些本子，到了道光初，金陵文光堂據金閶書業堂重鎸版修修補補，又加上刷印者自作主張地「發揮」於是使這部畫傳幾乎面目全非。到了光緒十二年（1886），還出現了上海鴻文書局出版的石印翻印本，更是相去甚遠了。

上海鴻文書局出版的石印本，是嘉興人巢勛增輯的。巢勛字子餘，號松道人，又號駕湖松華館主人。工山水，並能花鳥，師事於名畫家張熊（子祥）。據謝昌謂，他在張熊處得見《芥子園畫傳》珍本，才著手翻印的。他不僅翻印，而且廣增篇幅，把當時的名家如任頤、吳昌碩、楊

---

[34] （清）王概摹繪，《芥子園畫傳二集蘭譜》〈例言〉，清康熙 40 年芥子園甥館鎸藏本。

伯潤等作品都收集進去，名曰「增廣名家畫譜」，並請何庸作序。他還把
自己的作品也編入這部畫傳中，尤其是所附石印彩色圖（有一種本子無
彩色石印），更是不倫不類，完全失去原版木刻的風味。後人未見康熙、
乾隆或嘉慶的木刻浮水印本，如果僅以巢編石印本來推想《芥子園畫
傳》，除了一些文字抄錄原樣外，其餘是無法想像的。

第四節　蕭雲從及其版畫藝術

　　明末清初的蕭雲從，是明清兩個朝代交替中的傑出畫家，對版畫藝
術做出了重大的貢獻。

　　蕭雲從（1596-1673）原名蕭龍，字尺木，號默思，又號無悶道人，
晚稱鍾山老人。祖籍當塗，蕪湖人。明末清初著名畫家，姑熟畫派創始
人。幼而好學，篤志繪畫、寒暑不廢。明崇禎十一年（1638）與弟雲倩
加入復社，次年為副貢生。入清不仕，閉門讀書賦詩作畫，或遨遊名山
大川。善畫山水格疏秀，兼工人物，與孫逸齊名。早期作《秋山行旅圖
卷》，繪《太平山水圖》43 幅，另有《閉門拒額圖》、《西門慟器圖》、《秋
山訪友圖》、《江山覽勝圖卷》、《歸寓一元圖卷》、《谷幽深卷》、《崔蕭詩
意卷》等。清康熙元年（1662）重修太白樓，畫匡廬、峨嵋、泰岱、衡
嶽四大名山，7 日而就，遂絕筆。晚年結識鐵匠湯天池，指導湯以鐵作
畫。著有《梅花堂遺稿》、後黃鉞編有《蕭、湯二老遺詩合編》，畫為故
宮博物館、安徽省博物館所珍藏。

　　蕭雲從博學，詩文書畫均兼善。著有《易存》、《杜律細》諸書，就
是詩文，亦為時人所重。至於繪畫，尤長山水，誠如徐沁所說：「工詩文
畫山水，高森蒼潤，具有格力，遂成一派[35]。」其所作版畫《離騷圖》與

---

[35] （清）徐沁撰，《明畫錄》卷五，《讀畫齋叢書》本。百家諸子中國哲學書電子化計劃
https://ctext.org/library.pl?if=gb&file=84626&page=45

《太平山水圖畫》，最為人稱頌。

一、《離騷圖》

《離騷圖》，此書刊行於清順治二年（1645）。蕭雲從在明亡以來，其心情多與屈原相似，故所繪的《離騷》插圖，能深刻的表現出屈原賦中的思想精神。託物興感，抒發憤鬱的胸懷。此書中的插圖，以人物為主，一方面繼承了宋元以來繪印《離騷》、《九歌》等的優良傳統，一方面又以其個人豐富的想像力，創造發展，而成為一部了不起的傑作（圖230）。尤其鐫刻是由當時徽派名手湯復負責的，刻印工緻，人物景色精麗生動，把原畫的精神充分表現，所以此書一直是極受重視的版畫。

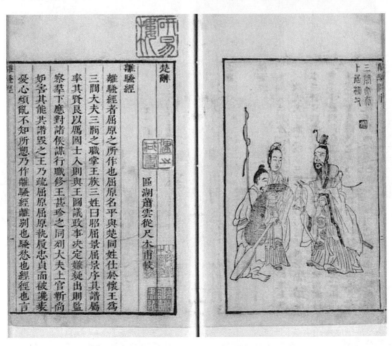

圖230 《離騷圖》繼承了宋元以來圖繪、刻印楚辭的
優秀傳統而又加以創造和發展。

　　《離騷圖》，即包括《離騷》在內的，屈原幾篇楚辭的插圖，但因其所畫數量多，成了畫圖的集冊（圖 231）。這部《離騷圖》，繪於明末，刻於清初順治二年（1645）。至乾隆補繪時，只存 64 圖。據蕭雲從付刻時在目錄後所附幾例中說：「遠遊原有五圖，經兵燹闕失，俟續之[36]。」

圖 231　明末清初蕭雲從《離騷圖》書影。

　　《離騷圖》在付刻時，蕭自己作有「離騷圖序」。談到他何以要繪此圖，其中有謂「使後人翻覆玩繹，悽愴以想古人處亂托擾之難[37]」。從而知道他對明末統治者的腐敗，封建道德的淪喪，感到痛心，因而想到屈原這樣一位愛國詩人的處境及其著作，便欣然提筆繪圖。他曾說：「吾尊騷為經，則不得不尊騷而為圖矣！[38]」想其付印之時，當懷著沉鬱的心情來寫這篇序言的。於是他在序言的結尾上說：「用備後來之勸懲，而終歎

---

[36]　（清）蕭雲從，《離騷圖》〈目錄後附凡例〉，清順治二年（1645）刻本。

[37]　（清）蕭雲從，《離騷圖》〈序〉，清順治二年（1645）刻本。

[38]　（清）蕭雲從，《離騷圖》〈序〉，清順治二年（1645）刻本。

古人之不見我也[39]。」

　　蕭雲從的這部《離騷圖》，頗多獨創，如對「東君」的描寫，神態自然，東君是太陽之神，在九歌這篇文辭中，歌頌了東君的偉大無私，也描寫了巫女們迎神的歡欣情形。在這幅畫中，東君乘著「龍」，上載著「雲旗」，是那樣肅穆，而又那樣親切。雲從塑造了這個形象，也正如九歌中所謂，使「觀者瞻兮忘歸」（圖232）。

圖232　《離騷圖》之《九歌・東君》。

　　再說，從構圖以及表達的意義來看，「國殤」一圖在藝術上是有它更大的成就。「國殤」是一首祭歌，描寫和讚美為國犧牲的戰士們生前的勇敢，以及壯烈的戰鬥精神，圖中所畫，是一個戰士乘著戰鬥的馬車在前進，一手持弓，一手持箭，旌旗在飄動，戰士那英勇的氣概使我們感到，這是一位「誠既勇兮又以武，終剛強兮不可凌」的戰士。圖中的馬車似在奔馳，但構圖卻又是那樣的穩定，使人感到莊重，也使人感到沉寂，正符合祭歌這一主題的表達（圖233）。

---

[39]　（清）蕭雲從，《離騷圖》〈序〉，清順治二年（1645）刻本。

圖 233 《離騷圖》之《九歌‧國殤》。

「天問」諸圖，也都同樣有著他那巧妙的表現。蕭雲從的《離騷圖》是可貴的，是版畫藝術中富有思想性的傑出作品。

二、《太平山水圖》

《太平山水圖》，此書是蕭雲從另一部版畫傑作，是「姑熟畫派」的經典代表作品，也是蕭雲從最值得稱道的作品之一。後人每言及蕭雲從，幾乎都會提及《太平山水圖》。該圖刊成於清順治五年（1648），是蕭雲從應太平府推官張萬選的邀請為其選編的《太平三書》而創作的插圖。

《太平山水圖》採用圖文並茂的形式，每幅均用正、草、隸、篆等各種書法題寫與所繪風景相關的古代名家詩一首，並標明仿古代著名畫家的筆墨、技法和構圖。該圖內容是描繪安徽當塗、蕪湖、繁昌等地區的山水勝景。這是一部版畫山水集。這本書最大的特點是全書四十三幅構圖中（當塗 15 幅，蕪湖 14 幅，繁昌 13 幅，太平山水全圖 1 幅），在

於構圖幅幅無雷同之處，筆法亦多變化，無論點染皴擦皆有法度，此為清人山水圖譜中所不常見。蕭雲從在這方面的成功，在於他對這些真山真水有所體會。鐫刻也由徽州地區名手負責，像劉榮、湯尚、湯義等人都曾參與刻印的工作，其中尤以線條的細緻流暢，達到了極高的藝術境界。

　　《太平山水圖》首幅為《太平山水全圖》，是根據當時太平地區山水名勝而作的鳥瞰圖（圖 234）。畫中峰巒林立，草木蓊鬱，溪環水繞，阡陌縱橫，一派江南水鄉風光。畫面左上角題南宋楊萬里的詩：「圩田歲歲續逢秋，圩戶家家不識愁。夾道垂楊一千里，風流國是太平州。」作者將太平府譽為「風流國」，將其美麗風景和居民的愜意生活繪於畫中，畫家對於鄉土的摯愛之情亦蘊含其中。《白馬山圖》（圖 235）為蕪湖風景十四幅之一，圖中層岩雄踞，山石疊起，猶如白馬騰雲，氣勢雄偉。

圖 234　《太平山水圖》首幅為《太平山水全圖》，
是根據當時太平地區山水名勝而作的鳥瞰圖。

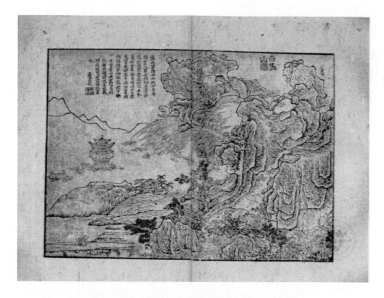

圖 235　《太平山水圖》之《白馬山圖》。

　　《蘩浦圖》（圖 236）則描繪了另一種靜謐和諧之美，山清水秀，垂柳依依，水面無風，波瀾不興，平整如鏡。堤岸逶迤曲折，庭閣、房屋點綴其間，將觀者的目光引向遠方，愈行愈遠。

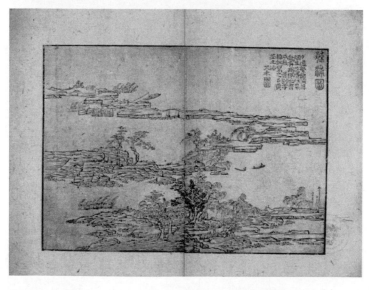

圖 236　《太平山水圖》之《蘩浦圖》。

蕭雲從在描繪太平美景的同時，也不忘刻畫當地居民的漁、樵、耕、讀等日常生活。《繁昌風景十三幅》之一的《鳳凰山圖》（圖 237），作者寥寥幾筆勾畫出遠山如黛、草木蕭疏、清風微拂的遠景，簡潔明快。中景是大片留白的江面，幾隻小船掛帆前行，駛向遠方。近處江邊蘆葦叢生、高峰峻拔、森然壁壘，植物藤蔓纏繞緣山而生，幾艘漁船隱約可見。漁人們正在支網捕魚，為生計而忙碌。草木掩映下，一座小院坐落其中，悠然佇立。一樵夫擔著柴沿著小徑走入院內，屋內他的妻子正在桌前準備晚飯，迎接伐薪歸來的丈夫——一幅江南水鄉農家生活的幽美和諧之景映入眼簾。

圖 237　《太平山水圖》之《鳳凰山圖》。

《太平山水圖》的黃山、天門山、吳波亭、赭山及阪子磯等 43 景，圖上都題以古代名家的詩。而諸圖亦個個標明為摹寫古代畫家如王維、關仝、郭熙、夏圭、馬遠、黃公望、唐寅、沈周等畫法，然而仍不失寫生之作。蕭雲從的繪畫，不只精畫人物，在山水畫方面也有很高的造詣。

《太平山水圖》在中國美術史上尤其是版畫史上具有崇高的地位。

以古詩入畫，開創了地志性實景山水圖的先河。更重要的是，《太平山水圖》開創性地把傳統的山水畫鐫刻到畫版上，以一種嶄新的形式出現，對中國版畫的發展起了極大的推動作用。

《太平山水圖》不僅是推動中國版畫發展的力量源泉，對日本、朝鮮等鄰國的繪畫藝術也產生巨大影響。十八世紀，《太平山水圖》流傳到日本後，被廣泛翻印，日本畫家稱之為《蕭尺木畫譜》、《太平山水畫帖》、《太平三山圖》等，「帖之精緻巧妙，覽者莫不歡賞」，臨摹者眾多。此外，《太平山水圖》對朝鮮真景山水畫的發展也起到很大推動作用，朝鮮文人畫家鄭都學習《太平山水圖》的筆墨技法，融合朝鮮實景以作紀游圖，曾一度影響朝鮮繪畫的發展。

總而言之，蕭雲從所作的這兩部版畫，是明末清初在版畫上的巨大貢獻。這位在文學及藝術上都有著很高修養的畫家，居然在晚年孜孜不倦地用了幾個寒暑創作出這樣的作品，當然值得後人珍視。

第五節　任熊及其版畫藝術

清初版畫不管在民間、或內府，還算相當興盛，量與質都還很有可觀，但嘉慶以後，就每況愈下了。當然，清朝中葉以下，版畫插圖等書，並不是完全絕跡了，內府像道光年間的《養正圖解》、光緒間的《欽定元正愇承華事略補圖》；民間像光緒五年（1879）刊本《紅樓夢圖詠》、光緒十五年（1889）刊本《古玉圖考》等，均有可觀的成績，但在量與質上，就遠不如清初之盛之好了。

任熊（1820-1857），清代晚期著名畫家，「海派」藝術的代表人物之一。字渭長，號湘浦，浙江蕭山人。少時家貧，曾於民間學畫行像多年，後得詩人姚燮推崇，遂有畫名。中年寓居蘇州、上海，以賣畫為生。他是清末後起的優秀人物畫家，受老蓮繪畫的影響極大，因而畫風也與老蓮相似。在版畫上所作的《列仙酒牌》及《高士傳》等，也仿效

老蓮之法。曹子嶙在《列仙酒牌》的序中說：「渭長深畫理，自吳道子、陸探微至十洲、老遲（老蓮）之法，參考講習，故行止坐臥，樹石器具，飛走之屬，遠越鄙俚，悉有法度可觀[40]。」沙家英在《高士傳》翻刻本中，說渭長「少有逸才，弱冠即工畫，尤善人物，宗老蓮法，三十後遂自成家[41]」。並擅長寫真，其畫風影響及於任伯年。

對於酒牌之畫，由來已久，就今所能見到的明萬曆藍印西廂記酒牌，也便是明清盛行酒牌畫的一種創作。對於酒牌，有褒有貶。褒者以為「人之娛樂助興之雅物」，貶者以為「無異賭具」。總之，酒牌為明清一度流行的東西。

一、《列仙酒牌》

《列仙酒牌》，咸豐四年（1854）刊本、繪者為清末人物名畫家任熊，任氏浙江蕭山人氏，他的畫風，深受明末陳老蓮的影響。此書共四十八幅，繪嫦娥、老子、蘇仙公等四十八人。畫風頗似老蓮的《博古葉子》，鎸刻《列仙酒牌》的蔡照初在酒牌的題詞上亦說「任子渭長仿老蓮葉子格」。所繪人物的精神體態，在清代人物畫中，是比較優秀的。如《鄧伯元》、《陳安世》、《陳博》、《蘇仙公》（圖 238、239）諸圖，頗見作者功力的深厚與構思的精密。鎸刻者亦為蕭山人蔡照初，字容莊，也是蕭山人，與任渭長為友，他不只是精刻木板，刻竹亦佳，並能詩文書畫。

40　（清）任熊撰，《列仙酒牌》序，參見善書圖書館 http://taolibrary.com/category/category1 07/c1070990.htm#

41　（晉）皇甫謐撰、羅振玉輯，《高士傳》，臺北藝文印書館據民國四年上虞羅氏刊本影印，四部分類叢書集成，續編；8，雪堂叢刻。

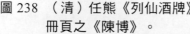

圖 238 （清）任熊《列仙酒牌》
　　　冊頁之《陳博》。

圖 239 （清）任熊《列仙酒牌》
　　　冊頁之《蘇仙公》。

　　《列仙酒牌》初刻本 40 部，為作者贈送友人之用，此後續印，扉頁
用朱色印有「每冊價銀一兩」六個字，即所謂「流通本」。《列仙酒牌》
之初印本，很難見到。原版為日本大村西崖所藏。

二、《於越先賢傳》

　　任渭長的另一部版畫作品是《於越先賢傳》，成於咸豐六年
（1856），王錫齡作傳並贊，然後由蔡照初鐫刻，計傳 80 人，圖亦 80 幅
（圖 240）。

　　王錫齡在序中述此書之成頗詳，其中有謂：「……余乃隨掇一人行事
以為贊，渭長因以為圖。日或三四，或五六，初以為長夏消遣，計積二
月，得八十人。渭長以事入城，余亦遂輟，懼佚也，交容莊蔡君梓之成

本[42]。」所繪八十「先賢」，為浙江紹興、上虞、余姚一帶人士，如范蠡、鄭吉、朱買臣、戴逵、賀知章、西施等。

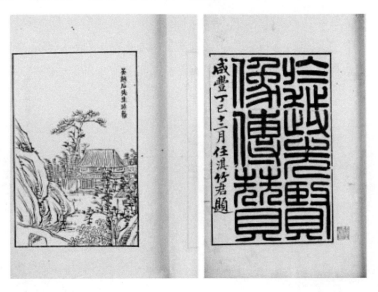

圖 240 《於越先賢傳》，為任渭長所作四部圖像中章法表現最富變化的一種。

　　《先賢傳》圖像為任渭長所作四部圖像中章法表現最富變化的一種。對人物的處理，固以表達性格為主，但也十分注意典型環境對於人物特徵的重要作用。如對楊威、董襲、夏方、王羲之、秦原、李光、陳其汝等人物的描寫，巧妙地以各種不同的山水情調，襯托出各個人物的不同生活作風。以刻工的精巧而論，固然屬於複製性質，但刻者能很好地重視並保持線描所表現物件的各種質感，這就不是簡單的技術，蔡照初在用刀上悠然自如，轉刀、逆刀、粗刊、細刻，都極熟練精到，與清初朱圭相比，毫不遜色。

42　（清）任熊繪，《於越先賢像傳贊》，清咸豐間王氏養龢堂刻本。

三、《劍俠傳》

　　木刻畫集。清代畫家任熊繪，蔡照初刻。刻成於咸豐六年（1856），原名《三十三劍客圖》，後改版為《劍俠像傳》，將唐人傳奇文附刊在後為定卷。為任渭長所繪四部版畫作品中最精美的一部，鐫刻亦特別工巧（圖241）。

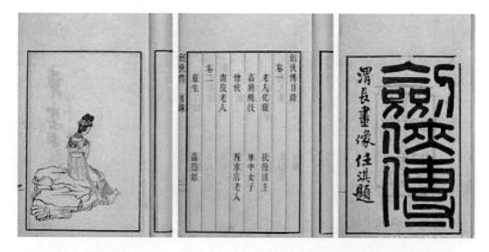

圖241　《劍俠傳》中的33篇武俠小說，可以說是古代武俠小說的精粹。

　　《劍俠傳》的人物造型，雖與老蓮所作《九歌圖》相似。但其結構，卻似《晚笑堂畫傳》。內繪刻趙處女、嘉興繩技、西京店老人、聶隱娘、虯須叟、行者（韋洵美）、李勝、青巾者（任願）、解洵娶婦、角巾道士（郭倫觀燈）等三十三人像圖。人物造型，吸收陳洪綬的傳統；刻工尤佳，刀法清練。為任熊四部版畫作品中最為得手的一部。

四、《高士傳》

　　《高士傳》插圖作於咸豐七年（1857），初刻本已難見到，今天所流行的是沙家英的翻刻本。《高士傳》在繪刻兩方面，其精麗與《於越先賢

傳》相比，很難一較高下。《高士傳》，皇甫謐著，分上、中、下三卷，
計傳 91 人。其插圖為渭長一生最後作品（圖 242）。據光緒三年翻刻本的
序言中得知，渭長畫了上卷二十八圖後，便染病亡故。所以《高士傳》
的畫像，至今所見只有卷上，而「中下卷僅有傳無像」。卷上畫像，且缺
「被衣」、「顏回」二圖，故「高士傳」畫譜，現在所可看到的，只有 26
圖。

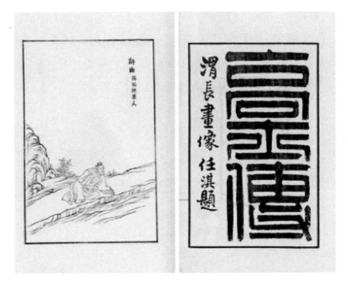

圖 242 （清）蕭山王錫齡輯《高士傳》三卷，
清咸豐八年（1858）王氏養龢堂刻本。

　　任作《高士傳》畫像的傑出成就，在於 26 個畫像更富有性格化。無
論是王倪、齧缺，或是弦高、商容、石門守，都顯示出作者晚年對待歷
史人物刻畫的深思熟慮。所繪許由洗耳及長沮、桀溺諸圖，可以看出他
在塑造形象上的簡潔和表達神情的卓越技巧。在藝術風格上，固然看得
出尚有老蓮的韻味，但已顯露出他自己的面貌，可惜他的畫風正在轉變
時，生命卻已經終結，這不能不令人感到莫大的惋惜。

　　任渭長所繪的《列仙酒牌》等四部版畫，確實是版畫史上後起之傑
作。它的重大意義，還在於清末人物畫衰落時期湧現出來的傑作。《列仙
酒牌》等四部作品的價值，還在於對歷史人物的描寫有著一定的依據，

雖然考證還稍顯不足，但作者的創作態度是值得肯定的。它的表現手法，不是通過情節來表達人物的活動，而是概括地、集中地對於人物的體態神情，以及服飾的變化，來表現人物的性格、身份以至他在社會活動上的作為。鐫刻方面，除了它的刻線圓穩健美之外，它的特點還在於十分注意線條「飛白」筆跡和鏤刻，雖然這還是複製性質的鏤刻，但是，卻表現出有木刻味的特性，如《列仙酒牌》中的「陳世安」、《高士傳》中的「榮啟期」等，特別是《劍俠傳》中的許多作品，都有著這樣的特點。作為版畫的遺例來看，它在版刻方法上的優點，都值得我們借鑑並吸收。

第六章　年畫

　　年畫是中國特有的一種民間美術，它是中國人歡慶年節特別是新年（春節）時美化環境驅除不祥的版畫型印刷品。每逢春節，人們都喜歡買些鮮豔悅目的年畫，貼在門上或室內，增添新春佳節的祥和氣氛。春節貼年畫，在我國由來已久。年畫，古稱「門神畫」，其最早的名稱叫「門畫」。據《風俗通義》記述，在先秦兩漢年節宗教信仰有祀門之習俗，故神荼、鬱壘成為我國最早的司門之神[1]。晉代宗懍《荊楚歲時記》說：「正月一日，給二神貼戶左右，左神荼右鬱壘，俗謂之門神[2]。」

　　東漢蔡倫發明紙，唐以前多為手繪門神。門神的角色亦不是傳説的形象，而出現了真實的人物。唐時的門神多以威武將軍秦叔寶、尉遲敬德二人為主，加之民間畫工在唐史演義的基礎上，對他們二人形象進行藝術加工，所以逐漸演變其為年畫「門神」。

　　到宋代，木刻取代了畫像。我國最早的雕版年畫，見於南宋時期印的木版年畫，畫面有趙飛燕、王昭君、班姬、綠珠等美女圖，關張趙馬黃五虎圖。元代年畫中有壽星圖、八仙圖、松鶴延年等，而且有出售交易市場。明代，由於朱元璋的提倡，這種習俗又得到了進一步的發展。清代，由於戲曲雜劇、繡像小説及使用插圖等木刻畫的興起，並在繪製技術和雕刻技術上都有很大的發展，使木刻年畫進入了顛峰時期。特別是清雍正、乾隆年間，年畫更為繁盛，產地遍及全國，並湧現出一大批專門從事木刻年畫的專業畫工和雕刻家。

　　一千多年來，民間藝人積年累代，父傳子承，在極為簡陋的條件下，創作了一批又一批富有濃郁的民族風情和獨特韻味的木版年畫，並

1　（漢）應劭撰，《風俗通義》，明萬曆間程榮刊漢魏叢書本。

2　（梁）宗懍撰，《荊楚歲時記》，明萬曆間（1573-1620）繡水沈氏尚白齋刊本。

逐步形成了江蘇蘇州桃花塢、天津楊柳青、山東淮坊楊家埠、陝西鳳
翔、河南開封朱仙鎮、湖南邵陽灘頭、四川綿竹、廣東佛山、福建漳
州、山西臨汾、河北武強、雲南大理等名滿天下的木版年畫。這些地區
年畫在清雍正、乾隆年間具有相當規模，其作品大多以簡練的線條、鮮
豔的色彩，並融入新題材，注重情節、情趣和造型的表現，人物生動可
愛，富有活力，使作品別有新意，頗具觀賞和收藏價值。

第一節　年畫的起源

　　年畫，顧名思義就是過年時張貼的畫，舊日所用一般為木版印刷，
題材相當廣泛，除了點綴裝飾，增添新春氣氛外，更寄託有驅災禦凶、
納福迎祥的期盼。

　　我國自古以農為本，在長期耕作中，體驗到天候、氣象能否充分掌
握，影響農作物的種植和收成很大，因此，我們的祖先非常留意於「觀
象授時」，曆法於是創立。而「年」的概念，最初大約跟莊稼生長期密切
相關。《說文》一書解釋「年」的意義為「穀熟也」；早在商代甲骨文
裏，「年」字是由一「禾」和一「人」所組成，好像人在禾下收割，又似
農夫扛著整個禾稼回家。《穀梁傳》記載「五穀皆熟，為有年也[3]」（桓公
三年）和「五穀大熟為大有年[4]」（宣公十六年）的話，「有年」指農業有
收穫，「大有年」即大豐收。穀熟收割正農村生活快事，在《詩經》中便
收錄了一些民歌，提到年終慶祝豐收的活動。此外，先秦時代巫術盛
行，驅鬼除瘟疫亦成為歲末一種儀式，在民間和宮廷流傳多時。總而言
之，祈求收成好、邪魅除、百病不侵，是先民過年期間共同的心願，年
畫最初所反映的，主要也在此。

---

[3]　《穀梁傳》〈桓公〉卷二，明新安吳勉學校刊本。

[4]　《穀梁傳》〈宣公〉卷七，明新安吳勉學校刊本。

　　早期年畫應是手繪形式，直到宋代，由於經濟繁榮、商品多樣，再加上市民對通俗文化藝術的需求、印刷出版的普及，年畫逐漸利用木版印刷大量銷售起來。但「年畫」這個名詞，到了清道光年間續出現在李光庭所撰《鄉言解頤》上。該書有「年畫」一節，談及：

　　　　掃舍之後，便貼年畫，稚子之戲耳。然如孝順圖、莊稼忙，令小兒看之，為之解說，未嘗非養正之一端也[5]。

　　不但採用「年畫」一詞，還清楚地點出其中的教化意義，實在值得我們重視。

　　原始時代，民智未開，思想極富神秘色彩，把天災人禍都歸究於鬼神，而大門為一家出入關口，如果有威猛門神把守，妖魔鬼怪自然不敢入侵，家人終得平安。這個想法，使得門神成為年畫的最早題材，也就是說年畫起源於門神。所知首先出現、且又被畫成圖像的守門神人，當推神荼、鬱壘（圖 243）。《論衡・訂鬼》引《山海經》故事說：

　　　　滄海之中，有度朔之山，上有大桃木，其屈蟠三千里，其枝間東北曰鬼門，萬鬼所出入也。上有二神人，一曰神荼，一曰鬱壘，主閱領萬鬼，惡害之鬼，執以葦索而以食虎。於、是黃帝乃作禮，以時驅之，立大桃人，門戶畫神荼、鬱壘與虎，社葦索以禦凶，魅有形川故執以食虎[6]。

5　李光庭撰，《鄉言解頤》卷四〈年畫〉，百家諸子中國哲學書電子化計劃 https://ctext.org/library.pl?if=gb&file=37891&page=35

6　（漢）王充撰，《論衡》第二十二卷・〈訂鬼篇〉第六十五，明嘉靖乙未（十四年，1535）吳郡蘇獻可通津草堂刊本。

圖 243 神荼鬱壘，是中國民間信仰的兩名神祇，著名的門神。

　　門神作用既是驅趕邪魔，惜早期神荼、鬱壘的繪像已不易見。此外，漢代有以古代勇士為門神，《漢書‧景十三王傳》記載廣川惠王越的殿門有成慶畫，短衣大絝長劍，顏師古注云：「成慶，古之勇士也[7]。」或即後世武將門神的嚆矢。到了北宋末年，汴梁所貼門神，如袁褧《楓窗小牘》所記：「多番樣，戴虎頭盔[8]」。至若明朝《西遊記》、《三教源流搜神大全》二書，敘說唐太宗被鬼魅驚擾，武將秦瓊、尉遲恭守衛宮門，夜來無事，太宗有所嘉獎，且關心二人一直守夜，無法成眠，於是請畫工繪秦瓊、尉遲恭像，懸掛在宮門上，後世沿襲，永為門神，更是家傳戶曉（圖 244）。以後，各地出現不同武將門神，如趙雲、馬超（河南一

---

[7]　（漢）班固撰（漢）班昭補（唐）顏師古注，《漢書》五十三‧〈景十三王傳〉二十三，明汪文盛校刊本。

[8]　（宋）袁褧撰，《楓窗小牘》，明萬曆間（1573-1620）繡水沈氏尚白齋刊本。

帶）；薛仁貴、蓋蘇文（河北一帶），孫臏、龐涓（陝西一帶），無不塑造
成粗壯魁梧的體態，兼且一派英武氣概，主要目的還不是為著嚇退邪
魅，永保家宅安寧。

圖 244　宋代以來，門神畫主要以木版雕刻印刷流傳於世，元明之時，
　　　　秦瓊、尉遲恭二將軍進入門神之列，後世沿襲。

第二節　年畫的發展

　　年畫是早期民間用於年節喜慶裝飾的版畫。早期民間為配合新年習
俗，祈求吉祥，常以寓有吉祥意義的圖案或版畫做裝飾。年畫的種類大
致有三：

一、神像圖案

用以祈福避災,主要有神荼、鬱壘、鍾馗等門神圖像,以及財神、壽星、灶神等。

二、吉祥圖畫

大多為寓含吉慶象徵的圖畫,如表祥瑞的龍鳳圖,表新生或繁衍的嬰戲圖,表豐收的嘉禾圖,表豐餘的鯉魚圖,表富貴的牡丹圖,表如意的靈芝圖等。

三、各種教化勸戒的歷史故事或戲曲圖像

用以期勉子孫為善去惡,崇仰先賢。

年畫通常色彩鮮豔、線條單純、構圖飽滿勻稱、畫面氣氛活潑,以應大眾之愛好。為大量製銷,多採版畫製作。中國各地均有年畫製品。天津楊柳青、蘇州桃花塢和山東濰坊等地產品尤為精美。

隨著社會演進,年畫不限於門神一種,還都反映廣大群眾對所喜愛事物的追求,以及不同時代的風俗民情。總之,從驅邪避惡而至納福迎祥,年畫發展極具市民階層基礎。我國到了宋代,因為經濟的繁榮,民間文化藝術十分多姿多彩,當時印刷術雖然流行,但出自畫工繪製的年畫不是沒有,如鄧椿《畫繼》書中記載,有劉宗道、杜孩兒擅長娃娃畫[9];楊威則以描繪農村生活最為著名[10],每創作出來一個新畫樣,甚或隨

9　(宋)鄧椿撰,《畫繼》卷六,明郟陽原刊本。

10　(宋)鄧椿撰,《畫繼》卷七,明郟陽原刊本。

後複摹數百本供應市上，可想見畫工手繪作品在年畫市場的流布情形，而民眾的愛好亦略窺得一二。

至於遼金時期的年畫，清末俄人曾在甘肅省黑水城遺址（即今內蒙額濟納旗）搜掘到「四美圖」和「義勇武安王位」；前者畫的是班姬、趙飛燕、王昭君和綠珠，後者畫的是關公。一九七三年，陝西省博物館在整修碑林時，又發現「東方朔盜桃」。以上三幅年畫都是木版印刷，包括美女、神像和祝壽題材，十分討喜。

在現存年畫中，有「八方朝貢」、「駱駝進寶」等顯示少數民族的色彩，疑為元代舊版翻刻後印的，題材亦很能滿足人們心願。至於明代，就拿流傳到今天的繪本年畫來說，其中門童一額都賦予吉祥含義，而福壽喜慶一類作品亦多，如隆慶六年「南極星輝圖」、萬曆二十五年「八仙慶壽圖」這也許與當時官場裡慣於假借祝壽名目，逢迎權貴的流弊有關。

後來明朝覆亡，到了清康熙時，動亂的社會漸趨安定，生產亦得以恢復。為鞏固政權，朝廷勸導百姓孝順父母、和睦鄰里、撫育子女、安居樂業。一時間，年畫中大量出現類似「蓮生貴子圖」、「美人嬰戲圖」、「孟母斷機圖」等仕女娃娃題材的作品；娃娃肥胖可愛，滿臉笑容，並穿紅披綠，配上金蟾、蝙蝠、鯉魚、壽桃等物，象徵長命富貴多福氣，仕女則彎眉細目，瓜子臉孔，穿著入時，文靜典雅，看似生活幸福的模樣。直到乾、嘉盛世，年畫也發展出一個黃金時代，題材更是豐富多樣。如蘇州桃花塢年畫，描繪江南城鄉繁榮氣象，還有名勝古蹟寫真面貌的不少，開拓了獨特的領域；這些風景將現實生活與百姓情懷融合在一起，表達出對國運昌隆、經濟富裕的歌頌。又如天津楊柳青年畫，技藝精巧寫實，而這時期戲齣題材開始流行，楊柳青距北京不遠，畫工每易觀看到名班的公演，所以作品比較生動逼真，維肖維妙，工架表情彷如舞臺演出。此外，儘管清人入關早期，因坊間小說充斥淫詞穢語而嚴令禁絕，但反而出現更多渲染這類內容的年畫，流傳於廣大農村。乾隆晚期，小說《紅樓夢》刊版印行，後來成了相當受歡迎的年畫題材；至

於歷史故事年畫，人物眾多，場面盛大，尤其引人入勝。嘉慶以後，太平盛世不再，戰亂頻生，人心惶惶。與此同時，描繪和合二仙以及天賜金銀元寶一類年畫日增，大家無不盼望生活安定、發財致富。清末，隨著要求社會改革、教育開放的新思潮產生，有人提倡繪製改良年畫，作品題材多借古喻今。

第三節　年畫的地方特色

民間年畫的起源和發展，都深具群眾基礎，反映了普通百姓的生活和心願，長久以來，產地幾乎分佈全國，體裁形式很多，諸如中堂、屏條、斗方、窗旁、窗頂、月光、掛箋、門神、桌圍、坑圍、灶馬、槽頭畫、燈畫、甲馬之類，內容亦跟著變化，各有各的用途，同時又呈現各地不同特色。就天津楊柳青、蘇州（今江蘇吳縣）、山東濰縣、河南朱仙鎮和四川綿竹五個重要產地分別略作說明。

一、天津楊柳青年畫

楊柳青位於天津市西方，以遍植楊柳名聞遐邇，舊名柳口，原是水鄉，風景如畫，且水陸交通相當便利，為年畫的產生提供優良條件。在明萬曆、天啟間，該地即已有大量年畫製作，到了清乾隆年間，尤其興盛，不但本地許多畫舖相繼開業，連帶山東濰縣楊家埠的年畫也隨著發達起來。

楊柳青居民不論男女老幼，大都參與年畫創作，正如當地有句俗語：「家家都會點染，戶戶全善丹青。」而與其他地方比較，楊柳青年畫製作的程式要繁複得多。首先，由畫工起稿，通常依前人口授的一套畫訣，並徵求大家意見。畫稿寫定後，再經刻工照樣精心雕鎪，刻出線版。

　　線版刻竣，印出畫樣，點明所需顏色，按顏色多寡，又刻套色版片，一般用黃、綠、藍、灰、紫紅五色套印，精品還加一金色。套色印刷完畢，最後一步便是用人工描繪頭臉，或作細部填色，多數由婦女來做；母親帶領女兒，媳婦跟著婆婆，完全採取流水作業方式進行。

　　楊柳青年畫內容豐富，題材廣泛，其中如戲齣（圖 245）、娃娃（圖 246）、風俗、門神之類尤受到歡迎。特色在於人物形象俊秀，衣飾寫實，而最為人樂道的是開臉需用手工暈染多重層次，極富古代工筆重彩人物畫韻味。還有，雜物陳設美觀細緻，場面熱鬧，色彩絢爛，一副富麗堂皇景象，充滿歡樂喜氣，既表達民眾思想感情、生活動態，也流露出對未來的希望。此外，畫師常不拘成法進行創作，像我們常見的娃娃抱鯉魚（圖 247），魚頭是用漆畫的，如此，產生一種光澤潤滑感覺，再配以勾金的魚鱗，畫面自然燦爛悅目，討人喜歡。楊柳青年畫之能雅俗共賞，不是沒有原因的。

圖 245　《西廂記》，天津楊柳青，色版。

圖 246 《福壽三多》，藏於天津楊柳青木版年畫博物館，色版。

圖 247 無論是娃娃、侍女，還是戲曲故事題材，楊柳青年畫的創作靈感
都來源於當時的社會生活，來源於普通百姓對幸福生活的嚮往。

二、蘇州年畫

　　蘇州，自明代中葉以後，書籍、畫譜的印刷事業十分興盛，再加上
經濟繁榮、景色宜人。於是表現民間藝術之美，又可增添歡樂氣氛的年
畫便應運而生（圖 248）。該地年畫的製作，大抵開始於明末，到了清乾
隆時最為發達。至於畫舖，則主要集中在山塘和桃花塢兩個地方。

圖 248 《楊家女將》，江蘇蘇州，色版。

蘇州年畫有所謂「沙相」，據顧祿《桐橋倚棹錄》卷十說：

> 山塘畫鋪以沙氏為最著，謂之沙相，所繪則有天官、三星、
> 人物故事，以及山水、花草、翎毛，而畫美人為尤工耳。鬻者多
> 外來遊客與公館行台，以及酒肆茶坊，蓋價廉工省，買即懸之，
> 樂其便也[11]。

　　就是指山塘沙氏所製作的仕女圖；圖畫裡美人面相秀麗，描繪極為
精巧，而特色則是寫實。仕女年畫誇耀活生生的、健康的、散發官能美
的江南佳麗，代表著市民好尚。雖屬於木版畫，但細緻的刻法、套印，
加上筆彩，與手繪的工筆畫無異。
　　如前所說，蘇州風景年畫著重描繪當地風光和繁華實相，與傳統山
水畫不同，可說獨創新的風貌，其中最顯著的特徵，要算深受西洋銅版

11　（清）顧祿撰，《桐橋倚棹錄》卷十，上海：上海古籍出版社，1980 年 5 月。

畫技法影響，強調焦點透視，注意畫面上物體的遠近感覺和明暗的對比
效果。不過，風景年畫也有仿古的，即追隨院體樣式，嚴謹地遵循宋明
繪畫傳統。

　　在戲齣題材方面，因畫師每愛到戲團裡邊看邊畫，不但是角色、情
節，甚至連舞臺全景都如實描繪下來，搬到年畫上去，當時流行的海派
京劇機關佈景等舞臺新花樣亦納入其中，成為一大特色（圖 249、250）。
此外，若干小說戲文、風俗時事還採用了連環圖畫形式，開創新意趣。

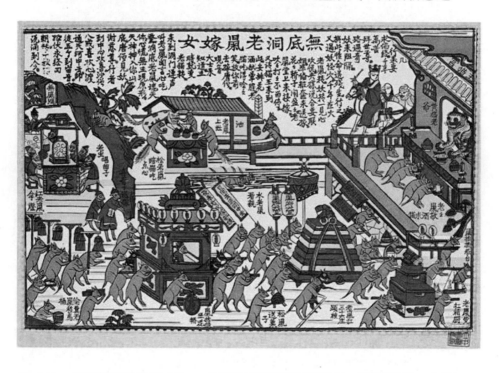

圖 249　《無底洞老鼠嫁女》，此演唐僧遇鼠精招親事。江蘇蘇州，色版。

圖 250 　《鍾馗》，江蘇蘇州，色版。

三、山東濰縣年畫

　　山東濰縣年畫起於寒亭南邊的楊家埠，從業者多是楊姓。清同治初年至光緒末年為該地年畫的極盛時期，僅西楊家埠、畫家已達一百多家，入冬後，投入年畫製作的約有五百人之多，而最高產量約五千萬份。

　　就題材上來說，除門神外，也有表現農民生活的「男十忙」（圖251）和「女十忙」、流露淳樸情感的「包公上任」、滑稽幽默的「毛猴奪桃」、諷刺嘲弄的「打婆婆變驢」以及「百壽圖」、「百鴨圖」、「劉海戲蟾」等（圖 252），大多與群眾生活息息相關，充滿淳樸的鄉土味。表現手法則較為粗獷，畫面並配上詩歌，饒富趣味，兼具教化功能。總括來說，線條簡勁流暢，色彩鮮豔明快，形成強烈裝飾效果。

圖 251　《男十忙》，山東濰縣，色版。

圖 252　《劉海戲蟾》，山東濰縣，色版。

　　最後一提的是，楊柳青年畫傳入之後，濰縣吸收了新營養，但楊柳
青年畫半印半畫，且要細插開臉，既費工時，價錢又昂貴，不很適合山

東農村村民的欣賞習慣，所以除一兩個地方外，幾乎都加以改造，發展
到全部分色套印，值得我們注意。

四、河南朱仙鎮年畫

　　木版年畫的普及，大抵開始於宋代，而北宋都城汴梁（即今日開
封），是當時雕版印刷中心，遇著年節便有木版年畫應景上市，有的門神
還繪刻得相當精細。後來，汴梁失陷，畫工流散各地，手藝仍得以世代
相傳，特別是在開封西南的朱仙鎮，地當水陸交通要衝，商業興盛，到
了明清兩代，年畫業發展達到頂點。據說當時每年從陰曆九月九日起，
朱仙鎮年畫行會都在關帝廟和岳飛廟前舉行「門神會」，唱戲三天，各地
年畫客商也陸續來鎮看樣訂貨；其中銷量最大的是門神，到這裡訂購年
畫的就稱為「打門神」。門神種類繁多、形象又生動，此外，反映人們所
熟識歷史人物、英雄豪傑的故事年畫亦復不少（圖253）。

圖253　朱仙鎮年畫門神。

　　朱仙鎮年畫刻線粗獷奔放，色彩渾厚典麗。在表現方法上，具有豐
富裝飾性，加上主觀想像，把人物刻劃得栩栩如生，對襯景則不作凸出

描繪，恰到好處。最後，再就色彩方面略作補充說明。老作坊有一套傳統的顏料泡製程序，採用土產植物或礦物顏料，能造出別有風味的藝術效果（圖 254）。總之，極注意鮮明強烈的調子，喜歡用青、黃、紅三原色。此外，紫色在一般畫作應用較少，因為容易使色彩不協調，並過於陰暗，但朱仙鎮年畫對此運用得不錯，襯托主題相當顯著。

圖 254 《久長富貴》，民間傳說中有沈萬三發財的故事。

五、四川綿竹年畫

綿竹年畫起源於北宋，興於明代，盛於清代，綿竹縣在成都以北，因地處綿水且多竹而得名（圖 255）。當地年畫歷史久遠，於明末清初之際已進入繁盛時期。乾隆、嘉慶年間，全縣有大小年畫作坊三百家左右，年產量一千二百多萬份。除四川、雲南、貴州、陝西、甘肅、湖南、湖北等地外，還遠銷東南亞一些國家。

圖 255 《加冠門神》，四川綿竹，色版。

　　綿竹年畫可分黑貨、紅貨兩大類。黑貨，指用煙墨或硃砂拓印的木版拓片，大部分為山水、花鳥、神像及名人字畫；紅貨，則是彩繪，門畫製作尤其多樣（圖 256）。現就後一類來看，線版僅起到輪廓作用，最後完成幾乎全靠手工彩繪。綿竹年畫要求強烈鮮明的色彩對比，還要注意襯托性色彩的巧妙調配；針對這點，藝人們流傳兩句口訣，即：「一墨二白三黃金，五顏六色穿衣裳[12]。」而在施彩的過程中，有所謂「明展明掛」，利用過渡灰色和白粉線把強烈對比的兩種顏色隔開，使畫面雖然鮮豔卻不會刺眼，以達到和諧統一的效果（圖 257）。再者，畫師們又喜用變形的藝術處理手法，如壓縮武將門神身長比例，作橫向擴展，給人肅穆、壯實的感覺。

---

[12]　綿竹年畫彩繪過程，藝人們叫做一黑（指黑線版）二白（指人物手臉底色及靴底作白）三金黃（指衣冠及道劇的橙黃色）五顏六色穿衣裳（指洋紅、桃紅、黃丹、佛青、品藍、品綠等）。給人以單純強烈、鮮豔明快、對比和諧的色彩效果，風吹日曬經久不變。由於用筆、用紙、用色的獨特性，使綿竹年畫具有濃郁的鄉土風味和鮮明的地方特色。參見 https://www.newton.com.tw/wiki/%E5%9B%9B%E5%B7%9D%E7%B6%BF%E7%AB%B9%E5%B9%B4%E7%95%AB/9148096

圖 256 綿竹年畫。

圖 257 《老鼠嫁女》，四川綿竹，色版。

　　在作品中比較突出的，是清末長卷「迎春圖」，描繪了四百多個人物，千姿百態，生動地再現當時民間迎春活動，兼具民俗研究價值和藝術價值（圖 258）。此外，有一種稱為「填水腳」的門神年畫（圖 259），是畫師在除夕夜完成作坊工作後，利用剩餘顏料迅速繪畢，拿到夜市出售，以賺取外快，僅寥寥數舉，一氣呵成，可謂簡練傳神，今日看來，誠屬精品。

圖 258　四川省綿竹市博物館收藏的長卷年畫手稿《綿竹迎春圖》，是一件生動描繪四川清代傳統民俗，內容十分豐富的文物珍品。

圖 259 《副揚鞭》（填水腳），清代綿竹年畫。

第四節　年畫的題材

一、驅邪納福門神

　　古禮書記載，國家祀典有所謂五祀，說法不一，但都包括門戶在內。不過，由政府禮官主辦的這些祀典，只設牌位，並未曾供奉神像。另一方面，自周至南北朝，猛虎、神人、勇士、雞王，因為習俗相信可以辟邪，而先後成為門畫的題材。流傳至今的木版年畫中，虎這個題材多出現在中堂畫幅上。至於神荼、鬱壘兩位神人，則被描繪成穿戴鎧甲、武盔，佩劍，手執盤龍金瓜，有的甚至將其中一位賦以鳳眼、白臉、五綹長鬚的形象，另一位卻係環睛、紅臉、虯鬚（圖 260）。此外，南北朝時門上畫雞的習俗，直到晚近，仍有「雞王鎮宅」、「金雞報曉」等畫樣。

圖 260 唐朝以前之武門神多為神荼與鬱壘。

　　鍾馗守門可防病魔入侵，為門神的文一種傳說（圖 261），宋代沈括《夢溪補筆談》記載：

圖 261 鍾馗（楊柳青年畫）。

明皇開元講武驪山，歲翠華還宮，上不懌，因痁作。將逾月，巫醫殫技，不能致良。忽一夕，夢二鬼，一大一小，其小者衣絳，犢鼻屨，一足跣，一足懸一屨，搢一大筠紙扇，竊太真紫香囊及上玉笛，繞殿而奔，其大者戴帽，衣藍裳，袒一臂，鞹雙足，乃捉其小者，刳其目，然後擘而啖之。上問大者曰：「爾何人也？」奏云：「臣鍾馗氏，即武舉不捷之士也。誓與陛下除天下之妖孽。」夢覺，痁若頓瘳，而體益壯。[13]。

同書文稱唐畫家吳道子奉玄宗旨意畫過鍾馗像，後來「頒顯有司，歲暮驅除，以祛邪魅，兼靜妖氛[14]。」宋代李昉在〈太平廣記·卷 214·畫五·黃筌〉文中記載吳道子的鍾馗畫像造型：「衣藍衫，鞹一足，眇一目，腰一笏，巾裹而蓬髮垂鬢，左手捉一鬼，以右手第二指抉鬼眼睛[15]。」到了宋代，紙馬鋪大量印製鍾馗版畫，普及民間。一般說法，鍾馗像是在年終時張貼在後門或懸掛室內，直到清代，懸掛鍾馗像的日子改在端午，而鍾馗衣著亦從藍袍或綠袍演變成紅袍。鍾馗傳說其實與古代歲末除疫驅鬼的大儺禮密切相關，大儺禮中，巫師戴著醜陋的鬼面具，扮演「方相」來嚇鬼，鍾馗似即由方相演變過來。宋代《東京夢華錄》等書，都記載著：

禁中除夜呈大驅儺儀，並用皇城司諸班直，戴假面，手執金鎗銀戟。以教樂所伶工裝判官、鍾馗、六丁、六甲、竈君、土地、門戶等神，驅祟出東華門外[16]。

---

[13]　（宋）沈括撰，《夢溪補筆談》卷下，明萬曆間（1573-1620）繡水沈氏尚白齋刊本。

[14]　同上註。

[15]　（宋代）李昉，〈太平廣記·畫五·黃筌〉，《欽定四庫全書》本。本書 500 卷，拆分成 78 冊。影印古籍 欽定四庫全書·子部十二·小說家類。卷 214。

[16]　（宋）孟元老撰，《幽蘭居士東京夢華錄》卷十〈除夕〉，明虞山毛氏汲古閣影鈔宋刊本。

不過,具有驅邪逐鬼意味的鍾馗像,明清時代民間往往加畫紅蝙蝠在面前飛翔,或是瞎子(長腳小蜘蛛)從天上垂落,不再只是殺氣騰騰,亦表現出老百姓對「福在眼前」、「喜從天降」的祈盼。

現存宋代李嵩「歲朝圖」及當時一些文字記載,證明宋代大門門神已畫作將軍模像,而《三教搜神大全》則確認唐朝秦瓊、尉遲恭兩位將軍為門神:

> 唐太宗不豫,寢門外拋磚弄瓦,鬼魅號呼。三十六宮七十二院,夜無寧靜,太宗懼之,以告羣臣。秦叔寶出奏曰:臣平生殺人如剖瓜,積屍如聚蟻,何懼魍魎乎?願同胡敬德戎裝立門以伺。太宗可其奏,夜果無警。太宗嘉之,謂二人守夜無眠,乃命畫工圖二人之形像全裝:手執玉斧,腰帶鞭鍊弓箭,怒髮,一如平時,懸於宮掖之左右門,邪祟以息[17]。

明代吳承恩《西遊記》也有同樣記載,其中形容二將的打扮是:

> 頭戴金盔光爍爍,身被鎧甲龍鱗,護心寶鏡幌祥雲,獅蠻收緊扣,繡帶彩霞新。這一個鳳眼朝天星斗怕,那一個環睛映雪月光俘[18]。

後來的演義小說及一般木版年畫裡,則是秦瓊執鐧,尉遲恭執鞭(圖262)。有些人家更簡便,只在門上張貼分別書寫「秦軍」、「胡帥」紅紙兩幅;胡帥即胡敬德,就是尉遲恭,他本具胡人(土耳其人)血統。

---

[17] 《三教搜神大全》〈門神二將軍〉,宣統觀古堂本,百家諸子中國哲學書電子化計劃 https://ctext.org/library.pl?if=gb&file=101033&page=95

[18] (明)吳承恩撰,《新刻出像官板大字西遊記》卷二、第十回〈老龍王拙計犯天條‧魏丞相遺書託冥吏〉,明萬曆壬辰(二十年,1592)金陵世德堂刊本。

圖262　門神秦瓊與尉遲恭。

又根據清代顧鐵卿《清嘉錄》記載，蘇杭縉紳之家多沿古風，仍懸神荼、鬱壘，只有民間普用秦、胡作門神[19]。「西遊記」又載秦瓊、尉遲恭二將鎮守寢宮門三十三日，卻聽得後宰門磚瓦亂響，徐茂功即奏請讓魏徵把守。原來涇河龍王犯了天條，當斬，他得知玉帝下令由文臣魏徵行刑，便苦求唐太宗設法困住魏徵，未料魏徵卻在夢裡斬了龍王，龍王便潛入宮中作祟。魏徵領旨，手提誅龍寶劍，侍立在後宰門前，防止龍王侵犯太宗。吳承恩描寫魏徵的打扮，說是：

　　熟絹青巾抹額，錦袍玉帶垂腰。兜風氅袖彩霞飄，壓賽壘荼神貌。腳踏烏靴坐折，手持利咒凶驍。圓睜兩眼四過瞧，那個邪神敢到？[20]

---

[19]　（清）顧祿撰，《清嘉錄》卷十二〈門神〉，百家諸子中國哲學書電子化計劃 https://ctext.org/library.pl?if=gb&file=35490&page=76

[20]　（明）吳承恩撰，《新刻出像官板大字西遊記》卷二、第十回〈老龍王拙計犯天條．魏丞相遺書託冥吏〉，明萬曆壬辰（二十年，1592）金陵世德堂刊本。

　　國家圖書館館藏綿竹年畫，有一組門神為魏徵、徐茂功各捧印信，但似不是貼在後門用的。

　　除上述外，其他如黃忠、姜維、趙雲、岳飛、韓世忠、關榮、花勝等英雄人物，都曾隨民眾的喜愛而被選作門神。四川一帶並以穆桂英像（一說是明末四川女將秦良玉）張貼在內室門上，亦因她英勇善戰，不讓鬚眉。又綿竹門神中，有從面容及所持兵器看來，肖似秦瓊、尉遲恭，而卻作清初旗兵（總爺）裝束的，要富時代意義。

　　先民生活簡陋，只想到如何保護自己，後來工商業繁榮，百姓安居樂業，祈求多樣化的物質滿足，門神轉而以能賜予富貴吉祥的為最受民間喜愛。如「封神演義」中燃燈道人、趙公明二人，具無邊法力，能讓人們坐擁財富，從心所願，正可充作門神（圖 263）。又如「帶子隨朝」描繪一懷抱如意的文官，旁隨一戴太子冠的孩童。或說是唐朝郭子儀平定安史立亂，進封汾陽王，幼子郭曖又為肅宗駙馬，父子同朝享盡富貴。再如「五子天官」，畫中天官身穿蟒袍，腰橫玉帶，下有五兒，各執吉祥器物，似取自五代有禹鈞故事。竇禹昀五個兒子連科登第，都做了官，正如「三字經」所說：「竇燕山，有義方；教五子，名俱揚[21]。」用意在勸勉小兒用功讀書，長大俊爭取功名，光耀門楣。此外，又有所謂「門童」，多貼在內室或新婚夫婦門上，如「麒麟送子」、「榴開百子」、「冠帶傳流」、「五子奪魁」等，亦因寓意吉祥而大受歡迎。

---

[21]　（元）王應麟撰，《三字經故實》，清道光間（1821-1850）王氏手稿本。

圖 263　燃燈道人、趙公明，山東濰縣，色版。

二、竈神與土地公

　　竈神，很早便受古人奉祀，或與門神、戶神、中霤神、並神同保一家大小平安（圖 264）。《禮記・禮器篇》載：「臧文仲安知禮？燔柴於奧。夫奧者，老掃之祭也。」注說：「奧或作竈。老婦，先炊者也。」疏稱：「古周禮說顓頊氏有子曰黎，為祝融，祀以為竈神[22]。」又，《淮南子・氾論訓》說：「炎帝於火，死而為竈[23]。」可見早期文獻對於竈神是男是女，說法不盡相同。至如漢代許慎《五經異義》，既認竈神是男的，

---

[22]　（漢）鄭玄注，（唐）孔穎達疏，（唐）陸德明音義，《禮記註疏》卷第二十三〈禮器第十〉，清乾隆二年（1737）刻本。

[23]　（漢）劉安撰，《淮南子》十三卷〈氾論訓〉，明萬曆甲午（二十二年，1594）吳郡張維城刊本。

姓蘇名吉利，更編造出一個竈神夫人，姓王名博頰[24]。唐代段成式《酉陽雜俎》記載較詳盡：竈神姓張名單，字子郭；夫人字卿忌；他們又有六個女兒，名字都稱為察（一作祭）洽。最有趣的是段氏書中形容竈神「狀如美女」，這樣一來，竈神可說是男的，也可說是女的了。段氏更說竈神「常以月晦日上天白人罪狀，大者奪紀，紀三百日；小者奪算，算一日[25]」，所以竈神除稱竈君、竈王爺等外，又有司命真君的稱謂。今俗或傳每年農曆十二月十四日，竈神上天向玉皇大帝述職，稟奏家家戶戶的功過，當天家家準備供品祭祀，祭祀完畢，將湯圓一類的甜點黏在竈神畫像上，用意也許是請他美言幾句。

圖 264 竈神之職先是主管一家的伙食，
　　　　以後變為操掌一家禍福的保護神。

---

[24] （漢）許慎撰；（漢）鄭玄駁，《五經異義》，台北藝文於 1970 年據清嘉慶三年金溪王氏刊本影印。四部分類叢書集成，續編；13，漢魏遺書鈔。

[25] （唐）段成式撰，《酉陽雜俎》卷十四諾皋記上，明末虞山毛氏汲古閣刊津逮秘書本。

清代曾刻印過一部《竈君真經》，記述竈神會滿足各人的欲望：

> 讀書人敬竈王魁名高中，種地人敬竈王五穀豐登，手藝人敬
> 竈王諸般順利，生意人敬竈王買賣興隆，在家人敬竈王身體康
> 泰，出門人敬竈王到處安寧，老年人敬竈王眼明手快，少年人敬
> 竈王神氣清明。世間人又何必舍近求遠，遊名山過大海千里路
> 程，竈王前只用你誠心祝禱，無論你甚麼事皆為應承；只要你存
> 好心善行方便，必與你一件件轉奏天庭。為名的管保你功名顯
> 達，為利的管保你財發萬金，有福的管保你諸凡如意，求壽的管
> 保你年享九旬，有病的管保你沉疴全愈，求子的管保你瑞育麒
> 麟。見玉帝能代你詳為說話，禱必靈求心應事盡遂心[26]。

祭竈風俗之能流傳久遠，不是沒有原因的。

竈神畫像，就是竈王紙馬，宋代已出現印刷品。晚近所見，僅竈君
一人的稱獨坐竈，加上竈君夫人的稱雙竈，夫人有二位的稱三頭竈。後
者故事在山東濰縣頗為流行：傳說某縣人張郎皆賣祖先田地，出外經
筒。致富後，竟報以勤儉持家的妻子丁香一紙休書，另娶性喜揮霍的妓
女海棠，兩人只顧花天酒地。不久，家裡一場大火，海棠燒死，家財也
化作灰燼，張郎只好靠討飯度日。一日討飯來到前妻住處，頓時蓋羞愧
難當，跳進竈膛裡，自焚而死。玉皇大帝念他還算知恥，封他做罷竈
王，丁香、海棠亦都成了竈王夫人。

竈神既是監察人間功過，上奏天庭，所以一般竈王紙馬稱所居為
「奏善堂」，兩旁有「上天奏善事，下界降吉祥」聯語。竈神左右或隨侍
二從屬，一人捧「善罐」，一人捧「惡罐」，時刻將家中人言行紀錄保存
在罐中。此外，竈王紙馬有旁添八仙的，有添畫財神聚會的，有添畫天

26　《竈君真經》，清光緒壬寅（二十八、1902）年重刊本 http://simple.taolibrary.com/categor
y/category110/c110098.htm#

官賜福的，有添畫肥豬拱門的，有添畫麒麟送子的，不外想討個吉利。值得注意的是，農民耕作一定要照日程，於是有些作坊把簡單的二十四節氣表，附印在春牛圖、竈王紙馬一類年畫上，這對大多數不耐煩艱深文字的農家來說，還較曆書方便，所以家家必備，而且一年一換。

中國神祇眾多，其中與民間各階層人士關係密切，也最受大家敬愛的，要算土地公，因祂德行高潔，且能造福鄉里，故又被尊稱為「福德正神」。祂的模樣常是鶴髮童顏，柱著拐杖，手捧元寶，看似有求必應，像極一位慈祥長者。追本溯源，土地公崇拜與中國古代社祭有關。「淮南子‧齊俗訓」曾提及「社」的形制：「*有虞氏之祀，其社用土；夏后氏其社用松；殷人之禮，其社用石；周人之禮，其社用栗*[27]。」這可說是社的初形，使人感念大地可親。中國向以「皇天后土」並稱，「后土」指地祇，地祇之中，社稷最為重要，社是土地，稷是五穀，同樣影響民生至大。民間對土地公身世，說法不一；有以為即堯的農官后稷；有以為係一姓吳農官，歸隱田園後，教民耕種，很受愛戴；有以為原在周朝擔任稅官，能體恤百姓艱苦；有以為係一上大夫的家僕，護幼主而喪身。種種傳聞，將土地公塑造出忠義慈愛的形象。

一年之中，土地公的祭紀最多，就臺灣省來說，商人把土地公當作財神看待，每月初二、十六舉行例祭，稱「做牙」。原來古人買賣交易，往往在規定日子裡，集中在一個場所進行，就叫「互市」，後來「互」俗寫作「可」，又誤作「牙」，於是民間習稱老闆祈求生意興隆，祭拜土地，然後設宴招待客人和員工這種行事，叫做「牙祭」。

土地公本來孤單一人，後來大概是民間認為他終年辛勞，卻沒有老伴，實在可憐，於是給祂配上一位土地婆，或許這也是中國人喜愛成雙成對的習慣使然，國家圖書館館藏四川綿竹年畫，土地公身旁便都有一個土地婆，祂們居住的地方稱「三多堂」，所謂「三多」，即指多福、多

---

[27] （漢）劉安撰，《淮南子》十一卷〈齊俗訓〉明萬曆甲午（二十二年，1594）吳郡張維城刊本。

壽、多男子，亦寓意吉祥（圖265）。

圖265 《土地公土地婆》，四川綿竹，色版。

三、利市聚寶財神

　　財神畫像在新年期間是最受人們歡迎的一種年畫，那時節還有乞丐拿著上寫「財神」字樣的紅箋，家家戶戶去討賞，從沒有哪一家願將「財神」趕走的。傳說中，財神不止一位，最常見的有文財神比干、武財神趙公明。比干為商朝宰相，剖腹挖心勤諫紂王而死，民間或傳比干正因沒有心肝，死後受奉祀為財神，遇著窮人急求賜財，愈不理會，而富人即使不求祂，錢財亦源源不絕（圖 266）。《三教搜神大全》說趙公明是鍾南山人，秦時避亂，入山精修，後來張天師煉丹，公明奉玉帝旨在旁守護，於是被封為正一玄壇元帥，為民間除瘟剪虐，保病禳災，同書又說：「其位在乾金水，合炁立象也；其服色頭戴鐵冠，手執鐵鞭，金邁水炁也；面色

黑而髯鬚者，比疕也；跨虎者，金象也[28]。」而在「封神演義」裏，他是商朝武官，遇害後，受金光如意正一龍虎玄壇真君的封號，率領部下迎祥納福，追捕逃亡。依上所說，趙公明並非專職財神，但他的四名手下——招寶天尊蕭昇、納珍天尊曹寶、招財使者陳九公、利市仙官姚少司，都與財務有關（圖 267）。值得注意的是，現存許多財神禡上，四位配享的侍神當中，一位深目虯髯，樣子像極胡人，俗稱「進寶回回」。原來唐代長安城有不少外來回教商人在作買賣，他們善於經營，又識得寶物，所以都成巨富，中國人把這些胡商當作財神供奉，便不足為奇。此外，還有增福財神（女官獨坐）、九天如意增福財神（二女官並肩同坐）、五路財神等名目，連關公、土地神，也被商家視作財神。

圖 266 文財神比干，清代，高密年畫。

28　《三教搜神大全》〈趙元帥〉，宣統觀古堂本，百家諸子中國哲學書電子化計劃 https://ctext.org/library.pl?if=gb&file=101031&page=89

圖 267　金龍如意正──龍虎玄壇真君趙公明。

　　與財神相關的，另有「聚寶盆」和「搖錢樹」二傳說。「聚寶盆」即
沈萬三故事，綜合《明史・高皇后馬氏》、《張三豐先生全集》、《雲蕉館
紀談》、《循陔纂聞》、《鬱岡齋筆記》、《柳亭詩話》所載：沈萬三係元末
大財主，名富，字仲榮，排行第三。明太祖定金陵，想要增廣外域，可
是府庫虛乏，萬三願負責一半工程，先太祖三日完成，太祖不高興，便
將他處死。又傳說沈萬三本是漁戶，張三豐曾教授他煉丹術，所用鼎器
即聚寶盆，萬三死後，明太祖打破了聚寶盆，埋在金陵南門下。此外，
《挑燈集異》載：

　　　　明初沈萬三貧時，見漁翁持青蛙百餘，將事刲剒，以錙買之，
　　　縱於池中。嗣後喧鳴達旦，聒耳不能寐，晨往敲之，見俱環倨一瓦
　　　盆。異之，持歸以為盥手具。萬三妻遺一銀記於其中，已而見盆中

銀記盈滿不可數計。以金銀試之亦如是。由是財雄天下[29]。

　　至於搖錢樹，傳說三國時人邴原路拾遺錢，即掛在路旁樹上，眾人效法他的清廉，稱此為「錢樹」。後來演變成民間風俗，《燕京歲時記》稱北平搖錢樹是採用「松柏枝之大者，插於瓶中，綴以古錢、元寶、石榴花等[30]」，雖然各地不完全一樣，但都反映人們對新年美好生活的祈盼。

四、吉祥仕女娃娃

　　漢代已有將福善喜慶的徵兆具體表現在圖畫上，古稱「瑞應圖」，到了明代，更大量印製吉祥圖案版畫。吉祥畫千方百計表露歡樂氣氛，最常見的是利用事物名稱與喜兆諧音，以及事物本身所具吉祥意味，如「九獅圖」，「獅」諧音「世」，圖中雄獅、母獅、幼獅聚在一起，正代表「九世同居」；又如「貓蝶」與「耄耋」諧音，寓意長壽，而富貴則用牡丹來表示。此外，諸如「鹿鶴」與「六合」諧音，「戟磬」與「吉慶」諧音；「柏柿」即是「百事」，「三戟」即是「三級」；「蓮」寄意「連」、「年」，「笙」寄意「生」、「昇」；「魚」同「餘」，「雞」同「吉」，「桂」同「貴」，「平」同「瓶」；「瓜瓞連綿」象徵子孫不絕（圖 268），「月季長春」象徵天地不老；「三多」即多福、多壽、多男子，圖上畫佛手、桃和石榴；「三元」即科學考試中，連得鄉試、會試、殿試第一，圖上畫三顆桂圓。從這些都可看出舊日民間對吉祥意識的營造，確實大費周張。張貼在內室房門，尤其是新婚夫婦房門上的年畫，畫的幾乎都是娃娃，

29　（清）褚人獲，《堅瓠集》卷餘二引《挑燈集異》https://ctext.org/wiki.pl?if=gb&chapter=316212&searchu=%E6%8C%91%E7%87%88%E9%9B%86%E7%95%B0

30　（清）富察敦崇撰，《燕京歲時記》，清光緒三十二年（1906）刊本。

除了多子多孫的寓意外，更具有各類吉祥象徵，義涵相當豐富，說明如下：

圖 268　瓜瓞連綿，子孫昌茂。

《麒麟送子》，傳說麒麟為仁獸，「不踐生蟲，不折生草，賢者在位則至」，所以麒麟送子正意味家中小兒長成後，一定是輔國賢臣。有的畫一仙女手抱男孩，並騎在麒麟背上，或稱天仙送子（圖 269）。《魏書‧序紀》記載一事，可供參考。

　　　北魏聖武帝嘗率數萬騎田於山澤，欻見輜軿耕自天而下。既至，見美婦人，侍衛甚盛。帝異而問之，對曰，我天女也，受命相偶。遂同寢宿，旦請還，曰，明年周時，復會此處。言終而別，去如風雨。及期，帝至先所田處，果復相見，天女以所生男

授帝，即始祖神元帝[31]。

圖 269　《麒麟送子》，河南開封，色版。

　　《五子奪魁》，通常畫的是五個童子在爭奪一盔帽。科學中名列第一稱魁中，「盔」、「魁」音同。童子奪盔，即寄望他們長大後功成名就（圖270）。

---

[31]　（南北朝）魏收撰，《魏書・序紀》，南宋初期刊宋元明嘉靖遞修本。

圖 270 《五子奪魁》，山東濰縣，色版。

　　《冠帶傳流》，圖為一幼童牽拉玩具小船，上面放置冠帽、玉帶，另一幼童則高舉石榴。「船」音同「傳」、「榴」音同「流」，畫意指祖先為國為功，朝廷賞自口爵位，當代代相傳，子孫永保（圖 271）。

圖 271 《冠帶傳流》，江蘇蘇州，色版。

　　此外，民間流行《一團和氣》，或《和氣致祥》年畫，圖中雙髻小童盤坐成一團，類似圓形人物圖案（圖 272）。這種特殊圓形，開始於明代，英宗殺害忠臣于謙，造成冤案，憲宗即位後，為謀求團結，曾畫過一幅《一團和氣圖》，取材於「虎溪三笑」故事，將晉代高僧慧遠、道士陸靜修、和陶潛畫成一團，而年畫《一團和氣》，則意取吉祥，圖中童子造型與無錫泥娃娃相像，十分可愛。民間又有《張仙射天狗》年畫（圖273），傳說張仙名遠霄，五代時眉山人，遊青城山得道，畫中張仙五路絡長鬚，身穿黃馬褂，站在嬉戲的童子當中，正拉開月弦，對準雲間飛來要吃童子的天狗。此畫大概張貼在房門上，為求兒童一年平安無事。

圖 272　《和氣致祥》，湖南邵陽，色版。

圖 273 《張仙射天狗》，江蘇蘇州，色版。

　　娃娃畫中常出現美人撫嬰畫面，童稚的逗趣加上仕女的美貌，充份反映家庭和樂氣氛，迎合民間需求，至而純以美人為對象的仕女畫，亦大眾所喜好。漢有《列女圖》，旨在勸戒，東晉時顧愷之的「女史箴圖」，雖仍不脫教訓意味，仕女體態卻也婀娜多姿。南北朝盛行貴族姬妾肖像畫，唐人仕女畫復以宮女為題材居多，所繪如入浴、幽會、奏樂、遊宴、拂扇、秋思等，極富戲劇性，已趨向於著重玩賞趣味。金代平陽《四美圖》中，四美人花冠繡裳、神姿穠麗，堪稱民間仕女畫代表作。至於桃花塢、楊柳青等地年畫中的仕女，都具有一張娃娃臉、鳳眼、柳葉眉、福耳、蔥管鼻，兼且顧盼傳情、衣飾細緻，無不符合世俗審美標準。

五、其他

　　年畫題材還包括傳統喜慶，男耕女織、民情風俗、戲曲小說、風景花鳥等；或寓意福善，或有關警世，或表現趣味，或事涉迷信；既富社會性、歷史性，亦含宗教性、藝術性，舉凡民間生活，鉅細無遺。

　　《天官賜福》（圖 274），道教以賜福天官紫微大帝、赦罪地官清虛大帝、解厄水官洞陰大帝為三官大帝，分別於正月十五日、七月十五日、十月十五日舉行祭祀。其中天官掌管賜福，為最受商家喜愛的中堂畫題材。

圖 274 《天官賜福吉祥如意》，陝西鳳翔，線版。

　　《紫微高照》（圖 275），《古嶽瀆經》記載，上古時代，水怪巫支祈為害，天神庚辰助禹王戰勝水，鎖在龜山下，從此洪水平息[32]。庚辰就是

32　《古嶽瀆經》原文參見〈中華典藏〉https://www.zhonghuadiancang.com/wenxueyishu/13036/257611.html

紫微神，或即面前所說的賜福天宮。本題材的紫微神，通常打扮以頭陀，猛力將怪獸制服，騎在上面。

圖 275 《紫微高照》，色版。

《蟠桃大會》（圖 276），傳說西王母誕辰，都辦蟠桃大會，年畫即有以此作題材，如山東濰縣所繪製，圖中八仙齊來祝壽，白猿獻桃，壽星在旁，全是長生不老的神仙。八仙，元人谷子敬「呂洞賓三度柳樹精」雜劇作漢鍾離、鐵拐李、張果老、藍采和、韓湘子、徐神翁、曹國舅及呂洞賓；岳伯川「呂洞賓度鐵拐李」雜劇，則易徐神翁為張四郎。至明，吳元泰《八仙出處東遊記傳》，以漢鍾離、張果老、呂洞賓、何仙姑、藍采和、曹國舅、鐵拐李為八仙，與年畫所列同。

圖 276　《蟠桃大會》，山東濰縣，色版。

　　《福祿壽三星》（圖 277），《詩經・唐風・綢繆篇》有「三星在戶
[33]」句，原指星宿中的心宿，因心宿星數有三。後來以福星、祿星、壽星
（南極仙翁）為三星，分別職掌幸福、財富和健康。通常畫的是福星手
執如意居中，祿星懷抱小兒在左，壽星執杖捧桃在右。又有加畫五隻蝙
蝠，稱「三星五福」，據《尚書・洪範篇》所載，五福「一曰壽，二曰
富，三曰康寧，四曰攸好德，五曰考終命[34]」。

[33]　（宋）朱熹集註，《詩經・唐風・綢繆篇》，明嘉靖辛亥（30年）逢原谿館刊本。
[34]　（漢）孔安國傳，《尚書第七・洪範篇第六》，日本慶長元和間活字印本。

圖 277 《福祿壽三星》，四川綿竹，色版。

《劉海戲金蟾》，海蟾子，姓劉名操，或名哲，五代時事燕主劉守光為相。《陝西通志》記載：

> 有道人自稱真陽子來謁，海蟾待以賓禮道人，為演清靜無為之宗，金液還丹之要，竟索雞卵十枚、金錢十文；一文置幾上，累十卵於金錢，若浮圖狀。海蟾驚曰：危哉！道人曰：居榮辱，履憂患，其危殆甚！盡以其錢劈破擲之辭去。海蟾大悟，遁跡終南山，下丹成尸[35]。

---

[35] （清）沈青崖纂，《陝西通志》卷六十五，《欽定四庫全書》本。百家諸子中國哲學書電子化計劃 https://ctext.org/library.pl?if=gb&file=73816&page=173

　　今年畫中，劉海蟾打扮或如寒山，拾得之流，灑錢則表示放棄名利祿。但大多數畫工所畫，係孩童手拿一串金錢在弄蟾，不知是否借「海」與「孩」同音，而寓意小兒身在富貴中，無憂無慮。

　　《春牛圖》（圖278），古代立春時節，政府製作芒神、土牛，各官員到東城門外恭迎，並圍打土牛，表示催促春耕，春牛圖似即由此演變而來，告知農民春耕的早晚。如立春在臘月中，芒神在牛前；立春在正月中，芒神在牛後。又年中雨水多，芒神加履；若芒神赤一足，履一足，則表示風調雨順。

圖278　《春牛圖》，天津楊柳青，色版。

　　「二月二龍抬頭」，古人迷信龍王是掌管降雨的神，雨量充沛，農作物即能豐收，因此到了二月二日，正值春回大地，也是土地公的誕辰，人們祈盼龍王適時降雨，以利五穀生長。

　　《天津學堂女教習》，國家圖書館館藏濰縣年畫（圖279），圖中一女教官發號施令，旁有女生吹號，前面二女生則荷槍操練，正反映出自清末列強勢力擴張到中國後，連女生也知習武報國。所繪女學生形象雖不夠真實，但對窮村僻壤的廣大民眾來說，無疑能增廣見聞。

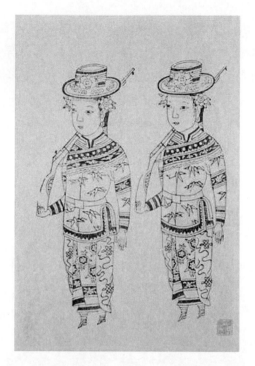

圖 279 《天津學堂女教習》，山東濰縣，線版。

　　《老鼠嫁女》，這是我國和日本、印度等地都有的傳說。故事大意是老鼠想把美麗幼女許配給最有權勢的。首先，牠看到太陽，以為萬物生長都靠日光，於是希望太陽娶牠女兒，太陽說：不行，我怕烏雲。老鼠去找雲，雲說：我怕風。老鼠又去找風，風說：我怕牆。老鼠再去找牆，牆說：我怕你在我身上打洞。最後老鼠想到貓，貓答應了，卻一口把老鼠女兒吞進肚子裡。

　　舊日老百姓的娛樂，不似現在般形式繁多，而最常見的，莫過於觀賞戲曲、說書彈唱，年畫因亦投眾所好，大量取用作題材（圖 280）。諸如「封神演義」、「三國演義」、「隋唐演義」、「楊家將演義」、「三俠五義」、「水滸傳」、「施公案」、「唐伯虎點秋香」、「紅樓夢」、「牛郎織女」、「八仙鬧東海」、「西遊記」、「白蛇傳」等都家傳戶曉，百看不厭；內容不是教忠教孝、強調因果，就是談奇說怪、歌頌愛情，既具社會教育的功能，又滿足對生活的憧憬。在形式方面，這類年畫中的服飾、背景及

動作，不少是仿照平劇情況，有的甚至連舞臺都畫了出來，可作為研究清末民初戲曲演出的參考資料。此外，部分故事年畫，採用連環圖形式表達情節，畫面十分熱鬧，娛樂取向更為明顯。

圖 280　《白蛇傳》，天津楊柳青，色版。

《紅樓夢》第四十回裏，劉姥姥說了這樣幾句話：「我們鄉下人到了年下，都上城來買畫兒貼，時常閒了，大家都說，怎樣得也到畫兒上去逛逛。」透露出農村大眾對繁華都市的嚮往，而年畫正可滿足他們想像。

本文一開始曾說明年畫之所以出現，是起於人們畏懼不安的原始心理，那時年畫主要價值在乎驅邪辟惡。後來，民智漸開，城市經濟亦形成，百姓需求日甚一日，年畫的裝飾意味便愈來愈重；為點綴新年歡樂氣氛，反映人們對未來的憧憬和希望，題材廣泛生活各層面，其中還產生大量寓意吉祥的作品；至於藝術形式表達，各地有各地的特色，稱得上多彩多姿。透過這些民間年畫，我們認識到舊日城鄉居民的現實生活、藝術訴求，以及他們的朝思暮想。此外，年畫兼可傳播文化、增廣見聞，尤其在廣大農村中，更是如此。

第七章 結語

　　我國版畫發展，起步之早，從雕版印刷術發明以後，迄於今日，已有千餘年的輝煌歷史，在這漫長的歲月裡，孕育出來的版畫，無論是留存書中的木刻版畫或是通俗的民間木刻圖畫，數量豐富，在在表現了我民族極高的智慧與藝術至高的能力，而所留下來的作品，不管黑白或是彩色，內容是那麼充實，形式又是那樣的多彩，我們在為這些作品驕傲之餘，更應該以無比仰慕的心情，珍視這些寶貴的文化遺產，並再進一步予以發揚光大。

　　中國版畫藝術，一開始就為宗教用作宣傳教義的有力工具，隨後是曆書和字書等的出刊。在漫長歲月的實踐鍛煉中，達到了製作技術上的純熟。在唐、五代時，就已經有了精緻的創作。兩宋時代，因為小農經濟的普遍發展，商業手工業得到了進一步的繁榮。一時中央、地方和私人書坊刻書之風盛行。一切類書、實用書和講史小說等平民文學書刊，為了獲得社會上讀者的喜愛，都大量運用版畫插圖。這時附有縝密插畫的佛經，也繼續刊行；北宋的《開寶藏》和南宋的《磧砂藏》代表著這一方面的成就。金代分割中原以後，雕版印刷仍在廣泛應用。近年在山西趙城的《金藏》和在額濟納河畔所發現的木刻畫《隨朝竊究呈傾國之芳容》圖，都是當時的版畫珍品。

　　元代版畫藝術，在北京、成都、杭州、建陽各地普遍發展。雖遺存較少，但從建安虞氏上圖下文型的插圖本《虞氏平話五種》來看，又出現了新的面貌。構圖的綿密和刀鋒線條的精煉深厚，表現了時代風格，從而穩固地奠定了版畫插圖藝術的基礎。明代繼承著前代的優秀傳統，許多知名畫家和富有實踐經驗的雕工名手，分工合作，進一步發揮了木版套印的藝術性，從而使明代版畫創作，達到了空前的繁榮和提高。這時在版畫取材內容上，廣泛開展了。在構圖技法上，由宋元以來的大刀

闊斧，一變而為精密婉麗。在戲劇小說上附刻插圖，更形成了一時的風尚。在表現人物思想情感和配景方面也有了創造性的不同的變化。彩色套印技術，這時也顯示了飛躍的進步，出版了大量的畫譜、籠譜、墨譜，並發展和發明了「餖版」、「拱花」等新技法，同時吸取了西歐銅版面的特點，在畫面上出現了接近焦點透視和新的表現方法。

清代版畫，初期極盛。殿刻雖然為封建統治者作為誇耀皇權向人民示威的工具，若從內容技法方面表現的繁複精煉來衡量，還是具有顯著的時代風貌。當時的民刻，有的超過了殿刻以上，一脈相傳地保存了明季插圖的婉麗明淨。但在清代統治者的封建迫害下，不僅大大地打擊了戲曲小說的繁榮，也阻扼了版畫插圖的發展，遂使這時的版面藝術，除了刊印詩籠和民間年畫以外，逐步地走向衰微。綜觀我國古籍的插圖，隨著歷史的發展而不斷變化，不同的歷史時期，不同的政治、經濟、文化背景賦予了插圖藝術多元的傳播作用。古籍的插圖，是對文字內容的形象說明，加深人們對文字的理解。圖文並茂、相輔相成，更是中國典籍的一個優良傳統。

參考文獻

一、學位論文

1.　王亮潔撰，《任熊人物畫暨版畫研究》，國立成功大學藝術研究所碩士論文，2009。

2.　周圓撰，《中國年畫民俗觀念的生成與演進研究》，山東大學傳播學碩士論文，2016。

3.　馬銘浩撰，《中國版畫畫譜研究》，中國文化大學中國文學研究所博士論文，1997。

4.　陳昱全撰，《北宋御製秘藏詮版畫研究》，臺灣師範大學美術學系碩士論文，2008。

5.　陳怡蓉撰，《丁雲鵬與徽派版畫之研究》，中國文化大學藝術研究所碩士論文，1990。

6.　陳毓欣撰，《陳洪綬人物畫之研究：兼論版畫中的人物形象》，淡江大學中國文學學系碩士論文，2007。

7.　解丹撰，清殿版《御製耕織圖》研究，西安美術學院博上論文，2015。

8.　黃貞燕撰，《清初山水版畫〈太平山水圖畫〉研究》，臺灣大學藝術史研究所碩士論文，1994。

9.　楊素娟撰，《清代天津楊柳青年畫之研究》，國立中正大學歷史研究所碩士論文，1994。

10.　熊宜中撰，《陳洪綬評傳》。中國文化大學藝術研究所碩士論文，1978。

二、專書

1.　小林宏光著，《中國版畫史論》，日本：勉誠出版，初版，2017。

2.　王伯敏編著，《中國版畫史》，上海：上海美術出版社，1961。

3.　王伯敏編著，《中國版畫通史》，河北美術出版社，第一版，2002。

4.　王璜生著，《陳洪綬》，吉林：吉林美術出版社，1996。

5.　王樹村編著，《中國古代民俗版畫》，新世界，第一版，1992。

6.　王樹村主編，《中國年畫發展史》，天津人民美版社，第一版，2005。

7.　王輝編著，《中國古代年畫》，中國商業出版社，2015。

8.　李茂增著，《宋元明清的版畫藝術》，鄭州：大象出版社，1999。

9.　李楠編著，《中國古代版畫》，中國商業出版社，2015。

10.　吳敢、王雙陽編著，《丹青有神──陳洪綬傳》，杭州：浙江人民出版社，2008。

11.　吳敢集校，《陳洪綬集》，浙江：浙江古籍出版社，1994。

12.　吳哲夫著，《版畫的歷史》，文建會，1986。

13.　周蕪著，《徽派版畫史論集》，合肥：安徽人民出版社，1983。

14.　周亮編著，《明清戲曲版畫》，合肥：安徽美術出版社，2010。

15.　周亮編著，《明清小說版畫》，合肥：安徽美術出版社，第 1 版，2016。

16.　周心慧編，《中國古代版刻版畫史論集》，北京：學苑出版社，1998。

17.　周心慧主編，《新編中國版畫史圖錄》，北京：學苑出版社，2000。

18. 周心慧撰，《中國古代戲曲版畫集》，北京：學苑出版社，2000。

19. 周心慧著，《徽派、武林、蘇州版畫集》，北京：學苑出版社，2000。

20. 祝重壽編，《中國插圖藝術史話》，北京：清華大學出版社，2005。
中國版畫史略／郭味蕖著郭味蕖著上海人民出版社，第 1 版 2016

21. 國立中央圖書館編，《明代版畫選初輯》，臺北：國立中央圖書館，1969。

22. 翁連溪編著，《清代宮廷版畫》，文物出版社，第一版，2001。

23. 張道一編著，《中國木版畫通鑑》，江蘇美術出版社，2010。

24. 陳紅彥主編，《年畫掌故》，上海遠東出版社，2017。

25. 陳育甯、湯曉芳著，《元代刻印西夏文佛經版畫及其藝術特徵》，上海古籍出版社，2012。

26. 陳奇祿、昌彼得、吳哲夫著，《中國傳統年畫論集》，東洋思想研究所，1995。

27. 楊洲著，《中國古代版畫：異彩紛呈歷久彌新》，學苑出版社，2019。

28. 劉小玄、朱彧著，《中國版畫藝術源流》，湖南：湖南美術出版社，2006。

29. 劉茂平著，《金剛經插圖與中國早期版畫發展》，武漢大學出版社，2011。

30. 鄭振鐸著，《中國古代版畫叢刊》，上海：上海古籍出版社，1988。

31. 鄭振鐸編，《中國版畫史圖錄》，中國書店，2012。

32. 薄松年著，《中國年畫史》，遼寧美術出版社，1986。

三、期刊論文

1. 王致軍〈中國古籍插圖版式源流考〉,《圖書館工作與研究》2002-11。

2. 王樹村〈兩千年的百姓樂趣—中國年畫〉,《中國書畫》2005-02。

3. 白化文〈中國古代版畫溯源〉,《中國典籍與文化》1998-11。

4. 任蓓〈論中國古籍插圖的版式〉,《大眾文藝》2013-01。

5. 江雪〈淺析中國年畫的價值〉,《美與時代（上半月）》2007-10。

6. 常鳳霞〈古代年畫歷史淵源考略〉,《芒種》2013-06。

7. 吳哲夫〈中國版畫〉,《故宮文物月刊》第 1 卷第 8 期（1983）頁 108-113。

8. 林麗江〈明代版畫《養正圖解》之研究〉,《國立臺灣大學美術史研究集刊》9.33 期,2012.09,頁 163-224+345。

10. 林麗江〈晚明規諫版畫《帝鑑圖說》之研究,《故宮學術季刊》33 卷 2 期,2015.12,頁 833-142。

11. 段為民〈咸通九年《金剛經》的版畫藝術與書法特點〉,《天津美術學院學報》2011-03。

12. 郭松年〈明代古籍插圖本的創新與發展〉,《黑龍江圖書館》1987-10。

13. 張偉〈中國年畫的歷史發展及其文化價值〉,《上海工藝美術》1999-08。

14. 張天星〈談中國版畫的淵源與發展〉,《蘇州大學學報（工科版）》2007-10-2。

15. 張坰帛〈明清時期中醫藥古籍插圖藝術探究〉,《圖書館論壇》2018-

01。

16. 徐潔〈談談中國古籍插圖的幾種類型〉,《圖書館建設》2001 年第 01 期。

17. 翁連溪〈清內府武英殿刊刻版畫〉,《收藏家》2001 年第 08 期。

18. 陳玟婷〈任熊版畫研究〉,《書畫藝術學刊》8 期,2010.06,頁 451-491。

19. 陳傳席〈任熊及其木刻畫傳四種〉,《澳門雜誌》,第 54、55 期,2006 年 10-12 月,頁 82-91。

20. 楊保玉〈論我國古代版畫的歷史演變〉,《蘭臺世界》2013-07。

21. 楊亞華〈淺論中國年畫藝術〉,《大理學院學報(社會科學)》2005-12。

22. 潘擎〈我國古代版畫之歷史探源〉,《蘭臺世界》2012-01。

23. 霍清廉〈論中國年畫的文化價值和教化功能〉,《河南工業大學學報(社會科學版)》2009-12。

24. 劉堅〈淺析中國古代木刻版畫的文化特徵〉,《桂林師範高等專科學校學報(綜合版)》2006-12。

25. 劉智勇〈陳洪綬與明清戲曲插圖版畫研究〉,《文藝爭鳴》2011-05。

26. 蔣健飛〈中國最早的插畫家〉,《藝術家》18 卷 5 期,1984。

27. 謝剛主〈漫談明清時代的版畫〉,《文獻》第 2 輯(1979),頁 121-132。

28. 趙達雄〈中國古籍的插圖〉,《中國文化月刊》2004 年第 278 期。

29. 趙春寧〈插圖版畫與中國古典戲曲的傳播〉,《中華戲曲》2009-06。

國家圖書館出版品預行編目(CIP) 資料

古籍之美：古籍的插圖版畫/張圍東著. -- 初版.
-- 新竹縣竹北市 ：方集出版社股份有限公司，
2023.04
　　面 ；　　公分

　ISBN 978-986-471-415-5 (平裝)

1.CST: 古籍 2.CST: 插畫 3.CST: 印刷術
4.CST: 中國史

477.092　　　　　　　　　　112000969

古籍之美──古籍的插圖版畫

張圍東　著

發 行 人：賴洋助
出 版 者：方集出版社股份有限公司
聯絡地址：100 臺北市中正區重慶南路二段 51 號 5 樓
公司地址：新竹縣竹北市台元一街 8 號 5 樓之 7
電　　話：(02) 2351-1607　　傳　　真：(02) 2351-1549
網　　址：www.eculture.com.tw
E-mail：service@eculture.com.tw
主　　編：李欣芳
責任編輯：立欣
行銷業務：林宜葶
出版年月：2023 年 4 月 初版
定　　價：新臺幣 450 元

ISBN：978-986-471-415-5 (平裝)

總經銷：聯合發行股份有限公司
地　　址：231 新北市新店區寶橋路 235 巷 6 弄 6 號 4F
電　話：(02)2917-8022　　傳　真：(02)2915-6275